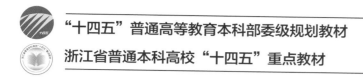

"十四五"普通高等教育本科部委级规划教材

浙江省普通本科高校"十四五"重点教材

U0259135

服饰品艺术与生活

金晨怡｜主　编

黄乔宇　陈　莹　马俊淑　胡毓娥｜副主编

中国纺织出版社有限公司

内 容 提 要

服饰品作为"衣"生活中的一个元素，是现代生活中必不可少的一部分。本书在理论和实践教学环节融入理想信念、文化自信、社会责任感、工匠精神和设计师职业素养等课程思政元素，构建了理论与实践双轨、教与学互促的课程内容体系。帮助读者建立从服饰品工艺到设计、从设计到应用的多维思考方式，提高读者独立思考、分析问题、解决问题的能力。

本书是新形态智慧教材，附有视频、课件、拓展阅读、知识图谱等网络教学资源，适合服饰品设计及相关专业的师生参考阅读。

图书在版编目（CIP）数据

服饰品艺术与生活 / 金晨怡主编；黄乔宇等副主编.
北京 ： 中国纺织出版社有限公司，2024.8. --（"十四五"普通高等教育本科部委级规划教材）（浙江省普通本科高校"十四五"重点教材）. -- ISBN 978-7-5229-2017-7

Ⅰ. TS941.2
中国国家版本馆 CIP 数据核字第 2024WT2585 号

责任编辑：亢莹莹　　特约编辑：黎嘉琪
责任校对：高　涵　　责任印制：王艳丽

中国纺织出版社有限公司出版发行
地址：北京市朝阳区百子湾东里 A407 号楼　邮政编码：100124
销售电话：010—67004422　传真：010—87155801
http://www.c-textilep.com
中国纺织出版社天猫旗舰店
官方微博 http://weibo.com/2119887771
北京通天印刷有限责任公司印刷　各地新华书店经销
2024 年 8 月第 1 版第 1 次印刷
开本：787×1092　1/16　印张：21　插页：2
字数：430 千字　定价：69.80 元

前言

服饰品已经渗透到社会的每个角落,成为一种广泛而普遍的人类行为和审美表达方式,在人们的日常生活中占据着举足轻重的地位。作为人类美化生活、装饰自身的艺术品,服饰品不仅凝聚着独特的艺术美感,还体现着无法替代的价值。《周易》有言:"观乎人文,以化成天下。"如果说服饰品是人类创造的一种精神载体,那么人类的各种精神特质都应当在这个载体上得以展现。关注人类的精神世界,就必须深入探究人文内涵,这样才能对整个世界有更深刻的认识。

本书致力于坚定文化自信、弘扬中华传统文化,旨在培养我们成为中华文化的守护者、传播者和践行者。服饰品,这一承载着悠久历史的艺术形式,其风格深受传统文化影响,具有深远意义。从中国历史中对图腾、青铜纹的崇拜,到明清时期精细艳丽的铜质珐琅首饰设计,从古印度、古埃及的多元服饰品,到现代国际品牌如何借鉴传统图案进行创新,我们深知"传统"这一词汇所蕴含的深厚的历史文化底蕴和无尽的创意资源。它是设计的源泉,为我们提供了无尽的灵感。

依托于已相对成熟的行业发展体系,服饰品设计即配饰设计(Accessories Design),为不同需求的人做出了针对不同发展方向的专业分类。国外很多名校在女装之下单独分出了鞋履专业、帽饰专业、箱包专业、首饰专业以适应行业和市场的需要。比如温州大学依托于鞋服行业发展背景,有服装、展示和鞋履等专业方向。值得一提的是,国外高校非常注重大学专业与市场对接,课程与专业都在不断更新与调整。各高校普遍对服饰品即配饰专业的教育投入如此之大,最根本的原因是国际时尚及设计产业中对配饰人才需求量越来越大。因此,笔者希望本书能更深入地呈现鞋、包、帽、首饰的设计艺术和实践,以适应行业对专业人才的需求和消费者对艺术生活的价值体现。

笔者多年来专注于服装与服饰领域的教学与研究工作,不断探索和实践。自2003年起,带领团队对各地工艺大师工作室、博物馆和图书馆进行了深入的工艺考察、学术研究和创新实践。此外,还创立了自有设计师品牌SHELLYJIN,产品线涵盖服装、帽饰、包袋、首饰等诸多品类。

在教学上，笔者经过多年的探索与实践，整理了大量相关资料，构建了模块化的知识体系。与全球范围内的合作高校共享国际前沿时尚资讯，同时借助线上、线下资源，如课程在线视频资源、课程公众号资源、教学实践基地资源等，实现现代信息技术与教育教学深度融合。

针对常规教材和教学设计的不足，本书对庞杂的内容和知识点进行了梳理，采用模块化设计。本书共设有八个单元，在内容上，本书融入了传统服饰文化，加入了中国传统刺绣、木艺、编织等非遗工艺内容。同时，大力弘扬工匠精神，在实践教学中设置纯手工制作实训项目，鼓励学生发展个性化原创定制，强调追求极致、独具匠心和精益求精的工匠精神。此外，本书还强化了职业和创新能力，根据服饰品设计师岗位要求，强化新技术、新材料和新工艺的运用，树立绿色环保意识，并注重培养职业创新能力。为了更好地辅助教学，课程组走进企业一线、非遗传承人和设计师工作室，精心拍摄大量手工制作视频供学生线上自主学习强化。本书构建了"创意+工艺+作品""项目+创业+产品"的情景化教学过程，使学生能够更好地掌握服饰品的知识目标、能力目标和素质目标。每个章节图文并茂并附有视频资料，还有各个章节的知识点、思考和练习题。

正如洛根·皮尔索尔·史密斯（Logan Pearsall Smith）所说："检验一个人是否具备某种职业才能，就看他能否热爱其中包含的枯燥劳动。"经年累月的不断设计确实有时会让人感到枯燥，但这使我们更加尊重这一职业。通过大量的设计实践，我们锤炼出才能、智慧和成就。

本书撰写过程中得到了众多专家学者和相关单位的鼎力支持。感谢温州大学和温州市相关部门与领导的关心与支持，感谢中国艺术研究院、中国美术学院、江南大学、浙江理工大学、南京艺术学院等高校及科研院所专家学者的倾力相助，感谢黄乔宇、陈莹、马俊淑、胡毓娥等编委成员的辛勤付出，感谢北京服装学院的蒋熙副教授、南京艺术学院张莉君副教授以及浙江理工大学科技与艺术学院纺织服装学院谢轶琦老师提供了部分学生作品，以及珠宝设计师李登登、张智皓，温州大学优秀毕业生林湘茹、杨凡、沈美妍等的协助，最后感谢我的研究生工作团队刘新汶、许珍妮、范逸阳、丁相宇、陈伊甸等共同努力。同时在出版过程中得到了中国纺织出版社有限公司魏萌主任和责任编辑亢莹莹的帮助，在此对上述单位和个人表示诚挚感谢。

　　服饰文化博大精深，笔者才疏学浅，本书难免有疏漏之处，恳请专家同仁不吝赐教。如发现任何问题或有需要进一步更正的信息，请随时告知。我们将尽全力改进和完善未来的版本。本书不仅可供专业院校师生使用，同时也是广大服饰爱好者的有益读物。

2024年1月于温州大学

教学内容及学时安排

课程性质（学时）	章（学时）	节	教学内容
理论知识与研究 （6学时）	第一章 观古鉴今 ——服饰品演变史 （2学时）	一	服饰品的产生、发展及特性
		二	中国服饰品的历史演变
		三	其他国家服饰品的历史演变
		四	现代服饰品的发展趋势与特点
	第二章 工巧载道 ——设计面面观 （4学时）	一	服饰品设计要素与原则
		二	服饰品设计美学与规律
		三	服饰品设计方法与步骤
讲练集合、基础训练与实践 （38学时）	第三章 冠带之国 ——帽饰设计艺术 （8学时）	一	中外帽饰发展概述
		二	帽饰的分类
		三	帽饰搭配艺术
		四	帽子品牌作品赏析
		五	帽饰结构和工艺
		六	帽饰的制作实例
	第四章 珠雕玉琢 ——首饰设计艺术 （12学时）	一	中外首饰的历史演变
		二	首饰的分类
		三	首饰搭配艺术
		四	首饰品牌作品赏析
		五	首饰的材料与工艺
		六	首饰制作实例
	第五章 包罗万象 ——包袋设计艺术 （8学时）	一	中外包装的历史演变
		二	包袋的类别
		三	包袋的搭配艺术
		四	包袋品牌作品赏析
		五	包袋结构与工艺
		六	包袋制作实例

续表

课程性质（学时）	章（学时）	节	教学内容
讲练集合、基础训练与实践（38学时）	第六章 履仁蹈义——鞋靴设计艺术（4学时）	一	中外鞋靴的历史演变
		二	鞋靴的类别
		三	鞋靴的搭配艺术
		四	鞋靴品牌作品赏析
		五	鞋靴结构与工艺
		六	鞋靴制作实例
	第七章 翠绕珠围——其他配饰设计艺术（2学时）	一	腰带设计
		二	领带、领结及围巾设计
		三	扇子设计
		四	眼镜设计
	第八章 出类拔萃——作品展示艺术（4学时）	一	作品集的设计与构思步骤
		二	作品摄影表达技法与案例分析
		三	手机拍大片

注 各学院可根据自身的教学特色和教学计划对课程学时数进行调整。

目录

第一章 观古鉴今——服饰品演变史

教学目标： 通过对服饰品的特性、历史演变、文化内涵及发展趋势的阐述，让学生掌握学习服饰品的必要性，初步掌握服饰品的基础知识。

教学内容： 1. 服饰品的产生、发展及特性

2. 中国服饰品的历史演变

3. 其他国家服饰品的历史演变

4. 现代服饰品的发展趋势与特点

教学学时： 2学时

教学重点： 1. 服饰品的各时期特点

2. 服饰品未来发展趋势和特点

课前准备： 1. 预习本章内容，查看相关服饰史书籍

2. 收集与课程内容相关的历史服饰品图片

《增广贤文》："观今宜鉴古，无古不成今。"中国具有悠久的服饰文化历史，通过研究服饰的演变发展，可以学习历史、文化内涵、培养审美观，并预测未来的发展趋势。

第一节　服饰品的产生、发展及特性

服饰品的产生、发展
及特性　教学视频

一、"服饰品"的概念

衣着服饰是人类非常重要的生活内容之一，在世界各民族服饰发展的漫长历程中，服饰品起到的作用是毋庸置疑的。[1]"服"和"饰"是不可分割的一个整体，它们不可避免地要接触社会环境、时尚、风格、审美等诸多因素，经过不断发展和完善，才形成了今天多种多样的形式。服饰品，是人类美化生活、装饰自身的艺术品，它不仅凝聚着一定的艺术美，也体现着一定的价值。

在《辞海》中，"服饰"被定义为衣服和装饰。它涵盖了人体的修饰，包括化妆、发式、配饰、冠帽、鞋袜、衣服等。这一定义强调了服饰不仅仅是衣服，还包括饰品、鞋袜等。文化学意义上的服饰被理解为人着装打扮后的整体，这既体现了对个体形象的塑造，也反映出一定的社会文化和审美标准。服饰，即平时所说的"衣"，具有广义和狭义之分，广义的衣指一切蔽体的织品，包括头衣、胫衣、足衣等，狭义的衣仅指身上所穿衣物。服饰是人类特有的劳动成果，它既是物质文明的结晶，又具有精神文明的含义。

服饰中除衣服外，其余的都属于服饰品，也叫附件，包括首饰、领饰、包袋、帽子、腰饰、臂饰、鞋袜、手套、眼镜等。

对现代社会中人类的生活而言，服饰是不可或缺的必需品，可以用来遮羞或保暖，也可以修饰人体，展示个性和审美。人们可以根据自己的喜好和场合选择适合自己的服饰品，以达到最佳的视觉效果。同时，服饰品的材质和工艺也在不断进步，为人们提供了更多的选择。总的来说，当今服饰品已经成为一种文化符号，反映了不同时期的社会文化和人们的审美观念。随着时代的进步和人类的发展，服饰品的作用和意义也在不断变化。本书将服饰品分为帽饰、首饰、包袋、鞋靴等予以介绍。

二、服饰品的起源

服饰品诞生的缘由众说纷纭，包括保护说、求偶说、羞耻说、装饰说、辟邪说等，都是服饰起源的主要猜想。在人类漫长的发展历程中，种种文化思想、宗教观念都沉淀于服饰之中，构成了服饰文化的物质文明和精神文明的双重内涵。服饰品的变迁和发展可以归因于不同地域政治、习俗、民族和宗教等共同作用的结果。受大多数人认可且与服饰品比较贴切的起源说主要有以下几种。

（一）保护说

服饰品的起源与人类劳动和文明的发展是分不开的，其实很多学者有不同的观点和不同的理解方式。其一，认为服饰的产生发端于物质实用动机，主要有适应说与身体保护说。杜耀西等在《中国原始社会史》中指出："服装的起源，其根本原因是出于实用……在寒冷的湿地地区，人们为了防御寒冷，保护身体，很早就披上树皮了。当然，御寒在热带是不存在的，当地有危害人类生存的因素，如烈日的照射、虫蛇的啃咬、风雨的袭击等原因，也使人们采取一些措施，尽力地保护自己的身体。通常在身体上涂抹油脂和黏土，披盖树叶、树皮，在身上绘画花纹等。"[2] 服饰起源于身体保护的功能需求，在古代文献中也有记载，如《淮南子》："伯余之初作衣也，緂麻索缕，手经指挂，其成犹网罗；后世为之机杼胜复，以便其用，而民得以掩形御寒。"服装使人类能够顺应客观环境而更好地生存，同时也改善了早期人类的生活质量，并使他们征服自然的能力进一步增强。服装对物质功用的追求及其实用性质都构成了本位价值和本质特征。也就是说，以维护人类生命存在的基本需要为原始目标的服装，必然以实用的功能形式来显示并实现其价值。[3]

在遥远的古代，人类穴居野处，过着原始生活。那时，人们只知道用树叶草葛遮挡烈日，防御虫蛇的啃咬、风雨的侵袭，保护身体。或者为了猎获野兽，把自己伪装成猎物的模样，如头顶兽角、兽头，身披动物皮毛，臀后拖着长长的兽尾，以便靠近目标，提高狩猎效果。后来，才逐渐懂得用猎获的赤鹿、斑鹿、野牛、羚羊、狐狸、獾、兔等野兽的皮毛把身体包裹起来御寒保暖，即古人所谓的"衣毛而冒（覆盖）皮"。帽子和鞋是伴随衣服产生的。人们最初把一片树叶或树皮顶在头上以避免烈日的炙烤、雨水的淋漓，这就是最古老的帽子，后来才逐渐发展为用兽皮或布帛裹头。人们用树皮或兽皮裹脚以防备荆棘碎石，抵御冰雪严寒，这就是最早的鞋。后来才由裹脚之物逐渐发展为鞋。所以说服饰品具有护身的功能，为了御寒以及抵御风沙和骄阳。

（二）求偶说

历史学家吕思勉认为服装起源的原始动机在于异性吸引。他首先明确地否定了服装起源于保暖的说法："亦不藉衣以取暖也。"而后他立论说："衣之始，盖用以为饰，故必先蔽其前，此非耻其裸露而蔽之，实加饰焉以相挑诱。"原始腰裙之类"蔽其前"的动机是吸引异性，适当遮掩比裸体更诱人，正如布雷多克所分析的："在一个人人不事穿戴的国度里，裸体必定清白而又自然。不过，当某个人，不论是男是女，开始身挂一条鲜艳的垂穗，几根绚丽的羽毛，一串闪耀的珠玑，一束青青的树叶，一片洁白的棉布，或一只耀眼的贝壳，自然不得不引起旁人的注意。"[4] 王霄兵与张铭远合著的《服饰与文化》一书中提到："单纯的审美快感却并不是这种漂亮动机的全部内容，从某种意义上讲，美也是有功利性的。它首先用来引诱、吸引异性的感情，其次则通过这种活动来满足自己的虚荣心。"然后，他们举例说，裸体的巴布亚人用葫芦套起其生殖器官，原因是珍视、张扬和炫耀。他们还列举了中国历史上的一些现象来证明："中国男子也有在腰间系挂玉佩、香囊、汗巾这类小饰物的习惯，而耐人寻味的是，这些小东西通常可以作为爱情的信物互相赠送。"

在山顶洞人的遗址及许多古墓葬中，还发掘出不少用天然美石、兽齿、鱼骨、河蚌和海蚶壳等经打制、研磨和钻孔穿成的头饰、颈饰和腕饰等装饰品。它们大小不一，有圆有扁，尽管今天看来很粗糙，但足以说明，原始人已懂得佩戴饰物美化自己。从收集世界各地发现的旧石器时代的资料和现代原始部落的资料中人们可以发现，早期原始服饰形式主要为项饰、腰饰、臂饰、腕饰、头饰等，其中又以项饰和腰饰为主。这些饰物无论是动物牙齿、羽毛还是石珠等，均有十分显著的特点：光滑、规则、小巧、美观。这一特点进一步说明了体饰产生的装点装扮、自我炫耀、吸引异性的重要心理动因。[5]

（三）羞耻说

在中国民族意识中，遮盖蔽体被认为是服装重要的起始功能之一。《白虎通义·衣裳》中说："衣者，隐也，裳者，彰也，所以隐形自障闭也。"说明服饰是遮掩人体的屏障，而且裸露身体的羞耻感在古代中国的封建礼制中具有共识。遮掩人体的方式有两种，其一是"遮"，即遮挡或覆盖身体的某些部位；其二是"隐"，即通过一种特别宽大的服饰来淡化里面的人体的凹凸曲线，即服装不仅要遮盖身体，还必须消除修身的视觉效果。[6]《礼记》曰"出必掩面，窥必藏形。"国内有不少专家对"羞耻说"持否定态度。如吕思勉认为："案衣服之始，非以裸露为亵，而欲以蔽体，亦非欲以御寒。盖古人本不以裸露为耻，冬则穴居或炀火，亦不藉衣以取暖也。"意思是在彼此都不穿衣的状态下，人们并不会以裸体为羞耻，只有当人们穿上衣物之后再脱掉时，才会产生羞耻感。所以不少专家认为，羞耻心理应当是产生于服装之后的结果，并非服装的起因。

（四）辟邪说

在中国境内各少数民族地区发现的古老岩画中，凡是在一些祭祀或其他仪式的场合中，都会出现戴有装饰物的人头形象。这些装饰物品中，最多见的是羽毛和犄角做的头饰，还有拖在身体后部的长长的带弯的尾饰。这些古老的装饰，在今天看来似乎很奇特。但在当时，在原始人的观念中，它们是神与人之间交流沟通的中介物，具有代表人向神表示敬意和代表神向人宣告旨意的双重职能。[7]《山海经》曰："其首曰招摇之山……有木焉，其状如榖，而黑理，其华四照，其名曰迷榖，佩之不迷……丽麂之水出焉，而西流注于海，其中多育沛，佩之无瘕疾。"[8]这表明这些服饰是与人们祈求吉祥和幸福的原始巫术联系在一起的，正如张博颖在《服装文化巡礼》中所说的："这才是人类着装最早的动机，实际上是一种巫术的实用态度。"这是因为原始居民的生产力在伟大的自然力面前显得那么渺小，以至于他们希望借助一种神秘力量来对付自然。[7]他们把贝壳、石头、羽毛、兽齿、叶子与果实一类的物品穿戴在身上，相信这些护符能够带来力量，起到保护的作用。[9]或者，他们坚信自己与某种动植物存在亲缘关系，对这些动植物的信仰也能给自己带来庇佑，这就是原始图腾（图1-1-1~图1-1-3）。这些护符与图腾标记以某种衣物的形式装饰于人体上，并逐步扩展为成形的常态衣物。

图1-1-1　蒙古帽

图1-1-2　彝族鸡冠帽

图1-1-3　苗族以鸟为图腾

（五）标识说（也称特殊说）

贾兰坡在《中国大陆上的远古居民》中阐述："山顶洞人佩戴装饰品的初衷，是为了彰显他们的英勇与智慧，同时也有取悦异性的成分。这些装饰品或许是当时被普遍认可的英雄们的猎获物。每当获得这样的猎物，他们会拔下一颗牙齿，穿孔佩戴，作为身份标识。"又因为"犬齿在全部牙齿中数量最少，在肉食动物的牙齿中最为尖锐有力"，所以"选用最尖锐有力的牙齿更能体现其英勇特质"。[10]《白虎通义·衣裳》记载："圣人所以制衣服何？以为蔽形，表德劝善，别尊卑也。"这也将服装的起源归因于区分尊卑、标识等级。这些英勇者、酋长、族长等，为了体现自己的权威和力量，在团体中展示个人地位，采用鲜艳夺目或便于辨识的物品（如羽毛、兽齿和贝壳等）装饰自身，进而发展成衣物。普列汉诺夫说："这些东西最初只是作为勇敢、灵巧和有力的标记而佩戴的，只是到了后来，也正是由于它们是勇敢、灵巧和有力的标记，所以开始引起审美的感觉，归入装饰品的范围。"[7]即标识说也有人称之为特殊说。

原始人用动物毛皮、羽毛作头饰，佩戴野兽的牙齿、骨骼、刺彩纹和刀痕，向人们显示他在狩猎中的业绩，用熊爪项链表示打死的动物数量。用战利品表现自己的优越地位、力量、勇气和技术。进入阶级社会后，由于人们在财富的占有上开始变得不平衡，财富的意识、观念甚至崇拜逐渐形成，统治者们开始聚敛财富，服饰品的美中又注入了富贵与贫贱的色彩。

（六）审美说（也称装饰说）

李当岐在《服装学概论》中谈到服装起源的审美说时指出："这是比较普遍的一种说法，也比较容易为人们所承认。"包铭新在《时装赏析》中明确指出："装饰说是真正抓住服饰原始动机本能的观点……对美的追求是重要的动机。所有其他动机加在一起恐怕还难抵这一个。"[11]但同时他也认为："原始服饰和审美这一概念可以涵盖宗教、标识和夸示等多种动机。"王宵兵和张铭远在《服饰与文化》中提出："任何一个民族的服饰，其中总是有大部分内容是出于漂亮的动机而设计。"所谓服装起源的实用性，不仅表现为防寒护体等物质的实用性，同时也表现为护符、标识等精神的实用性。[12]同样，所谓服装起源的装饰性，不仅表现为单纯的美化，还包含异性相吸、等级标识等实用内容。也就是说，服装起源的实用价值与审美价值并非互相矛盾，而是统一的、多元的。

在原始居民与自然的搏斗中，人类力量的强大表现出来的征服性（包括征服自然、征服动物，以及为争夺生存环境而对他人的征服）引发了人们的崇高情感，即人类力量强大的一种荣耀。力量强大者常常以某种饰物向他人炫示——显然不是炫示美，而是炫示力，即以一种象征物来作为人的自身力量的观照。炫示者以其装饰的象征物取得人们的崇拜后，另一些人就对此进行模仿。模仿使这些佩戴物逐渐泛化为纯粹美的装饰。这就是说，原始人类的装饰动机绝非在闲暇和无所事事中产生的。在他们看来，装饰本身就具备直接、具体和实用的作用。这样就突破了传统上认为服装的实用性仅仅表现为防寒护体等物质关系的狭隘观念，将服装的实用性扩充为包含心理的、社会的和精神的因素，既丰富了服装实用性的内涵，也完善了服装装饰性的内涵。

服装是人们在劳动、日常生活、艺术活动等广义的实用活动中产生和演进的。在此过程中萌发的服装造型形式，明显地体现了社会功利内容。人类在服饰上使用动物的毛、皮、爪、牙等，试图以此作为他们战胜这些兽类的标志，进而作为勇敢、力量和灵巧等气质的标志。人类在自己下身进行的装饰，更含有吸引异性、满足虚荣心和增强种族繁衍等功利因素。因此，单纯的审美快感不是着装动机的全部内容，其中还潜藏着在人与自然、人与社会之间的交流和竞争中积淀下来的功利因素。正是由于人类自身的劳动，使他们与现实事物的关系发生了变化，逐渐由纯实用的物质应用关系发展到实用和审美并存的关系，后来又发展到将实用隐藏于审美中的关系。这些情况直接升华为人对现实的审美关系，这种关系在主体意识上的反映就是美感。

人不仅是自然的产物，而且是社会的产物；既是自然存在，也是社会存在。服装在早期的人类社会集团中所承担的护符、标识、象征等功用责任，是当时的人们生存能力低下的一种欲望的补充和精神的需要，在人类的基本生活需要中同样具有积极意义。服装根源于人们要向社会表达从劳动中产生的思想、情感和各种假想，以及表达各种需要和希望。[12]所以，原始人打猎归来，把杀死的动物背在身上，或带着血污和伤痕从战场上凯旋，都无声地显示了他们的杰出才能或威力。当这种血污和伤痕消除后，他们又处于和其他人相同的地位，促使他们寻求更加永久的、能够标志他们能力的徽章。由于当时不存在家庭观念，所以不是将战利品挂在家里，而是带在身上。[9]应当承认，这也是服饰品偶发的契机之一，为人与人之间在集体生活中进行情感和道义上的交流提供了载体。

不同的民族习俗有不同的审美标准，世界上有些民族以文身、划痕、穿耳、穿鼻、肢体的残缺和变形为美。泰国长颈族的女孩自五岁起就要戴起重约1kg的铜圈，为了漂亮，实在令人瞠目。铜圈下的颈部，据说是连丈夫都看不得的绝对禁地，面对炎炎夏日时，她们甚至要躲到河里给铜圈降温（图1-1-4）。还有位于非洲（埃塞俄比亚）的摩尔西（Mursi）族，女人把下嘴唇拉长透空，用泥做的盘子填充支撑，形成了大盘子嘴的奇景。因此，她们被称为唇盘族。在摩尔西族，唇盘是地位的象征，只有身份显赫的女人才有资格佩戴。

图1-1-4 泰国北部喀伦族（Karen）妇女（摄影：林威）和摩尔西（Mursi）族妇女

三、服饰品的变迁与特性

从服饰起源的那天起，人们就已将其生活习俗、审美情趣、色彩爱好，以及种种文化心态、宗教观念都沉淀于服饰中，构成了服饰文化的物质文明和精神文明的双重内涵，开创了中华民族服饰文化的先河。[13]服饰品的变迁和发展可以归因于政治与习俗、民族与宗教、经济与科技、文化与思潮、战乱与和平的结果。

（一）政治与习俗

中国素有"衣冠王国"的美誉，服饰作为民族文化的重要载体，同时也是历史变迁和社会时尚演变的重要标识。我国的衣冠服饰制度，大致在夏商时期初现雏形，及至周代逐渐完善，并被纳入"礼制"的范畴。这一制度反映了个人在政治和社会地位上的差异，使全体人民各安其分，严禁越矩（图1-1-5）。所以，在中国传统上，服饰是政治的一部分，其重要性远超出服饰在现代社会的地位。[14]在更多的历史阶段，看到的是民族大融合、生产力水平的改变，再来看看我们的习俗也在发生变化，从古代新娘出嫁时要用大红布盖头遮面，到现代很多人选择西方的白纱头饰。

图1-1-5　孝靖皇后十二龙九凤冠

（二）民族与宗教

从民族角度来看，随着民族服饰被现代服装取代，传统的服饰工艺如手工刺绣、银铜饰品等逐渐失去价值。一些具有实用功能的器皿等也被大量工业化产品淘汰。但是，随着消费社会的兴起，少数民族民间工艺又遇到了再生和发展的契机。[15]

服饰品也会受宗教的影响，比如中世纪的欧洲基督教占据绝对的统治地位，哥特时期人们戴高而尖的帽子，穿长而尖的鞋子以接近上帝。

（三）经济与科技

经济发展促使人们生活水平提高，对服饰品的要求更严格，不仅满足基本需求，更关注审美价值、品质和独特性。服饰品市场持续创新，以满足消费者不断变化的需求。科技领域的新材料为服饰品行业带来新机遇，如纳米材料、生物材料和智能材料等，不断提升产品性能，赋予其更多功能。

年轻一代是时尚消费的主力军，其需求和审美观念影响市场发展趋势。新工艺使服饰品设计更精美、独特，满足年轻消费者追求个性、与众不同的心理。社交媒体加速时尚潮流传播，新的风格和设计理念迅速成为市场热点。图1-1-6展示了年轻一代热衷于新型配饰的风格、工艺和材料。这些创新元素为服饰品市场带来了无限的可能性，满足了消费者追求个性和时尚的需求。服饰品企业加大研发投入，创新设计和材料应用，抢占市场份额。同时，企业关注可持续发展，采用环保材料和工艺生产服饰品，以保护地球环境。

图1-1-6 年轻一代喜欢的新风格、新工艺、新材料的配饰（陈伊甸）

社会经济和科技推动服饰品行业创新发展，年轻一代的消费需求和新材料、新工艺驱动市场多元化、个性化。这为消费者提供了更多优质的时尚选择。同时，环保意识的提升促使服饰品行业向绿色、可持续发展方向前进。

（四）文化与思潮

文化决定了人们的价值观念，也为人们提供了穿衣打扮应遵循的原则。[16]时代不断变迁，中国文化中不断加入外来文化，大众文化流行也影响着人们的消费习惯，尤其是社会文化思潮对服饰的冲击。当人们的消费欲望被激发出来并转化为智慧与行动之后，人们表现出来的巨大创造与革新能力，都使我们强烈地感受到中华传统服饰在发生、发展过程中那种跌宕起伏的力度和张力。当今提倡中国传统文化和核心价值观，尊重工匠精神，让产品回归精致和本源（图1-1-7）。在各种文化交融的冲击下，服饰品更趋于多元化发展。

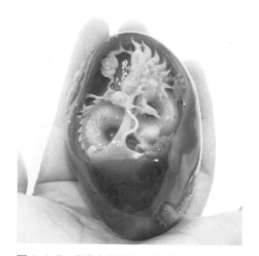

图1-1-7 非遗文化影响下的国潮风饰品

（五）战乱与和平

战争会破坏人类社会财富，造成社会动荡，但往往也造成服饰的变革。第二次世界大战之后，飞行员的夹克、迷彩服、贝雷帽、军靴等就成为流行服饰。

因此，服饰品的造型、用材、图案、色彩等，随着社会的发展而演进，是时代、地域、民族风情及政治、宗教、经济、文化等多方面留下的印记。[17-18]

第二节 中国服饰品的历史演变

中华服饰文化有5000多年的历史，具有重仪轨、合大统和明伦理的符号特征。从服饰礼仪来看，历代典章赋予了服饰礼仪功能，汉代后，历代均重视修订舆服制度，服饰礼仪渗透人们的各类活动，包括祭祀典礼、朝堂公务和燕居生活等。历代舆服典章的修订多以周礼为发轫，兼收前代之制，集成一代衣冠制度，每一个朝代均有时代特征。我国是文化包容性极强的国家，兼收南北东西，在历史发展的过程中，曾有少数民族建立了统一的政权，但舆服制度的框架始终没有完全脱离。我国佩玉、冕冠、凤冠霞帔等服饰文化，在漫长的发展过程中持续书写着华夏衣冠的辉煌篇章，使中华儿女有了更加具体的身份认同和文化自信。

一、夏商周

根据纺织考古情况，早在4700年前的新石器时代就有丝织品，在新石器时代的出土遗址中，有大量用于固定发髻的发笄，多为圆锥或长扁条形。

夏朝（公元前2070—前1600年）是中国史书中记载的第一个世袭制王朝。夏朝冠帽有"牟追"，由于历史久远，已难以考据形制。《礼记》中说因形而称"牟"，同"母"和"毋"，同时《仪礼》曾提出"追"是堆的意思。《礼记》记载，士冠礼时，夏朝用"牟追"、商朝用"章甫"以及周朝用"委貌"。商朝（公元前1600—前1046年）是继夏朝后的第二个王朝，也是中国第一个有直接文字留存的王朝。据《吕览》记载："胡曹作衣。"《世本》记："伯余制衣裳。"说明此时古人已掌握了纺织技术，并且有了上衣下裳的服装形制。

周朝存续790年（公元前1046—前256年），先有西周，后有东周和春秋战国。周朝建立了以血缘关系为基础的封建宗法制，形成较为完整的礼乐制度，用于祭祀等重大活动，其中就包括礼仪服饰系统，如祭祀典礼的冕服、其他礼仪场合的弁服、成人礼的男子冠礼和女子笄礼。以血缘亲疏为序的丧服制度，均用麻布制作，越亲近者麻越粗，不缉边缝。这些重要场合和人生礼仪都将冠作为一个重要表征，可见自古人们对首服的重视。男子首服还有各种冠帽，如玄端配委貌冠，这是天子至士均可穿着的服装，天子燕居时穿着，诸侯祭宗庙时穿着，大夫、士朝飨和入庙朝见时穿着。《周礼·天官冢宰》载："追师，掌王后之首服，为副、编、次、追衡、笄。"[18]女子除了首饰，此时还有梳高髻，由此出现了假发，称为髢。命妇足服凡祭服都穿舄，其他为履，色随裳色。

在商周遗址中出土了玉蚕，说明此时有蚕神祭祀活动。丝织品主要包括帛、绢、缦、绨、素、缟、纨、纱、縠、绉、绮、缣、绡、绫、罗、绸、锦、缎等十余种。商朝的妇好墓出土了骨笄499件。

二、秦汉

公元前221年，秦统一六国，结束了春秋战国以来诸侯割据的局面。[19]秦朝推行"书同文、车同轨，兼收六国车旗服御"的政策，以巩固封建统治。但秦朝仅维持了15年，公元前207年刘邦推翻秦朝，于公元前202年建立汉朝，开创了中国封建制度社会的第一个兴盛期，思想上以儒家为尊，使儒家服饰礼制观成为中华传统服饰的重要思想根源。比如在汉代之前，依据五行相克原理，历代崇尚的颜色不同，汉代采纳儒家提出的五行五方土居中央的观点，以土尚黄。十三经注疏在宋代成型，与服饰制度理论息息相关的《仪礼》《礼记》等便成于此时，正史的舆服之制也始于汉代。汉初制定"农桑并举"的政策，西汉有多处规模较大的官营织造机构，最初服饰制度承袭秦代，后汉景帝规范服制，以周礼为礼服制度的依据。

汉朝分为西汉和东汉，西汉设有官营丝织作坊，东西两个织室，在西汉初期有很长一段时间服饰礼制没有完善，到了汉明帝永平二年（59年），才正式使用冕服制度举行祭礼。据记载，汉代以冠帽区分职务，冠的类型有十多种，包括冕冠、长冠、委貌冠、皮弁冠、爵弁、建华冠、方山冠、巧士冠、通天冠、远游冠、高山冠、进贤冠、法冠、却非冠、却敌冠、樊哙冠、术氏冠等。腰饰材质为"男子革鞶，妇人带丝"。以腰部悬缀的佩绶区分官阶，男子革带用带钩进行固定。在前代基础上，汉绶制度进一步完善，通过颜色、长度、密度以及构成要素等区别身份，用于祭祀等礼仪服饰。

从服饰考古出土情况看，此时最著名的有湖南长沙马王堆汉墓、新疆民丰汉墓、河北陵山汉墓金缕玉衣，用织、绣、绘、印等技术显花。从墓葬实物看，汉代人信奉人死后升天（图1-2-1）。墓葬出土了长寿绣、信期绣、乘云绣，以纤细曲线为主，具有几何抽象特征。汉代提花技术从经向显花发展为纬向显花工艺。

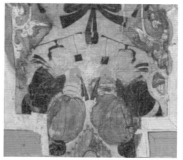

（a）西汉辛追夫人之子墓帛画局部　　　（b）西汉利豨墓帛画局部1　　　（c）西汉利豨墓帛画局部2

图1-2-1　西汉出土T形帛画局部人物形象　湖南博物院藏

三、魏晋南北朝

魏晋南北朝（220—589年）是继春秋战国后的第二个动荡分裂的时期，在这个阶段，中原汉族与北方游牧民族先后建立了多个政权，促进了民族融合。中东和西方的纺织品通过贸易传入中国，出现了大量连珠纹图案。印度佛教东传后与本土道教、儒教融合，并受到北魏官方的支持，修建了悬空寺、云冈石窟等大型宗教建筑，许多与佛教有关的纹样题材被广泛使用，比如莲花纹、忍冬纹等。三国孙吴鼓励丝织业，通过赋税劳役减免等政策扩大了民间丝织业的规模。

魏晋时期，由于常年战乱，文人仕途坎坷，产生以竹林七贤为代表的出世文人。他们穿着宽大的衫，袒胸露怀，面料很薄，形制为对襟衣袖宽博，崇尚"冠小而衣裳博大，风流相放，舆台成俗"，引起了衣裳宽博的风尚（图1-2-2）。

图1-2-2 唐 孙位 高逸图 上海博物馆藏

袴褶原来是少数民族骑射时穿着的服饰，由于便于起居，逐渐成为风尚。袴褶是以上褶下裤为配伍的式样，褶衣身较短，袴是穿着在最外层的肥大散口裤，区别于胫衣和裈。和袴褶同源的还有裲裆，常作为配物，男女均有穿着（图1-2-3）。《释名·释衣服》载："裲裆，其一当胸，其一当背。"

魏晋时期女子服饰腰线提高到了腋下，用带子束缚，下身较为宽大，上衣合体。袿衣是贵妇常服，《释名·释衣服》载："妇人上服曰袿，其下垂者，上广下狭，如刀圭也。"[20]袿衣是一种长袍，曲裾绕襟，底部有裾。此时还流行一种下半身连缀垂髾的裙子，三角状的尖角，呈现随风飘逸之态。如洛神赋中的神女服饰。此时发髻也有垂髾。《女史

图1-2-3 宋代摹 南北朝 杨子华 北齐校书图局部 波士顿美术馆藏

箴图》为中国东晋顾恺之创作的绢本绘画作品。原作已佚，现存有唐代摹本，原有12段，因年代久远，现存仅剩9段，为绢本设色，现收藏于大英博物馆。作品描绘女范事迹，有汉代冯媛以身挡熊，保护汉元帝的故事；有班婕妤拒绝与汉成帝同辇，以防成帝贪恋女色而误朝政的故事等。其余各段都是描写上层妇女应有的道德情感，带有一定的说教性质。虽然作品蕴含

了妇女应当遵守的道德信条，但是对上层妇女梳妆打扮等日常生活的描绘，真实而生动地再现了贵族妇女的娇柔、矜持，无论身姿还是仪态、服饰都合乎她们的身份和个性。《女史箴图》成功地塑造了不同身份的宫廷妇女形象，一定程度上反映了作者所处时代的妇女生活情景（图1-2-4）。

图1-2-4　唐代摹　晋代　顾恺之　女史箴图　大英博物馆藏

四、隋唐

581年，隋文帝杨坚建立隋朝，37年后唐高祖李渊取代隋朝建立唐朝，大唐盛世由此拉开帷幕。唐朝势力范围广阔，如王维所述，"万国衣冠拜冕旒"，国际交流频繁。阎立本的《职贡图》《步辇图》等都描绘了外国使臣向唐朝进贡的画面，每年有大量使臣、留学生、商人、僧人等来往于唐朝，广泛推动了这个时期的文化交流。在礼服上继承中原地区农耕文明儒家服制，另外，在日常使用的服饰中又吸收北方游牧民族服饰特点进行杂糅。唐代较之前除祭服和朝服外，又增加了公服和常服制度，完善了中国古代的服饰制度。

唐高祖武德四年（621年），定《衣服令》，皇帝冠服配冕，另外有通天冠、缁布冠、武弁、黑介帻、白纱帽、平巾帻、白帢等首服。皇太子除了冕冠外，有远游冠、乌纱帽、弁服、平巾帻、进德冠；官员首服有冕冠、爵弁、武弁、进贤冠、远游冠、法冠、高山冠、委貌冠、却非冠、平巾帻、黑介帻、介帻等。[21]

唐代官员着袍服，腰间系革带，佩挂绶带，此时佩绶用于祭祀等礼仪场合。官员以不同颜色的袍服区分品级，后世沿用了品色服制度，历代为区别身份对庶民服色多有禁令。唐代常服配伍为幞头、圆领袍、銙带和乌皮靴，圆领袍服源于少数民族的胡服，唐代男子广泛穿着。阎立本所绘《步辇图》中君臣均穿着幞头、圆领袍和乌皮靴（图1-2-5）。

图1-2-5　唐　阎立本　步辇图　故宫博物院藏

唐代世风开放，女子服饰大胆，有袒胸装、女着男装及女子胡服等。唐代女子穿着对襟窄袖衫或大袖衫，窄袖衫穿着在内，束于下裙内，袖有长有短。礼服为大袖衫，用轻薄的面料制作。《簪花仕女图》工笔重彩描绘簪花仕女五人，执扇女侍一人，点缀在人物中间有狗两只，白鹤一只，画左以湖石、辛夷花树一株结束。仕女发式都梳作高耸云髻，蓬松博鬓。前额发髻上簪步摇首饰花6~10树，鬟髻之间各簪牡丹、芍药、荷花、绣球花等花时不同的折枝花一朵，眉间都贴金花子[22]（图1-2-6、图1-2-7）。

图1-2-6　唐　周昉　簪花仕女图局部　　　　　图1-2-7　北宋　赵佶摹　张萱虢国夫人游春图局部

五、宋

960年，赵匡胤黄袍加身建立了宋朝，宋朝分为北宋和南宋，以靖康之耻为界，后迁都至临安为南宋。北宋初期实行偃武修文的国策，削弱武将势力，推行科举制度，进而形成文臣治国的政治格局。宋代商品经济发达，如张择端的《清明上河图》就描绘了北宋汴京都城的繁华景象。宋代承袭五代服制，尤其重视舆服的修订，史料记载对服饰制度的修订多达27次。

南宋《歌乐图卷》描绘了南宋宫廷歌乐女伎演奏、排练的场景。画面中女伎、乐官和女童手持各种乐器于庭院中一字排开，均穿着南宋时期的典型服饰：九位女伎身材修长，穿着红色窄袖褙子，高髻上饰以角状配饰；男性乐官佩戴朝天幞头，女童则戴簪花幞头。无论人物形象还是场景均为南宋社会文化生活的生动写照。以歌乐女伎为表现题材的作品在南宋人物画中极为少见，具有相当高的历史、艺术价值（图1-2-8）。

图1-2-8　南宋　佚名绘　歌乐图卷局部　上海市博物馆藏

六、元

1279年，元灭南宋，结束了五代以来南北政权分立的局面，建立了横跨欧亚大陆的大一统国家元朝，定都大都（今北京）。元朝服饰各从祖俗，尚金，镂皮敷金为纹的织金锦称"纳石矢"，全用金线称"浑金缎"，此外还有拍金、印金、描金、洒金等织后加金的工艺。

蒙古人以游牧为生，由于气候环境和生活习性形成了一套独特的服饰形制，男女多穿袍靴，男子戴笠，女子戴冠（图1-2-9）。袍服主要包括上下一色的"质孙服"、"制如窄袖衫，腰作辫线细褶"的"辫线袄"、穿用于袄内的"贴里"、下摆加襕的"宝里"、袖部两穿的"海青衣"，半袖的上衣"褡胡比甲"等。蒙古男子髡发，即将头顶头发剃光，在两鬓、前额等蓄发，无论身份贵贱皆剃，头衣有冬帽夏笠。女子发髻种类较多，有盘龙髻、椎髻、低髻、垂髻等，未婚女子或侍女梳双髻丫、双垂髻、双垂辫等。[23, 24]罟罟冠是蒙古女子独具特色的冠，为顶底宽、中部内凹的长筒状，在顶部还安有翎管、羽毛等。

图1-2-9　元　刘贯道　元世祖出猎图局部　台北故宫博物院藏

七、明

  1368年，朱元璋推翻了元朝统治，建立明朝，最初定都应天（今南京），永乐十九年（1421年）迁都北京。[25]明朝历时277年，15世纪初郑和七次下西洋，世俗文学戏曲兴盛，四大名著三部成书于明朝，女四书两部出自明朝。明代衣冠制度高举"上取汉唐下承宋元"的思想指导，重新建立了完备的服章规制，上至皇帝百官，下至士庶乐工均有冠服制度的详细规定。皇帝有衮冕、通天冠、皮弁服、武弁服、常服、燕弁服，嘉靖朝创立燕居时的忠靖服。洪武年间定文武官员常服，凡常朝视事、日常生活，头戴乌纱帽，身穿团领衫（图1-2-10）。前后各缀一方形补子，因此官员常服也称补服，文官双禽，武官双兽，以禽兽纹样别官品，补子的制作工艺多样，主要有织锦、刺绣和缂丝等。此外，男子常服还有曳撒、贴里、程子衣等。

图1-2-10 明 吕纪、吕文英 竹园寿集图局部 故宫博物院藏

  女子服饰根据明代舆服制度，皇后受册、谒庙，朝会时戴凤冠、穿翟衣、内搭中单、佩绶带、穿袜舄。命妇发髻上头饰数量、霞帔纹样、坠子质地等可区别品级。妇女常服多为上襦下裙，还有各色面料拼合成的水田衣，锦绣孩童寓意多子多福的百子衣（图1-2-11）。

图1-2-11 明 孝靖皇后百子衣复制件（定陵出土，首都博物馆复制）

八、清

1644年，满洲建立清朝，在扩大中华疆域版图的同时，实行剃发易服政策，是中国历史上一次重大的服制变革。清初顺治元年（1644年）短暂地实行了"满汉二班"服制政策，后顺治二年（1645年）多尔衮谕领各处文武军民剃发易服。但服制改革引发的社会反响强烈，为缓和民族矛盾，清政府采取了一定的缓和措施，被后人称为"十从十不从"。清乾隆帝以"即取其文，亦何必沿其式"提炼了清代服饰制度建立的核心。因此，如今可见明清两代虽然都采用了十二章纹、龙纹、飞禽走兽等章纹，却以不同的服制系统和表现手法，成就了中华冠服制度的两代服制。如果说清初制定礼服纹章的动机源于自上而下的统治需要，那么清代民间各族服饰的融合互鉴则体现了文化认同的形成。

《大清会典》是清代官方编撰的政书，与之相关的《大清会典事例》《皇朝礼器图式》《钦定大清会典图》，以文字结合绘图的形式汇编了清代冠服制度。依照《钦定大清会典图》，清代冠服制度依据礼仪等级和使用场合的不同分为朝服、吉服、行服、常服、雨服等类，每一类别中依照穿着者身份不同规制各异。清代服饰配伍以冠、褂、袍、靴为核心，不同性别和身份等级的形制结构相近，体现了"上下同服"的满洲祖俗。穿着朝服时，上至皇帝下至王公百官等，均要戴朝冠。朝冠因季节不同又有冬朝冠、夏朝冠之分，脖子上戴朝珠，腰间系朝带。女子朝服上至皇后下至百官命妇与男子品类同，形制有所不同，也有朝冠，另外，额头戴金约、脖颈戴领约、胸前戴彩帨、耳饰有三钳等。值得注意的是，《钦定大清会典图》中未提及足衣配伍，从实物与画像看应为靴袜。

吉服也称盛服，等级仅次于礼服，在举行筵宴、迎銮、重大吉庆节日等一应嘉礼以及其他吉礼、军礼活动时穿着。吉服的服装包括吉服袍、吉服褂（图1-2-12）。清代男子均着清朝服制，女子则可以各从祖俗。根据《清人画颙琰万寿图》像轴所示，可见两侧命妇，第一排均穿着女朝服，第二排满族妇女为吉服袍褂，汉族命妇为头戴凤冠、身穿蟒袍和马面裙。

图1-2-12　清人画颙琰万寿图像轴

常服，穿用于一般性较正式场合，如在祭祀的斋戒期内遇先帝忌辰，祭前一日皇帝恭视祝版及经筵、恭上尊谥、恭奉册宝等场合，要穿用常服。故宫传世常服看，男女均有常服，所着服装包括常服袍、常服褂。此外，男性特有的服饰品类还有行服戴行冠、雨服戴雨冠、戎服戴盔。

清代无论士庶男子都要求穿着窄袖袍服，剃发留辫，此外，妇女儿童和宗教人士等可以各从其俗。满族妇女梳辫或髻，著名的发式有"两把头"，这种发式后演变为冠饰"大拉翅"，身穿长袍，外套坎肩、马褂、褂襕等，脚穿高底鞋。汉族妇女仍着上衣下裙，内有套裤，头戴簪钗盘髻。除了满汉两族服饰外，因清代实行了大规模的少数民族改土归流政策，使少数民族服饰与中华服饰制度的样貌更为紧密，如绲边、挽袖和大襟盘口的特征在许多民族中传播，而头饰多保留着各民族特色（图1-2-13、图1-2-14）。

图 1-2-13　1871—1872 年汉族尾髻和满族"两把头"

图 1-2-14　1901—1910 年满族大拉翅、满族坤秋和巴尔虎蒙古族妇女头饰

在清代，戏曲文化发展达到鼎盛，由于戏曲故事表演需要，前朝许多服饰在戏曲舞台上得以保留，此时以苏州昆腔和秦腔最具代表性，由晚清画师沈蓉圃绘制的《同光十三绝》，以清代同光年间的南方进京表演后声名大噪的十三位名伶为形象，以工笔手法刻画了老生、武生、小生、青衣、花旦、老旦、丑角等角色形象，从画中可见戏曲行头的头饰有冠、帽、盔、巾和翎等（图1-2-15）。

图 1-2-15　清　沈蓉圃　同光十三绝

第三节 其他国家服饰品的历史演变

一、世界其他古文明

自石器时代到青铜时代，除了黄河、长江流域的中国文明以外，亚洲还有恒河流域的古印度和两河流域的美索不达米亚文明。四大古文明均为农耕文明，依赖河流；都有分封制度、奴隶制度。美索不达米亚南传后形成非洲尼罗河流域的古埃及文明（公元前3100年—前30年），其后演变为迦太基文明（公元前800年—前146年），被古罗马征服。美索不达米亚北传后形成爱琴文明，爱琴文明是克里特（公元前3000年—前1100年）和迈锡尼（公元前2000年—前1200年）的总称，其后演变为古希腊文明和古罗马文明。罗马帝国在395年分裂为西罗马和东罗马，东罗马帝国即拜占庭帝国。[26]

（一）古印度文明

古印度北靠喜马拉雅山，三面环海，西北临印度河和东北临恒河。公元前4000—前3000年的哈拉帕文明，是印度土著文明，有古城遗址，出土有铜器、陶器、象形文字，和苏美尔人交流密切，公元前2000年，雅利安人从西北部入侵，哈拉帕消失殆尽，从游牧文明到本土的农耕文明，雅利安人和土著实行种族隔离，诞生了印度种姓制度。

（二）美索不达米亚文明

美索不达米亚位于幼发拉底河和底格里斯河，范围在今天伊拉克全境、土耳其和叙利亚的部分地区。由于地理环境影响，美索不达米亚在历史上权力争夺严重，产生了许多古国，其中包括苏美尔、古巴比伦、亚述等。

公元3500年左右，苏美尔人到达两河流域，开渠、引水、建城市，两河流域之间的美索不达米亚是世界上最肥沃的土地之一，每年冬季洪水泛滥，为春耕留下肥料。苏美尔的商业交易包括泥板契据和鉴证人，每个城邦都有神庙，神庙收到物资捐赠，具有银行、法院、医院和学校等场所功能，祭司和国王有权力争夺，苏美尔后被巴比伦、加喜特、亚述、波斯征服。苏美尔是中东文明主基调，深刻影响西方文明，苏美尔和古巴比伦都采用楔形文字，出现世界上最早的法典《乌尔纳姆法典》《汉谟拉比法典》。苏美尔人穿半身的卡吾纳凯斯（Kaunakes），服装有亚麻和动物皮毛。苏美尔王陵出土的萨尔贡一世头像，头戴金盔，蓄长须，头部长发编成低发髻。

公元前1750—前1595年，古巴比伦统治美索不达米亚地区的政权，男子服装主要有袍服康迪斯（Kandys），用边缘有流苏的三角形织物包裹而成，国王的康迪斯用金线缝制，缀有珠宝。巴比伦男性注重头发和胡须的卷烫整理，地位高的戴头冠，饰一圈小的羽毛饰品，有时还镶嵌宝石，穿着凉鞋，也有皮革制。

亚述是公元前14世纪兴起的政权，是苏美尔文明和古埃及文明的结合。古代波斯于公元前2000年末迁居到此，波斯的前身米底亚曾和巴比伦联盟击败了亚述，后征服了整个中亚细亚以及非洲埃及的大帝国。波斯主要用羊毛和亚麻，也有东方贸易带来的绢布，平民为红色，官员为蓝紫色，平民不许用蓝紫色、深蓝色和白色。普通男女到了15岁便获得神圣象征的腰带。

在亚述国王宫殿的浮雕上，国王本人戴着一顶带小尖顶的圆锥形帽子。他左手拿着一个象征权威的弓，右手拿着一只祭祀碗。侍从用一个盛有皇家碗补给的勺子。图1-3-1中，最初浮雕上的许多细节都被涂成了黑色、红色、蓝色和白色，衣服上刻着图案，这些图案可能代表刺绣设计或贵金属贴花。

图1-3-1　公元前883—前859年美索不达米亚文明新亚述时期　阿淑尔纳西尔帕二世（Ashurnasirpal II）国王浮雕　美国大都会博物馆藏

这个时期服饰品特征纹样丰富、安定庄重、威严华贵。

（三）古埃及文明

尼罗河流域定期泛滥，夏至开始泛滥100天左右，泛滥期后留下依赖于大河的农业文明。古埃及初期受到苏美尔文明影响较大，传入了冶陶、交通工具、刻印章等技术，耕地由农夫耕种，所得归法老，农夫为耕地交租，为法老提供劳役，包括修造运河、公路、庙宇、陵墓、畜牧、耕种。组成采矿队前往阿拉伯和努比亚采矿，从西奈半岛获取绿松石、铜矿石，从赫梯帝国获取铁矿。[27]纸草是民间重要的手工业原料，可以用于编织鞋子和坐垫，谷物和莎草纸是最大宗出口商品。对外交流采取远交近攻的模式，与印度洋波斯湾有海上贸易关系。金字塔是古埃及法老的陵墓，古埃及信仰死者永生，因此有木乃伊。金字塔呈现四面相等的方锥体，始建于公元前2600年，是世界古代八大奇迹之一，现今人们对古埃及的了解大多是从金字塔挖掘而得来的。

　　古埃及有年轻舞女或奴隶的绳衣，男子上半身裸露，下半身穿着用布缠裹的腰衣罗印·克罗斯（Lion cloth），男女都有紧身裙式的丘尼卡（Tunic）和长袍卡拉西里斯（Kalasiris），男子款式较女子更短。古埃及中期以后女子服饰出现了上衣和下裙组合的两件套，上衣样式很多，称为多莱帕里（Drapery）（图1-3-2～图1-3-6）。埃及艳后克里奥·帕特拉是古埃及艺术形象的代表人物，她是托勒密王朝的末代女皇，恺撒（G.J.Caesar）为之着迷，成就了亚历山大港和埃及辉煌时代。1963年好莱坞电影《埃及艳后》上映，伊丽莎白·泰勒（Elizabeth Taylor）诠释了这位传奇女性的形象。

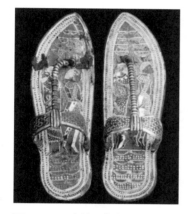

图1-3-2　古埃及黄金鞋

图1-3-3　古埃及彩陶和珠饰制作的连衣裙和项链

图1-3-4　古埃及阿霍特普女王手镯

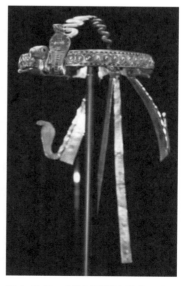

图1-3-5　古埃及图坦卡蒙的王冠

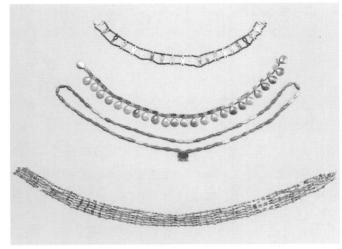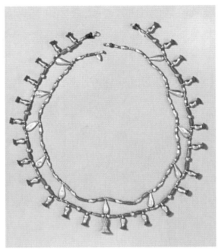

图 1-3-6　古埃及项链

公元前3500年，美尼斯法老统一了上埃及与下埃及，将原属上埃及的白冠与下埃及的红冠合二为一，创制出新的王冠"二重冠"。

古埃及王朝时代，男女流行剃发后戴假发，假发的大小象征地位。脚上穿草藤椰叶编织而成的凉鞋，鞋底用牛皮制成等，还有穿带跟的靴子，另外，古埃及文化中战争胜利者会没收战败方的鞋子。古埃及有项圈，一种穿缀宝石的宽沿的项链，象征了身份地位。荷鲁斯之眼在古埃及语中被称为"维阿杰特"（Wedjat），意为"完整的、未损伤的眼睛"，是能察知世间万物的神圣之眼。它的基本设计是眼睛和眉毛，荷鲁斯采用鸟形，他的左右眼睛分别代表太阳和月亮（图1-3-7）。

图 1-3-7　埃及第 26 王朝　釉面维阿杰特护身符　大英博物馆藏

古埃及托勒密时期的奥西里斯雕像，用木材上绘颜料、黄金和纺织品装饰，帮助墓主从尘世通向往生。这座陪葬雕像由一位名叫阿塞蒂迪斯的女性所有。[28]他的红色包裹上覆盖着蓝色、黑色和黄色的复杂珠子网，雕像底座上的一个洞被设计用来放置一幅刻有随葬品或其他圣物的纸莎草卷轴，以方便阿塞蒂迪斯死后重生（图1-3-8）。古埃及珠饰裹尸布，中央的有翼金龟子让人想起了太阳神的早晨形态凯布利（Khepri），古埃及人将其描绘成一只金龟子。正如太阳在每一个黎明都会重生一样，埃及人计划在死后重生为一种新的存在形式。作为这一复兴的象征，圣甲虫护身符用亚麻布包裹在尸体上，或者融入珠子制成的网中，放在木乃伊身上。圣甲虫形状的象形文字含义"存在"增强了图像的力量（图1-3-9）。

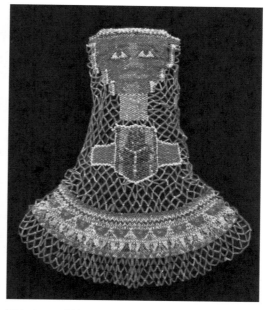

图 1-3-8　古埃及托勒密时期的奥西里斯雕像

图1-3-9　古埃及珠饰覆面　芝加哥艺术博物馆藏

（四）爱琴文明

公元前20世纪—前12世纪出现爱琴文明，是爱琴海地区的青铜文明，目前最具代表性的考古遗址为克诺索斯。爱琴文明以克里特岛和希腊地区的迈锡尼为核心，故又称"克里特—迈锡尼文明"，西方古代文明由此发轫。克里特文明出现于公元前3000年左右，此时爱琴文明已经进入青铜时代，有象形文字和城池。公元前1450年左右宫殿遭到破坏，希腊人统治克里特岛并与土著居民融合。克里特代表性的女性形象有持蛇女神像、神殿女神柱。迈锡尼是青铜时代的晚期文明，由迈锡尼城得名，出现于公元前2000—前1200年，迈锡尼卫城是重要遗址。从壁画遗存看，服装有贯首短袖长袍、袒胸短袖紧身上衣，下半身着半身裙，为烫卷长发，顶部有发冠，迈锡尼还有士兵盔甲，头盔用长方形甲片串联而成。

（五）古希腊文明

古希腊文明（公元前800—前146年）；古罗马先后经历罗马王政时代（公元前753—前509年）、罗马共和国（公元前509—前27年）、罗马帝国（公元前27—476年/1453年）三个阶段。[29]

古希腊男女穿用最多的是希顿（Chiton），女子到脚踝，男子到膝盖，是用布幅经过简单缝合套在身上的长袍。因为缝制和穿着方式不同，又有无袖的多利安式希顿（Doric chiton）和袖长在肘部以下的爱奥尼亚式希顿（Ionic chiton），有时还在腰部系有腰带，二者有时可以叠加穿着。最外部有的套有希玛纯（Himation），根据希玛纯还有一种变形，为迪普罗依丝（Diplois），希腊男子有一种羊毛织物的小斗篷叫可拉米斯（Chlamys），用于户外。1970年，马瑞阿诺·佛坦尼（Mariano Fortuny）根据古希腊出土的面料残片，研发出丝绸褶裥面料，后来被三宅一生借鉴成为一生之褶的系列展品。古希腊文明是服饰设计中的重要母题，根据其服装形制、神话演绎出了无数经典作品。

在公元前6世纪后期，长方形陵墓墙壁上精心制作的一系列陪葬牌匾被带孔的单块牌匾取代。战车比赛是当时葬礼中反复出现的主题，可能会让人想起为纪念传奇英雄而举行的葬礼仪式，当时阿喀琉斯（Achilles）向他已故的朋友帕特洛克洛斯（Patroclus）致敬（图1-3-10）。

图1-3-10　古希腊墓室壁画局部

主题包括花瓶的两侧是"赫菲斯托斯返回众神之家"。赫帕伊斯托斯是赫拉（Hera）和宙斯（Zeus）之子，他生来跛脚，母亲把他逐出了奥林波斯山。赫菲斯托斯为报复，制作了一个宝座，当赫拉坐在上面时会牢牢地抓住她，只有赫菲斯托斯才能释放。因此，酒神狄奥尼索斯（Dionysus）给了他葡萄酒，并护送他前往奥林波斯，陪同他的男性和女性追随者，即萨蒂尔（Satyr）和迈纳德（Maenads）（图1-3-11）。

图1-3-11　公元前550年　彩绘陶碗

（六）古罗马文明

约公元前1000年，渡海而来的希腊人进入意大利，对本土民族的影响很大，公元前753年，特洛亚人从小亚细亚来到意大利，在台伯河边建立了罗马城，逐渐强大后在公元前1世纪时征服了希腊，成为横跨欧亚非的奴隶制帝国。4世纪，罗马一分为二，东罗马以君士坦丁堡为首都，称拜占庭帝国。西罗马在476年被日耳曼人征服。古罗马帝国建造了罗马斗兽场、君士坦丁堡凯旋门等。[30]古罗马人穿着长袍托加（Toga），是一种用布披裹的外衣，布长约540cm，宽约180cm，多为羊毛织物，在王政时代男女都有穿着，到了共和时代成为男性专属。女性则穿斯托拉（Stola）以及帕拉（Palla），没有公民权的男性也禁止穿着托加。[31]

佩奴拉（Peanula）是用于防寒防雨的外套，一般用粗羊毛或皮革制成，从领口套穿，有的前部开襟，可以带有风帽，沿着领口一周相连，在两端用别针固定在肩部。公元前4世纪，出现了效仿雅典的女性爱奥尼亚式希顿（Ioric chiton）的斯托拉，和模仿希玛纯的帕拉。古罗马女子都穿宽松的长袍和披巾。丝绸之路的贸易，使中国丝绸传入罗马，供贵族使用。古罗马时期的服饰呈现男女形制相近。罗马军事服装有鱼鳞甲、锁子甲及板甲。在盔甲外面套红色或者白色的长袍，高级军官身穿白色羊毛斗篷，皇帝的铠甲更加华丽（图1-3-12）。

图1-3-12　公元前540—前530年　古希腊黑纹双耳罐　大英博物馆藏

二、西方中世纪文明

395年罗马分裂为东罗马与西罗马。西罗马因北方日耳曼人入侵，于476年灭亡，东罗马帝国产生了拜占庭文化。

（一）拜占庭式

330年，由于罗马皇帝君士坦丁堡一世迁都拜占庭，重建新罗马，改名君士坦丁堡，即如今的土耳其伊斯坦布尔，后世便将东罗马帝国称为拜占庭帝国。君士坦丁堡在地理位置上连接东西方交通，三面环海，对当时的东西方贸易起着重要作用，在这里船商密集，是丝绸之路的重要贸易运输港口。拜占庭帝国的人口庞杂，包括希腊人、叙利亚人、科普特人、亚美尼亚人、格鲁吉亚人以及希腊化的小亚细亚人等，在后续也有多个外族入侵，丰富了这里的文化。

拜占庭文化脱胎于三种文化，包括古希腊古罗马文化、东方文化和基督教文化。拜占庭艺术围绕基督教和教皇，用金银珠宝的豪华制品显示教会的至高权力，在拜占庭建筑中大量的壁画和镶嵌画描绘了宗教故事。

拜占庭的服饰主要有达尔马提卡（Dalmatica），延续了古罗马帝国末期式样，随着基督教文化普及，拜占庭服饰逐渐趋向遮蔽身体曲线。在罗马圣彼得大教堂藏有两件查理曼大帝（Charles the Great）的达尔马提卡服饰实物，袍上的图案为圣像及宗教仪式的人物故事场景。

帕鲁达门托姆（Paludamentum）是拜占庭式典型外衣，为大斗篷状，通常在左肩固定。有一种帕鲁达门托姆在人体前后各缝补一块方形的绣饰，称塔布里昂（Tablion）。女装中有一种表面装饰有刺绣宽度为15～20cm的罗拉姆（Lorum），穿着方式类似于绶带缠裹在外部。

（二）哥特式

5—15世纪欧洲哥特（Gothic）是文艺复兴时期被用来区分中世纪时期的艺术风格，原指西欧日耳曼部族，在15世纪时，意大利人有了振兴古罗马文化的念头，因而掀起了灿烂的文艺复兴运动。由于意大利人对于哥特族摧毁罗马帝国的历史难以释怀，因此为与之区分，将文艺复兴前的中世纪时期艺术风格称为"Gothic"，即"哥特"，意为"野蛮"。[32] 哥特式艺术涉及建筑、文学、音乐和服装，是对这一历史时期的艺术产物的泛指，在服饰中哥特式着装并没有统一的制式设计，主要元素包括黑色和深色系、银饰、黑发、红发或浅色的金发、苍白的皮肤、黑色的唇膏和眼影等。配物包括十字勋章、五芒星、十字架、斗篷、披肩等。[33]

在8世纪的女式服饰中，妇女所穿的尖头鞋子也镶嵌着宝石等珍贵的饰品。中世纪服饰的一个重要特征是，女性常常佩戴头饰，常见的有头巾、罩帽等。13世纪中期，宗教热达到了鼎盛，男子的服饰更加讲究。男式斗篷仍是身份地位的标志。男子还穿用长筒袜、靴鞋，身份高贵的成员及牧师通常穿尖头的刺绣鞋。到了14世纪，金银饰品被应用于各种腰带配件中；各种鲜艳亮丽的名贵宝石被装饰于服装、腰带、鞋饰上。女性的发型与头饰更富有想象力，通常强调发型的宽大并装饰很多头饰，在发型上罩上镶着宝石的发网。

三、文艺复兴

14—17世纪，欧洲进入文艺复兴时期，最初在意大利兴起，随后传播到欧洲各国。文艺复兴的核心理念是人文主义，作为对中世纪的禁欲主义和宗教束缚的反抗，强调以人为本，重视人的自由、尊严和价值。同时，文艺复兴也推动了科学和技术的进步，促进了欧洲经济的复苏和发展。在文艺复兴时期，欧洲的艺术家、文学家、哲学家和科学家纷纷涌现，他们通过自己的作品和思想推动了欧洲文化的繁荣和发展。达·芬奇（Leonardo da Vinci）、米开朗基罗

（Michelangelo）、拉斐尔（Raffaello）被称为文艺复兴三杰，艺术家创作了大量的绘画、雕塑和建筑作品，展现了人类精神的伟大和自由。

16世纪是欧洲文艺复兴的鼎盛时期，从头至脚都佩戴饰物，如头上装点着珍贵的宝石，还有镶着珍珠的耳环、项链、袖口饰针、腰带以及领口上装饰着珍珠宝石饰物。手套在男、女服饰中必不可少，其很短，腕部有褶缝。特别有趣的是，指部留有缺口以便佩戴戒指。饰物中扇和手帕是较常见的，有漂亮的羽毛扇、时髦的折扇，还有旗形硬质扇等。手帕在边角处还坠有珠子或纽扣等饰物。

四、巴洛克时期

巴洛克是1600—1750年在欧洲盛行的艺术风格，它产生于反宗教改革时期的意大利，并发展于欧洲信奉天主教的大部分地区。[34]巴洛克艺术不仅在绘画方面有所体现，还涵盖了音乐、建筑、装饰艺术等多个领域，巴洛克风格作为文艺复兴的反映，主要有四点不同。首先，在风格上，文艺复兴艺术的风格是清新、自然、柔和、完美，强调对称、和谐和比例；巴洛克艺术的风格是华丽、壮丽、夸张和动感，强调情感表达和动态表现。其次，在绘画技巧上，文艺复兴艺术采用了线性透视法，通过几何学和线性透视的技巧来创造深度和空间感；巴洛克艺术发展了戏剧性透视法和明暗对比法，通过更加复杂和动态的构图来营造更为丰富的场景和效果。再次，在主题和情感表达上，文艺复兴艺术通常表现人文主义的主题，关注人类、社会和自然，追求和谐与美感；巴洛克艺术更加强调情感和表达个人信仰，通过戏剧化的效果来传达宗教或政治意义。最后，巴洛克艺术和文艺复兴艺术在艺术材料和技术方面有所不同。例如，巴洛克艺术更加注重细节和装饰性，使用更加丰富的材料和技术来创造独特的视觉效果。

就服饰特点而言，巴洛克时期为绚丽多彩、线条复杂优美、风格富丽华美、富于情感。女式服装在服饰品方面，以轮状皱领、头巾、帽子、鞋的变化更为突出，珍珠饰品代替了部分珠宝饰品。遮阳伞、面具、扇子、皮手筒等是服饰中不可缺少的饰物。巴洛克时期也是男装最艳丽、最疯狂的时期。这个时期的男子比较爱美，喜欢追逐夸张的服饰效果，比如夸张的假发，佩戴华丽的领饰、各种花边的大翻领、丝巾（图1-3-13、图1-3-14）。

五、洛可可时期

18世纪，欧洲兴起了洛可可风格，其起源于法国，以轻巧、优美、华丽和精致为特点，常常用于形容细致、优雅、奢侈和过度装饰的风格。洛可可风格反映了法国贵族文化的奢华和享乐主义，同时也影响了欧洲其他地区的艺术和建筑风格。它是在巴洛克风格之后兴起的，巴洛克风格更加强调宏伟、壮丽和动态，而洛可可风格更加注重精致和细腻的表现。在绘画方面，洛可可风格的艺术家们常常以轻松、优雅的笔触和柔和、温暖的色调来表现优美的自然和人物

图 1-3-13　17 世纪　路易十四

图 1-3-14　17 世纪　鲁本斯　法国王后安妮

形象。在音乐方面，洛可可音乐以优雅、细致的旋律和声音为特点。

　　"洛可可"式的轻便、纤巧、色彩不受约束的服装（图 1-3-15）。

　　洛可可时期出现了头巾、罩帽、珠子以及羽毛等。小小的罩帽由布料做成，帽上有一条抽褶饰带从颈下绕过。同色围巾、各种女帽、折扇等饰物流行于世。洛可可时期的女帽或者说发型配饰上的特别之处在于，高高的发饰上常常有大型的风景：山水盆景、田园风光和扬帆行驶的三桅海军战舰等。帽饰是男士很重要的饰物，有刺绣精美的便帽及流行的三角帽，为了不将头发弄乱，人们有时将三角帽拿在手中，而不是戴在头上。也就是说，帽子不是总戴在头上的，而是拿在手上的。洛可可时期鞋头一般为圆头，鞋舌已被取消，鞋面的装饰非常漂亮，有的用银丝编制，有的镶以贵重的宝石或人造宝石。

图 1-3-15　1756 年　布歇　法国蓬帕杜夫人

第四节 现代服饰品的发展趋势与特点

现代服饰品的发展趋势与特点 教学视频

在现实生活中，一谈到服饰品，人们总会有一种眼前为之一亮的感觉：千姿百态的款式，姹紫嫣红的色彩，变幻莫测的材料，出神入化的制作工艺，可以顿时将人体装扮出各种效果来。[35]服饰品在人的整体着装效果中起着不可替代的作用，也传达着穿戴者的个人信息和一个国家或民族的文化特征。服饰品设计思维早已跨越了民族与国家的界限，超越了以往狭义的设计范畴。一切与人们日常生活息息相关的精神、文化、经济等因素，都被融入设计中。

一、服饰品的发展趋势

（一）融合传统与现代元素

中国服饰品行业在设计中融入传统文化元素，创造出具有特色和价值感的服饰品，吸引消费者的注意力。随着经济发展和生活水平提高，服饰品市场前景广阔，实现了传统与现代审美相结合，传承和弘扬民族文化，满足消费者个性化和时尚化追求。越来越多的企业关注并研发中国特色服饰品。设计师们巧妙地将传统工艺与现代审美相结合。一方面，他们深入挖掘传统文化中的精髓元素，如民间艺术、古典建筑、传统服饰等，将这些元素进行提炼和创意设计，使其焕发出新的生命力。另一方面，设计师们关注现代审美趋势，运用现代工艺技术，为饰品注入时尚元素。这种融合使饰品既具有独特的民族特色，又符合现代人的审美需求。这种饰品受到消费者的热烈追捧，具有收藏和礼品价值。为进一步发展，企业和设计师需加深传统文化研究，注重质量和品牌建设，关注市场动态和时尚潮流。中国饰品行业在传统文化元素设计中具有巨大发展潜力，可通过共同努力将行业推向新高度，让世界各地的人们都能感受到中华民族的独特魅力。

（二）个性与情感化

随着消费者自我意识的觉醒和互联网文化的影响，全球消费者在购买时尚产品时更注重表达自我、彰显个性以及满足"悦己"的需求。为了满足这种差异化和个性化的需求，饰品的设计在款式、材质、颜色等方面不断创新和迭代，强调潮流和个性。消费者越来越追求个性化和定制化产品。为了满足这一需求，设计师们纷纷将个性化的元素融入饰品设计中，如名字、星座、生肖等，使饰品更具纪念意义和个性化特征。设计师们运用先进的材料和工艺，如3D打印、激光切割和定制化设计过程，为消费者提供独一无二的作品，满足其个性化需求。情感化首饰在当代语境下已成为时尚和品位的象征。在《设计心理学3：情感化设计》一书中，唐纳德·A.诺曼（Donald A. Norman）指出，情感化设计是旨在抓住用户注意力、诱发情绪反应，以提高执行特定行为的可能性的设计。[36]情感化首饰通过造型、佩戴方式、设计内涵等要素，唤醒用户情感上的认同。设计师不仅设计首饰本身，还设计用户与首饰的互动方式，带来更深入的情感体验。金克特设计（Kinekt Design）工作室设计的齿轮戒指基于用户下意识的行为习惯，通过在珠宝设计中融入故事和情感元素，吸引消费者的共鸣和情感连接。设计师可以通过让每件珠宝作品背后有一个故事或与特定事件或回忆相关联，创造出更有吸引力的产品。

（三）回归自然与环保潮流

回归自然与环保潮流将是最新的，也是永恒的时尚新指标。在一些发达国家，绿色生态服饰已开始成为消费者的首选。[37]奢侈品消费已经表明，环保、道德等因素是进入共享经济的"密钥"。

消费者对于环保和可持续饰品的关注度越来越高。他们更倾向于购买由可再生材料制成、采用环保生产工艺的饰品。饰品企业需要将环保理念融入产品设计和制造中，以满足这一趋势。在选择材料和生产方式时，设计师应注重可持续性和社会责任。使用可回收材料、推动公平贸易和支持当地社区是珠宝设计师可以采取的一些方式。这不仅有助于保护环境，还能树立良好的品牌形象。

随着人们对环境和社会责任的关注不断增加，可持续性已经成为珠宝设计的重要考虑因素。服饰品设计师开始关注材料的来源与处理、生产过程的环保性，以及利用回收材料的创新设计等。采取可持续性的设计理念不仅可以满足消费者对环保产品的需求，同时也能提升品牌形象和市场竞争力。一些珠宝品牌开始使用环保材料制作珠宝，例如，选择使用可再生材料如回收金银、再生钻石和宝石等。这样能够减少对环境的影响，避免采矿和环境破坏。

（四）多元文化和多样性

目前，消费者对服饰品的需求日益多元化，他们渴望获得来自世界各地的饰品，体验各种风格和设计的魅力。因此，跨文化设计应运而生，将各类文化元素融入服饰品设计中。跨文化设计已经成为珠宝首饰行业的重要发展趋势，为广大消费者带来前所未有的选择和体验。设计师不仅需要深入了解各种文化背景，还要注重文化交融的创新。如何巧妙地取其精华、去其糟粕，实现多元文化的融合，是一项极具挑战性的任务。设计师需不断尝试和探索，寻求最合适的融合方式，以提供更丰富、更具个性化的产品。同时，他们还需关注市场动态，提升自身设计水平，以应对日益激烈的市场竞争。

中华文明与西方文化的交融，使许多服饰品散发出独特的欧美风情；西方人对东方传统文化的向往，又使得他们的服饰装扮弥漫着浓厚的东方韵味。许多知名设计师，如华裔设计师萧志美（Anna Sui），在其作品中融入了中国少数民族设计的饰品，如虎头帽、绣花荷包、木刻项链等。精致华服与粗犷古朴的装饰的巧妙搭配，形成了强烈的视觉对比和丰富的视觉效果。

此外，随着人们对实用性和多样性的追求，首饰设计也将更加注重功能性。服饰品设计将融入多功能元素，如可变形的首饰、可拆卸的耳环等，使首饰变得更加实用和灵活，满足消费者在不同场合的需求。

（五）强调首饰立体空间的塑造

作为现代首饰的设计者，要养成立体思维的设计习惯，充分认识立体空间构成。现代首饰设计的立体思维，需考虑首饰的形态、与环境的关联，以及佩戴者的情感和审美需求。理解佩戴者的心理和生理需求，才能更好地运用立体思维。

在首饰的形态上，设计师需注重创新和突破。掌握传统工艺，探索新型材料和技术，如3D打印和数控雕刻，实现个性化定制和多样化设计。同时，关注首饰的佩戴舒适度。[38]

在首饰与环境的关联方面，需考虑首饰与人体、服装和配饰的搭配，以及在不同场合的适用性，使首饰多元搭配，广泛适用。

首饰与佩戴者的情感连接是重要部分。关注佩戴者的个性、品位和情感需求，通过设计传递情感信息，使首饰成为表达情感的载体。注重首饰的寓意和象征意义，引发共鸣，增强情感联系。

设计师需全面考虑立体思维，理解佩戴者的需求，关注首饰与身体和环境的关系，将立体思维融入设计。同时，学习和掌握新技术、新材料，提升设计水平和创新能力，适应时代发展和市场需求。

（六）科技与互动

一些珠宝制造商致力于将传统珠宝工艺与科技融合，打造智能珠宝。此类珠宝具备智能感应、计算及通信等特性，既提升了珠宝的实用性，又增强了其科技魅力。科技的发展使服饰品具有了更高的互动性。例如，一些智能饰品可以通过蓝牙与手机连接，实现远程控制、信息推送等功能。此外，还有一些饰品具有夜光、发光等特效，为人们带来更多有趣的互动体验。互动性让服饰品不再仅仅是装饰品，而是成为人们生活中不可或缺的伙伴。

奥地利知名珠宝品牌施华洛世奇（Swarovski）与科技公司Misfit携手，共同推出了一系列智能珠宝，其中包括智能手链、智能戒指等。这些珠宝配件具备健康和健身目标追踪功能。作为可穿戴设备和智能家居生产商，Misfit与Swarovski合作推出了一款名为Shine的可穿戴水晶首饰系列。该系列主打"活动追踪水晶"（Activity Tracking Crystal），是一款富有魅力的运动追踪设备，可作为手表、吊坠佩戴，也可夹在衣物和鞋子之上。Shine能够记录行走步数和睡眠模式，点击后可显示时间。其佩戴方式灵活多样，如夹在鞋子、T恤上，或作为项链佩戴。这种灵活性使Shine在女性用户中颇受欢迎。

此外，荷兰艺术家丹·罗斯加德（Daan Roosegaarde）设计了一款融合科技与美感的简约宝石戒指。该戒指以北欧设计风格为灵感，秉持环保设计理念，成为科技与美学完美结合的典范。

（七）跨界融合和数字化颠覆

数字化技术的飞速进步正在深刻改变服饰品设计的方方面面。随着技术的飞速发展，珠宝设计师可以运用机器学习、人工智能以及大数据分析等手段，深入了解消费者偏好和市场趋势。借助数据驱动的设计方式，设计师能够更加精准地把握市场机遇和满足消费者需求。他们不仅在设计首饰本身，还在构思用户取用、佩戴以及展示等与首饰产生互动的方式，这些互动将进一步为用户提供精准服务。

虚拟现实与增强现实（AR）技术的运用使消费者能在虚拟环境中体验并定制设计服务；3D打印技术的应用让设计师能够以更高效且精确的方式制作样品；电子商务平台的出现更是方便了消费者在线购买服饰品。因此，数字化技术颠覆了传统的设计和销售模式，为服饰品设计师及消费者带来了诸多便利和创新。

虚拟现实技术的应用也让消费者能够提前体验佩戴效果，从而更好地选择适合自己的饰品。例如，英国知名珠宝品牌格拉夫（GRAFF）、古驰（GUCCI）推出了AR试戴虚拟体验，消费者只需用手机对准指定部位拍照，即可尝试系列珠宝试戴效果。此外，商品的3D数字模型展示取代了传统的2D图文，真实还原了服饰品的比例、颜色、外观及独特设计感，为用户提供完整的线上购买体验。

展望未来，服饰品的发展趋势将更加明显。首先，民族自信使消费者更加喜欢传统与现代审美结合，传承和弘扬民族文化；个性化与定制化将更加普及，消费者能够根据自己的需求和喜好，打造独一无二的饰品。其次，科技与艺术的结合将推动服饰品创新，如虚拟现实、3D打印等技术在饰品领域的应用。再次，环保意识将持续影响服饰品的发展，推动行业采用更多环保材料和工艺。最后，多样化、立体化思维空间概念和互动性将成为服饰品的重要发展方向，为人们带来更多便利和趣味。

二、服饰品的特点

（一）从属性与整体性

相较于服装本身，服饰品、妆容、发型等应围绕服装进行考量，通过突出服饰品、妆容、发型等元素，进一步强调穿着者的整体形象，从而体现服饰设计师的审美素养与艺术鉴赏力。然而，在特定场合下，为了强调装饰物，设计师可能会颠覆服装与配件的关系，从而创造出独特的艺术效果。如在首饰发布会上，模特身着简约雅致的服装，却佩戴华丽的首饰，璀璨夺目、光彩照人，以此突出首饰的特色。

在一些少数民族地区和原始部落，受民族文化的影响，服饰装扮丰富多样，首饰、鞋帽、包袋等服饰品独具特色，甚至比服装本身更为耀眼。如我国苗族的银饰、藏族的装饰物，以及大洋洲部分部落的鸵鸟毛头饰，它们的外观远远超越了衣物本身给人的印象，展现出神秘古朴的原始风情。

整体性亦是服饰品的基本特征之一。无论首饰、包袋还是鞋帽，各部分的协调性都将影响整体的和谐。从美学角度来看，服饰作品的创作过程实则是一种艺术综合过程。在此过程中，设计师将许多独立的服饰品种有机地整合在一起，形成崭新的、完整的视觉形象。设计中注重饰品与服装的和谐统一，以及饰品面料材质、色彩、风格等元素与服装搭配后的协调性，以展现服饰整体美感、设计风格及穿着者个性。

受环境、时代、文化等因素影响，人们对服饰装扮有不同的需求。服装与饰物之间的从属关系也会因具体情境而变化。在现代日常生活中，人们的着装准则受到环境、文化、审美和潮流的影响，对着装的美观、健康、时尚、个性和整体协调等方面有较高要求。[39]以服装为主体，鞋帽、首饰、箱包等服饰品应围绕服装特点进行搭配，从款式、色调、装饰等方面形成完整的服饰系列，与穿着者实现完美统一。

（二）社会性与民族性

服饰品的发展充分展现了社会性和民族性特质。纵向来看，各个时期的文化、工艺水平、政治、宗教等因素对服饰品产生了深远影响，揭示了艺术性、审美性、工艺性、装饰性等方面的演变。横向来看，民族风情、民族习俗、地域环境、气候条件等因素使不同民族、不同地域的服饰品呈现出独特的形式和内容。

设计变化的因素对服饰品影响很大，在我国社会发展进程中，服饰品被赋予了一定的政治含义，成为当时社会地位或身份的象征。社会对于珠宝的佩戴、服饰品的穿用都有严格的等级区分，不仅普通百姓受到限制，就连帝王妃嫔和朝廷官员都受到了严格的制约。国人服饰审美观念体现出趋同化审美、中性化审美、社会效应等三大心理特征。把传统文化的精神元素融入现代服饰配件，使民族的文化精神和世界的设计语言共同融汇成现代设计艺术的主流，必定使现代服装设计更具文化性与社会性。[40]

服饰品在每个民族中的地位和形式都是不同的，比如英国的帽子文化，据说英国人参加活动，包括婚礼、葬礼、生日聚会，甚至包括听歌剧、听演讲和看划船比赛，都要戴帽子。还有印度女人对于饰品的痴迷，她们认为，"饰品是女性生活的一半"，女子应当充分地利用首饰打扮自己。即使家境清贫的妇女，也要罄其所有，佩戴一些低廉的金属或塑料首饰。印度的女性服饰品种类繁多，有耳环、项链、戒指、手链、手镯、发饰、额饰、胸饰、脚链等。[41]

社会经济的发展，工艺技术的提高，也给服饰品带来新的发展和变化。如纺织面料的出现使包袋、鞋帽由单一的编织或皮革发展为多材料、多品种、多功能的形式。因此，服饰品的发展变化与社会的进步分不开。

服饰品在许多民族中是非常重要的装饰品。每种饰物的形成都包含了本民族特定的风俗，从饰品的外形、选材、图案、色彩等方面都体现出了各自的风俗习惯及文化内涵。[42]

（三）审美性与象征性

服饰品是在人与自然的交融中逐渐发展与成熟的。随着人类各方面的能力不断提高，各种器物包括服装与饰物都被发明、创作出来，并且其功能不断被改进。

服饰品的审美性往往与象征性密切联系，自社会开始形成阶级分化，等级制度逐步产生后，等级差别也必然反映到服饰品中。单从冠帽上看，帝王冠冕堂皇，百官职位的高低以冠梁数的多少、色彩、饰物的不同来区分，平民百姓只能戴巾、帻等，人们从服装穿戴中能够清楚分辨其身份地位。[43]同时，人们通过服饰品来表达富有和奢华，不惜花费大量的金银珠宝进行装饰以满足心理上的追求。因此，在漫长的历史进程中，服饰品的发展越来越丰富多彩、美观华丽。

服饰品的发展历程是人类文明进步的缩影，它既承载着人们对美的追求，也反映了社会地位、审美观念的变化。当今社会服饰品设计通过设计语言传达一定的审美理想或意识，从而使用一些特殊的造型艺术表现手段和手法。比如独特的造型、色彩、装饰等艺术语言，从而呈现服装整体风格，满足人们不同的心理需求。通过服饰品艺术反映社会生活的特殊方式，通过审美主体与审美客体相互交融，由主体创造出服饰品艺术形象。现代服饰品要想满足实用要求，应从服饰品选材及材料搭配入手满足人们的社会和心理的情感需求及佩戴要求。在新的时代背景下，服饰品行业将不断创新、发展，为人们带来更加丰富多彩的生活。作为消费者，我们也可以通过服饰品的选择，展现个性和品位，体验时尚的魅力。

三、服饰品的商业设计和艺术设计的区别

近年来，我国服饰品设计行业迅速发展。随着消费者多样化和个性化审美需求的增长，商业设计和艺术设计在市场竞争中各自发挥着重要作用。商业设计注重的是市场需求、消费群体和销售利润，其目标是满足大众的审美需求和实用性需求。艺术设计追求独特性、创新性和个性化，以表达设计师的审美观念和情感诉求。两者在设计理念、设计原则、设计过程和评价标准等方面都有很大的差异。

（一）商业设计

设计定位：满足消费主流或委托企业的特殊需要，引导消费潮流，直接追求利益最大化，体现美观性与实用性。这些商业设计的灵感可能来源于民族传统。中国以寓意和伦理之善为美，西方国家以形体美之真为美，讲究的是视觉的冲击力。这些年很多大牌都崇尚东方元素。比如国内品牌"天意"的天籁、儒等系列，吉承的茶经系列，CICICHENG的兰亭序系列，SHELLYJIN的太极系列，都把中国文化精髓与国际流行元素相结合，走以民族化为本的国际化道路。

设计理念：商业化设计以市场为导向，强调实用性和普适性。[44]在设计过程中，商业化设

计通常会进行市场调研，了解消费者的需求和喜好，以此为依据进行产品设计。

设计原则：商业设计注重满足消费主流或企业特殊需求，追求引导消费潮流，体现美观性与实用性；注重创新与传统融合；关注环保、可持续发展；注重工艺与细节处理，以及塑造品牌形象与标识。

设计过程：商业化设计注重团队合作和生产效率，以快速响应市场变化。

设计风格：商业设计不仅要注重创新，还要兼顾传统与现代的融合。在设计过程中，要充分考虑目标消费者的文化背景、审美观念和消费习惯，使设计更符合市场需求。将民族传统文化元素融入设计中，既能展现独特的设计风格，又能传承和弘扬民族文化。

艺术手法：色彩是商业设计中至关重要的元素，能够直接影响消费者的购买欲望。合理运用色彩搭配，可以营造出愉悦、舒适的视觉体验。在色彩选择上，可以参考国际流行色趋势，结合产品特点和目标消费群体，有针对性地进行搭配。在材料选择上，要充分考虑材料的环保性、可制造性、经济性和耐用性。此外，还要关注新材料的研发和应用，以满足市场和消费者的需求。精湛的工艺和细致的细节处理是商业设计的关键。在设计过程中，要关注每一个细节，确保产品的品质和品位。同时，工艺的创新和突破也是商业设计的重要发展方向，可以提升产品的附加值和市场竞争力。

评价标准：商业化设计主要以销售业绩和市场份额为衡量标准，强调产品的实用性和性价比。

商业设计应遵循美观性与实用性、创新与传统融合、环保与可持续发展、精湛工艺与细致细节等原则。同时，充分考虑消费者需求、市场趋势和品牌形象，将民族传统文化与国际流行元素相结合，以提升产品的市场竞争力。在不断探索和实践中，推动商业设计领域的繁荣和发展。

（二）艺术设计

设计定位：艺术设计在满足少数对象的需求上具有很强的针对性。例如，在比赛、展示、鉴赏、收藏以及个人定制等方面，艺术设计都能展现出独特的魅力。通过别具一格的设计风格和审美观念，艺术设计在间接追求经济利益的同时，也满足了消费者对于美的追求。

设计理念：艺术化设计以创新和表达为主，设计师更多地关注自己的创作理念和情感表达，较少考虑市场需求。

设计原则：艺术设计注重满足少数对象的需求；强调美观性，以个人体验为核心；关注消费者对美好生活的向往和心理满足感；不断创新和突破传统。

设计过程：艺术化设计的过程往往更加复杂和漫长，因为设计师需要不断尝试和探索，以找到最符合自己理念的表达方式。更多依赖于设计师的个人才华和灵感，注重创意和独特性。

艺术手法：设计师大胆跳跃的思维、批判传统的勇气、抽象变异的手法和独出心裁的理念，使艺术设计充满生机和活力。色彩质感、空间错视、组合分割、动静对比等手法的运用，让艺术设计在视觉上更具冲击力，为观者带来非同寻常的美感。

评价标准：艺术设计以审美价值、创新程度和影响力为评价依据。艺术设计为现代服饰品的发展注入了新的活力。[44]新思维方式的融入，使服饰品不再仅仅局限于实用性，更注重表达个性、传递情感，成为人们展示自我、追求时尚的重要载体。

总结：商业设计和艺术设计在服饰品领域各有侧重，但它们并非完全孤立。在实际应用中，许多设计师尝试将商业与艺术相结合，创造出既具有市场价值又具有审美价值的作品。这种融合有助于推动服饰品设计行业持续发展和创新，为消费者带来更多有趣、富有创意的产品。从这个角度来看，商业设计与艺术设计相互借鉴、共同进步，将为我国服饰品设计行业的未来注入新的活力。

课后思考与练习

1. 了解服饰品所在地区特有的服饰品样式和文化内涵，说明其在现代生活中有什么作用和意义，并制作精华笔记。

2. 收集各类服饰品图片10款，对其品牌进行介绍。

3. 进行市场调研，完成服饰品流行趋势分析。

参考文献

[1] 罗密. 服饰品设计中图案造型的应用与影响 [J]. 辽宁丝绸, 2013(4) : 10+53.

[2] 李敏. 以用为本的服饰理论研究 [D]. 西安: 西安工程大学, 2007.

[3] 曾艳红. 唐代纺织诗初探 [J]. 金陵科技学院学报(社会科学版), 2013(1) : 49-53.

[4] 李晰. 汉服论 [M]. 北京: 文物出版社, 2023.

[5] 霍俊杰. 蒙古族首饰造型艺术从传统到时尚的嬗变 [D]. 呼和浩特: 内蒙古师范大学, 2011.

[6] 毕虹. 论服装对人体的隐匿之美 [J]. 美与时代(上), 2017(1) : 108-110.

[7] 王云. 现代首饰设计的多元化创新 [D]. 北京: 北京服装学院, 2005.

[8] 于沁可. 先秦文献中的草木书写及其文化语境研究 [D]. 济南: 山东大学, 2020.

[9] 冯悦. 从服装的起源谈服装的功能设计 [J]. 贵州大学学报(艺术版), 2001(2) : 6-12.

[10] 罗静. 半坡彩陶典型纹饰人面鱼纹与中国原始图腾巫术之渊源 [J]. 山东陶瓷, 2010(5) 39-41.

[11] 肖潇. 明清宫廷服饰图案的创新设计方法研究 [D]. 杭州: 浙江理工大学, 2013.

[12] 杨兰. 创造性的劳动实践——从远古图腾看艺术产生的根本动力 [J]. 艺术教育, 2010(2): 119.

[13] 刘亭园. 试述凉山彝族服饰文化——以越西彝族服饰文化为例 [J]. 商情, 2012(48) : 341-342.

[14] 郭津聿. 中国服饰文化的伦理研究 [J]. 魅力中国, 2015(4): 44.

[15] 田丽. 巍山彝族民间工艺美术现状与变迁浅议 [J]. 保山学院学报, 2011(3): 37–41.

[16] 陈爽. 文化对品牌消费行为的影响分析 [J]. 湖北经济学院学报(人文社会科学版), 2014, 11(12): 21–22.

[17] 陈勤学, 李有为, 付凌云. 中国当代服饰品包装的发展研究 [J]. 文艺生活, 2012(11): 192–193.

[18] 何祥荣. 从《诗经·邶鄘卫》风诗看先秦河洛地区的人工名物与生活习尚 [J]. 文化创新比较研究, 2022(18): 85–88.

[19] 李永超. 秦始皇"大一统"实践再认识 [J]. 文化学刊, 2017(7): 222–230.

[20] 马继东. 以邓县画像砖看南朝人物画审美风尚 [J]. 美术大观, 2016(10): 92.

[21] 韩若梦. 我国现代学位服创新设计研究 [D]. 石家庄: 河北科技大学, 2019.

[22] 庞倩, 李晓弟. 《簪花仕女图》中牡丹形象表现及意向分析——以周昉(唐)和唐寅(明)的绘画作品为例 [J]. 金田, 2015(5): 71.

[23] 木子. 宅家的日子 掌上揽尽博物馆精华 [J]. 收藏家, 2020(3): 3–30.

[24] 张芸. 中国古代女性的发髻探析 [J]. 大观, 2018(1): 110–111.

[25] 龚强. 北国春城——鸡西连载六(一)[J]. 黑龙江史志, 2014(4): 34–37.

[26] 赵晶. 唐代胡瓶的考古发现与综合研究 [D]. 西安: 西北大学, 2008.

[27] 韩翔. 古代埃及自传体铭文及其学术价值 [D]. 通辽: 内蒙古民族大学, 2009.

[28] 李文鹏. 同路·殊归——1950年后的英国变体肖像 [D]. 郑州: 郑州大学, 2021.

[29] 刘羿伯. 跨文化视角下城市街区形态比较研究 [D]. 哈尔滨: 哈尔滨工业大学, 2021.

[30] 刘建春. 谁看见过罗马就看见过了世界 [J]. 旅游, 2004(9): 64–72.

[31] 何恬颖. 微皱效果提花织物设计方法与产品研发 [D]. 杭州: 浙江理工大学, 2021.

[32] 宋建华. 从浪漫主义到哥特式看《弗兰肯斯坦》与《红字》的异曲同工之妙 [J]. 课程教育研究, 2017(14): 25.

[33] 陈波华. 浅析《献给艾米莉的玫瑰》中的哥特式情节 [J]. 文化创新比较研究, 2017(11): 29–30.

[34] 段芊羽. 浅析巴洛克艺术风格 [J]. 今古文创, 2021(39): 102–103.

[35] 管伟丽. 中国传统服饰文化对现代服装设计的深远影响 [D]. 天津: 天津工业大学, 2010.

[36] 秦文锦. 老人私密性自助类辅具产品设计研究 [D]. 武汉: 华中科技大学, 2019.

[37] 张晖. 中国纺织服装出口与绿色贸易壁垒 [J]. 时代经贸(学术版), 2007, 5(12): 135.

[38] 徐海伦. 浅谈当代陶瓷首饰的形态设计 [J]. 美术大观, 2014(2): 114.

[39] 王肖明. 服饰配件在人物形象设计中的应用 [J]. 宿州教育学院学报, 2022(5): 121–124.

[40] 仲新华. 浅谈传统元素在现代服装设计中的应用 [J]. 中小企业管理与科技, 2009(15): 270.

[41] 周艳. 论黄金的地位、首饰功用与未来展望——中国黄金协会黄金推广调查研究课题 [D]. 北京：北京服装学院，2007.

[42] 何飞燕，戴雪梅. 议服饰配件在服装设计中的运用 [J]. 沈阳建筑大学学报（社会科学版），2008，10(3)：280-283.

[43] 程帆. 探讨服装设计专业的市场化教学方式 [J]. 商情，2014(28)：1.

[44] 王琴琴. 艺术设计理念在服装与服饰品中的运用 [J]. 棉纺织技术，2021(7)：20-21.

第二章　工巧载道——设计面面观

教学目标： 学生掌握服饰品的设计要素、原则以及基本造型规律，充
　　　　　　分拓展设计构思的思路和设计方法、步骤。

教学内容： 1. 服饰品设计要素与原则

　　　　　　2. 服饰品设计美学与规律

　　　　　　3. 服饰品设计方法与步骤

教学学时： 4学时

教学重点： 1. 服饰品的设计要素

　　　　　　2. 怎样进行构思创意和运用材料设计

课前准备： 1. 预习本章内容

　　　　　　2. 收集相关服饰品图片和优秀作品实例

《考工记》中有言："天有时，地有气，材有美，工有巧，合此四者，然后可以为良。"对于手工艺术而言，美是隐藏在材料、色彩、造型、技艺背后的心灵观照和设计原则。

第一节　服饰品设计要素与原则

在人们的日常生活中，服饰品具有十分重要的装饰美化作用。因此，除了要用经济的眼光对服饰品进行欣赏之外，还要立足于美学艺术的角度对其文化内涵进行积极的了解。这样设计出来的服饰品不仅具有博大精深的文化，同时还具有一种非常独特的艺术美感。[1]对服饰品进行艺术设计，能够使其以高端优美的姿态将一种理想的生活方式呈现给人们，因此属于一种对艺术与美学的审视。

社会分工的加剧是人类进入文明社会的变化之一，中国数千年的古代文明历史中出现了规模庞大的手工业队伍，工匠们集产品的设计、制作和销售于一身。《周礼·考工记》中说："国有六职，百工与居一焉……"[2]工匠及手工行业被称为百工，按其分工有木、金、皮革、画、雕、陶工六种，作为古代经济文化的一大支柱，是一种集技术与艺术于一体的匠作行业。《周礼·考工记》提出了"天有时，地有气，材有美，工有巧，合此四者，然后可以为良"的至善至美的华夏艺术风格，以朴素的有机自然观，总结了工艺品设计制造中工、材、形、造之间的内在联系。[3]

一、服饰品设计的色彩

色彩是服饰品设计的主要因素之一，所谓"远看颜色近看花"，首先映入欣赏者眼帘的是光与色彩，其次才是物体的形象和材质。色彩在服饰品设计中扮演着举足轻重的角色，对整体美感的影响不容忽视，能体现出设计师的设计理念和审美观。在服饰品设计过程中，掌握好色彩的性能和配色规律是很重要的。色彩学是一门独立的科学，它集物理、化学、生理、心理、美学以及人们对色彩的认识、感觉、习俗等各方面知识为一体，形成一整套色彩理论。

色彩在服饰品设计中的应用主要有三个结构体系：一是人类生活经验及色彩应用的结构体系，包括色彩文化史、地域文化色彩、宗教文化色彩、民俗学中的色彩等；二是从色彩美学的角度的结构体系，包括色彩美学、色彩心理学、色彩与社会、色彩与自然、色彩与艺术等；三是色彩科学的结构体系，包括色彩光的构成艺术、人类创造的造型视觉色彩艺术、自然界物质色彩艺术规律等。[4]

在实际的服饰品设计中，色彩的组合由设计师的设想和主题色彩来决定。设计师需要考虑人们的视觉、心理和审美习惯，以及消费对象的性别、年龄、修养等因素，同时还需要考虑品牌形象、目标受众、时尚趋势等因素，并且要注意色彩的搭配、运用和平衡，以达到设计的目的和效果。

　　同时，中国传统色彩文化也为服饰品设计提供了丰富的灵感来源。古代的五行色彩理论、封建社会的等级制度色彩等，都对现代服饰品设计产生了深远的影响。设计师在运用色彩时，还可以从地域文化、民间习俗、宗教信仰等方面寻找灵感，使作品更具特色和文化底蕴。

　　在服饰品设计中，色彩的构成需要考虑品牌形象、目标受众、时尚趋势等因素，并且要注意色彩的搭配、运用和平衡，以达到设计的目的和效果。常见的色彩构成元素包括主色调、辅助色调、对比色、渐变色、中性色和金属色等。主色调用于确定整体设计的基调，辅助色调用于强调、衬托或平衡设计，对比色用于吸引眼球和增强冲击力，渐变色用于营造柔和、立体感，中性色用于平衡整体色彩，金属色用于增加奢华感和现代感。色彩的搭配可以采用原色配合、间色配合、复色配合、补色配合、近似色配合、类比色配合等方式，通过色彩的平衡、节奏、渐变、分隔、呼应等手法形成不同的色彩效果，并实现调和统一。

二、服饰品设计中对材料的运用

　　材料作为设计的基本要素之一，是实现造型的物质基础。由于不同材料具有不同的表面肌理、手感、光泽，从而赋予服饰品独特的风格特征。为了完成设计目标，设计师需要合理运用各种材料，充分发挥每一种材料的特性，并利用不同材料的质感对比来增强设计效果。因此，对材料的合理运用和特性把握是设计师必备的技能之一。

服饰品材料设计——
合理选择材料
教学视频

　　服饰品的材质是构成其外观和触感的重要因素，一般包括原材料的质地、肌理、色泽等方面的综合表现。在选择服饰品材料时，通常会考虑其来源、性能特点以及加工工艺等多方面因素。随着科技的不断进步，越来越多的新型材料涌现出来，进一步扩大了服饰品的选材范围。[5]这些新型材料的出现，不仅提高了服饰品的实用性和舒适性，而且为设计师提供了更多的创意空间，进一步推动了服饰品行业的创新发展。

　　服饰配件对材料的选用主要从三个方面体现出来：合理选择材料；综合运用材料；开发利用新型材料。

（一）合理选择材料

　　合理地选择服饰品材料，发挥其优势，充分显示材料特征、肌理效果，是完成服饰品设计的关键所在（表2-1-1、图2-1-1~图2-1-10）。

表2-1-1 材料分类

序号	名称	种类
1	纺织品类	棉、麻、丝绸、雪纺、毛呢、针织面料等
2	绳线纤维类	棉线绳、皮绳、塑料绳、金银线等
3	毛皮类	皮革、皮草、羽毛等
4	竹木类	竹木质纽扣、珠子、管子等
5	贝壳类	贝壳纽扣、彩片等
6	珍珠宝石类	珍珠、钻石、玛瑙、珊瑚、绿松石、猫眼石、水晶、玉石等
7	金属类	金、银、铜、铁等
8	花草类	兰花、菊花、牡丹花、玫瑰等
9	塑料类	各种形状亚克力、塑料珠、塑料花型等
10	其他类	玻璃、芯片、混凝土等

图2-1-1 纺织品类

图2-1-2 绳线纤维类

图2-1-3 毛皮类

图2-1-4 竹木类

图 2-1-5 贝壳类

图 2-1-6 珍珠宝石类

图 2-1-7 金属类

图 2-1-8 花草类

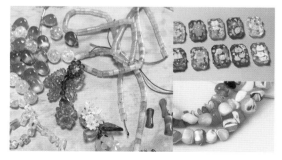

图 2-1-9 塑料类

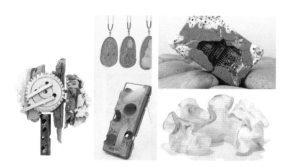

图 2-1-10 其他类

（二）综合运用材料

材料的综合运用，涉及材料的配合度，包括肌理的统一和对比。在服饰品设计中，对材料的选择应用是很有讲究的，要考虑服饰品与材料的协调性、合理性及美观性。[6]要在现有材料的基础上创造和组合运用材料，使服饰品的外观更具吸引力。服饰品外观效果的多样性，也与多种材料的组合息息相关。综合运用各种材料，充分挖掘其潜在性能，能使服饰品的造型、款式、色彩更具美感和时尚感。

服饰品外观效果的多样性在很大程度上取决于材料的组合方式。同类型材料的组合能赋予服饰品统一协调的感觉，而不同类型材料的结合能创造出对比、变化的效果，为服饰品增添层次感和生动感（图2-1-11）。如羽毛、各类珠宝打造的手套，以及绒布、刺绣和珍珠装饰的包袋；还有缎带、人造花和刺绣制成的帽饰。通过巧妙地将多种材质融为一体，我们既能充分发挥各类材质的特性，又能进一步提升服饰品的造型、款式及色彩美感与时尚品位。

图2-1-11　综合运用材料

（三）开发利用新型材料

新型材料的开发和加工技术的应用，为设计师开拓了新的思路，也给服饰品设计带来了无限的创意空间及全新的设计理念。非金属材料的创意性开发应用，打破用软质织物制作服装和服饰品的传统观念。塑料、橡胶、陶瓷、人造宝石、绒皮、毛麻等材料在现代服饰品设计中应用非常广泛。许多新型材料以其低廉的价格、美观的外形为饰品拓展了发展的空间，适应了服饰品的时尚化、环境化、季节化、个性化的需求，同时也能扩大消费者购买挑选的余地（图2-1-12）。

图2-1-13为斯黛芬·琼斯（Stephen Jones）的帽子展览中，标新立异的胶状帽、螺丝帽和电路帽，将软质透明的聚氯乙烯（PVC）材料揉搓成帽

图2-1-12　开发利用新型材料1

形，用螺丝钉将一片片不锈钢条拧接在一起组成皇冠，将带灯珠的电路弯曲成皇冠，每一件都极具创意；又如用麻绳缠绕制成的高跟鞋（图2-1-14）；用鲜花取代鞋帮、填充防水台的高跟鞋，还有MARIA的纯木质彩绘系列（图2-1-15）。

图2-1-13 开发利用新型材料2

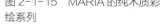

图2-1-14 麻绳缠绕的高跟鞋　　　　　　　　　　　　　　　　　图2-1-15 MARIA的纯木质彩绘系列

　　人们对材料的感受是综合性的。材料是形成服饰品设计美的基本条件之一，它在视觉上给人带来的审美感受，是影响人们选择的决定性因素（图2-1-16）。

图2-1-16 开发利用新型材料3

研发新型3D材料，创造不一样的视觉冲击力（图2-1-17、图2-1-18）。图2-1-17中的首饰，是用3D打印直接打印的黄金，硬度很高，重量很轻，所以适合佩戴，从耳饰到颈饰再到腕饰，采用的均是同一材料、同一色系设计。

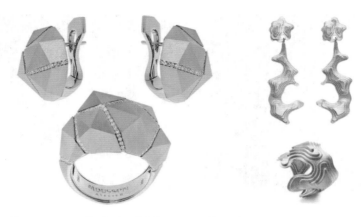

图 2-1-17　开发利用新型材料 4——系列化设计

图 2-1-18　开发利用新型材料 5——唯迪尚 3D 打印

三、服饰品设计的造型与表现形式

在造型方面，服饰品的搭配应遵循点、线、面的构成原则，形成有秩序、有节奏、有重点、比例协调的层次美感。两种不同造型风格的搭配破坏了统一、协调的形式美。服饰品按照装饰部位可分为发饰、面饰、耳饰、颈饰、腕饰、腰饰、腿饰、足饰、衣饰。服饰品运用到人体的部位比较广，搭配组合方式比较自由，但是合理地选择和运用配饰，可以帮助改变服装的整体造型，增加服装的量感和空间感。[7-9]例如，当一身干练的职业套装与厚底圆头皮鞋搭配时，可能会破坏原有的统一与协调，导致整体造型显得不和谐。

因此，在服饰品的搭配中，我们应该注重整体的统一与协调，避免不同风格的元素相互冲突。同时，灵活运用配饰，以提升服装的整体美感，使其更加符合个人的审美需求和场合要求。

服饰品设计有不同的表现形式，但它们都是借助艺术造型的表现手段形成服饰品作品组织、结构的内在统一性。形成因素的协调性、均衡性是作品完整性、完美性的必要条件。服饰品设计的艺术手法和表现形式，决定了配件作品的直观性和情感上的审美表现力。它主要体现在体积、空间布局、结构等方面。

服饰品以立体形式存在，通过复杂或简单的体面关系，创造出三维空间的艺术效果。这些作品将物质材料与审美相结合，进行立体造型设计。同时，它们将平面纹样与立体造型相融合，使作品既具有审美功能，又具备实用功能。

因此，服饰品设计的表现形式，应着重从形与形之间的主次、虚实、分合、交错、透叠等关系方面加以研究，以产生视觉效果上的冲击力，并采取编织、镶嵌、雕刻、切割、串联、烧制、缝缀、热固、打磨等多种工艺表现方法，使服饰品作品更加完美。

四、服饰品设计的图案设计

服饰品图案在服饰设计中起到了至关重要的作用。它们广泛地应用于各种题材，包括花卉、枝叶等自然图形，以及动物人物和风景物象图案等。这些图案在表现手法和风格上展现出极大的多样性和丰富的想象力。服饰品本身就是图案的载体，因此，它们在满足人们视觉心理需求的同时，也展现了服装的整体风格。

服饰品的图案在衬托服装风格方面具有显著的效果。这些风格可以细分为古典型、浪漫型、自然型、戏剧型和前卫型等。服饰品图案的应用不仅增强了服装的艺术魅力，还赋予了服装更深层次的精神内涵。这种内涵需要通过视觉形象的审美价值和人文底蕴的特征功用价值来具体体现。

随着人们对服饰品的需求不断趋于个性化、新颖化和变化性，服饰品图案以其灵活的应变性和极强的表现性特点，能够适应这些不断变化的要求。因此，服饰品图案的应用意义显得更加重要。通过观察服饰品图案的形式，我们可以大致了解穿着者的兴趣爱好和所处的社会层次。同时，我们还能洞察到某一时期的时尚趋势，感受到宏观的服饰文化和民族精神。

第二节 服饰品设计美学与规律

一、服饰品的美学定位

在服饰品设计中，形式要素和感觉要素都需要考虑。形式要素指设计对象的内容、目的必须运用的形态和色彩基本元素。[10]在生理学和心理学层面，感觉要素的选取与组合需经过深思熟虑和巧妙构思。任何事物都包含所要传达的内容和其表现形式，而内容必须通过特定的形式来展现。两者是紧密相连、不可分割的。

在服饰品设计中，内容常常体现在功能的特殊性上，从而塑造出特殊的形式，如戒指的指环状，就是为了适合于套指等。在此，我们必须明确一点：形式与内容是相互依存、相互转化的。艺术的形式美，正是人类智慧与创造力的结晶。在服饰品设计中，这种形式美的创造尤为重要。设计师在深入理解服饰品特性的基础上，通过巧妙的构思和精湛的技艺，赋予了服饰品令人赞叹的形式美感。这种形式美既是设计美的一种体现，更是服饰品设计美的核心所在。

二、服饰品的表现形式

通常，艺术创作倾向于感性，而技术技能偏向于理性。在服饰品设计中，这一点尤为突出。由于受到特定因素的制约和技术水平的限制，设计人员在构思过程中难以充分发挥其设计能力。因此，在服饰品设计中，需要平衡感性和理性的关系，以实现更好的设计效果。

服饰品设计的构思可以借用广告创意中的一句行话来形容，叫作"戴着枷锁跳舞"或"抽屉创意"。

服饰品设计的艺术手法和表现形式，决定了作品的直观性和情感上的审美表现力。它主要体现在体积、比例、空间布局、结构、节奏、韵律等方面。造型的表现形式是丰富多样的，通过表现形式塑造的视觉形象，能够展现出千姿百态、神韵各异的作品（图2-2-1）。

图2-2-1　服饰品表现形式

（一）服饰品的形式美法则

服饰品表现形式应遵循的基本美学原则是统一与变化。在统一的基础上寻求变化，同时在变化中寻求统一。这一基本美学原则衍生出了对比与调和、节奏与韵律、对称与均衡、比例与分割等具体的形式美法则。这些法则对于塑造和谐、有序、富有美感的服饰品至关重要，因此应当在设计和制作过程中予以充分考虑和运用。

1. 对比与调和

在服饰品设计中，可以运用的对比方式有很多，如色彩的明暗、冷暖、饱和度对比，材质的薄厚、轻重、软硬对比，线条的粗细、疏密对比，以及褶皱与光滑、透与不透等元素的对比。这些对比手法可以使设计更具层次感和立体感，同时也可以突出重点，增强视觉冲击力。另外，调和是通过协调不同元素之间的关系，使整体效果更加和谐统一。通过色彩的对比和面料材质的呼应调和，体现出对比与调和相辅相成的艺术效果。

2. 节奏与韵律

在服饰品设计中，节奏与韵律得以体现的大前提在于相同元素的反复出现，然后通过面积的变化、颜色的变化、深浅的变化、位置的变化、褶皱的粗细变化等加以表现。

如图2-2-2所示的饰品，都有相同元素的反复出现，然后通过位置的变化，实现节奏与韵律的形式美法则。

图2-2-2　节奏与韵律

3. 对称与均衡

在服饰品设计中，形态设计需引起视觉和心理上的和谐感与平衡感。视觉平衡是指通过组合图形中的构成要素，使各种力量均等相称，从而达到视觉上的平衡效果。

如图2-2-3中的配饰品，都是对称与均衡的典型表现。

图 2-2-3　对称与均衡

4. 比例与分割

在服饰品设计中，整体与局部、局部与局部之间的"量感"比例关系，如大小、长短、厚薄和轻重等，对形成良好的外观形态美感起着决定性作用。这些比例关系需要经过精确的计算和严谨的设计，以确保最终产品的美感（图 2-2-4）。

在服饰品设计中，比例与分割是一个关键因素。整体与局部、局部与局部之间的"量感"——大小长短和厚薄轻重等比例关系，对产品的外观形态和美感具有重要影响。通过合理的设计，可以实现更协调、平衡和美观的效果。因此，在服饰品设计中，对比例与分割的把握至关重要。

正如图中这一球形首饰，由大大小小的金属圆环构建而成的球面上，每一颗彩色宝石所占据的位置大小、部分都有相应的比例协调关系，无形间将整个球面分割成均衡的几个区域，充分体现了比例与分割的形式美法则（图 2-2-5）。

图 2-2-4　空间布局，节奏　　图 2-2-5　首饰设计中点的应用

（二）服饰品设计的构成形式

服饰品设计的构成形式包括点状构成、线状构成、面状构成以及综合构成。

1. 点状构成

不论是在绘画还是在首饰设计中，点已不是几何学意义上的点，这里的点有大小，有一定的形状。点的大小和形状视作品意象表达的要求而定，且能传达一定的精神内容。[11] 图2-2-5中这几款首饰，分别以金属、钻石的点状构成，传递独特的艺术美感。

2. 线状构成

线，又分为直线和曲线。在服饰品设计中，线状构成十分常见。图2-2-6中这款耳饰和KrisXU的包袋，通过线的交错、排列，呈现出别样的精致感和设计感。

图2-2-6　服饰设计中线的应用

3. 面状构成

面状构成在服饰品设计中的应用同样非常广泛。不论是平面、曲面还是折面，都独具美感（图2-2-7）。

图2-2-7　首饰设计中面的应用

4. 综合构成

综合构成即点、线、面三种构成形式的综合运用。在服饰品设计过程中，设计师经常把点、线、面三种元素综合使用，形成风格独特的产品造型（图2-2-8）。

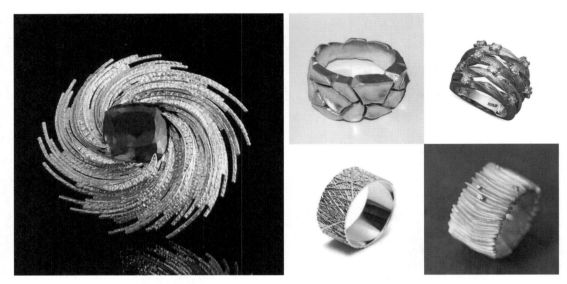

图2-2-8　首饰设计中综合构成的应用

第三节　服饰品设计方法与步骤

中国古人深谙心灵运筹之重要性，其智慧结晶"运筹帷幄之中，决胜千里之外"正是对构思过程的生动描绘。构思，作为人类生活和艺术创作的统筹与指导力量，具有不可或缺的意义。设计一词源于英文"Design"，在第十五版《大不列颠百科全书》（1974年）中，该词被明确定义为创造过程中展示计划、方案的过程，即头脑中的构思。由此可见，构思在设计中处于核心地位。此外，构思还包含营造意象、作图、制型等方面的含义。在服饰品设计中，以人为本的原则尤为重要。设计过程需要根据设计对象的要求进行构思，并绘制效果图和平面图，再根据图纸进行制作。由此可见，没有构思，设计便无从谈起；缺乏优秀的构思，就无法产生出色的设计。因此，研究服饰品设计的构思规律形式对培养设计人员的基本素质、提高设计水平有着积极的意义。[12]在服饰品设计中，最终完成的实体并非"Design"本身，包括以下五个方面：确定主题、选择题材、研究布局结构、探索表现形式、设计整体性。

服饰品设计的构思是观念中的艺术形象通过设计以艺术的形式体现出来，对设计师来说，首先应该关注构思的思维方法，这是设计方法和艺术创作中最重要的一个环节。构思形式和方法不仅需要充分发挥主观能动性，还需要对设计灵感的捕捉和对材料、工艺进行合理的选择。

一、设计构思形式

构思，是设计师在创作过程中进行的一系列思维活动。它是将意象物态化之前的心理活动，是从"眼中自然"转化为"心中自然"的过程，也是设计师心中的意象逐渐明朗化的过程。在创作过程中，设计师必须遵循创作构思，以确保作品的质量和独特性。首先便是设计理念的形成问题，设计理念是设计师在作品构思过程中确立的主导思想，它赋予作品文化内涵和风格特点。好的设计理念至关重要，它不仅是设计的精髓所在，而且能令作品具有个性化、专业化和与众不同的效果（图2-3-1）。

先确定主题

寻找资料图片

画稿

准备材料

制板

制作

图2-3-1 设计过程与步骤

构思有其出发点和指导思想，宏观上能够帮助设计师运用正确的思维方法来设计最佳方案，构思形式主要包括以下几种典型类型。

（一）模仿自然型

模仿是一种最古老、生命力最强的设计思想，是创造的摇篮。首先是功能上的模仿，使人造工具达到类似自然物的某些有用功能，并强化这种功能。在功能模仿的同时，形式上的模仿也必将随之而来，以大自然为主要源泉的装饰美术更是如此。但无论从功能性还是装饰性来看，模仿型设计思想并不是自然主义的，其蕴含创造性思维，需要设计师具备"举一反三"的素质，是创造性的初级形式，也是创造性设计思想的开端和基础。对结构的观察，要细心于对象的各个部分，对对象进行解剖写生，发现美的造型元素，会对设计造型有所启发。[13]结构分析是从写生向现象和变异发展的重要环节。其中的变化要依据事物的本质、特征，逐渐改变自然形象，通过减、增等手法，将自然形象变为装饰形象。变化的原则是：变化后的形象必须比自然形象更美、更典型，更适合于工艺加工。[14]图2-3-2是基于生物模仿型的构思形式进行的创意设计，模仿行云流水形态，赋予产品显著的主题性和生动性。

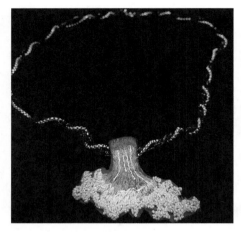

色彩提取

行云流水

设计说明：

灵感来自天上的流云、江河中的流水。把流云的流水融合在一起，既有飘逸感又有安全感。表达洒脱自然，毫无拘束，自由自在。

图 2-3-2　模仿自然型（作者：叶庆敏，指导教师：金晨怡，温州大学）

（二）继承传统型

继承传统型设计即在延续传统的基础上进行创新。在各个历史时期中，装饰品、传统工艺品以及那些对服饰品设计思路具有启发作用的工业产品、日用品等，均可以纳入继承传统型设计过程中的"传统人文作品"范畴。

对于中国这样一个有 5000 多年历史的文明古国，其辉煌的古代文化是非常值得尊重的，应深入挖掘其精髓，创造出崭新的作品。

所谓继承，自然是以传统为根，在传统的基础上融合潮流，加以演变和创新，如图 2-3-3、图 2-3-4 所示，就是对传统服饰的一种现代化衍生。

服装配饰材料——可用任何一种面料来设计，可用金、银、铜、铁、宝石、珍珠、贝壳、珠片或塑料等材料，通过雕刻、打磨等技法制作饰物。重组涉及色彩及廓型样式的变换，更涉及面料材质的改观。服装配饰二次设计的方法有很多种，已被人们广泛利用，总结为以下三类手法。

加法设计：刺绣、缀珠、扎结绳、褶裥、各类手缝的作用。

减法设计：镂空、烧洞、撕破、磨损、腐蚀等。

二次设计的其他手法：印染、手绘、扎染、蜡染、数码喷绘，以及从边缘或对立的服装面料中寻找二次设计。

（三）反叛传统型

反叛传统型是认识论上的突破和跳跃，它常常伴随着社会背景的重要变革而发生，这种设计思想有显著的批判性，往往指向与传统截然相反的方向。设计者高举"反传统"的旗帜，创造出新颖独特的产品。这是一种反其道而行之的构思形式，有较明显的反传统性，呈现出跳跃性和极大的差异性，用创造的规范来取代大众的规范（图 2-3-5）。反叛传统主要是选用非传统的材料、非传统的结构。图 2-3-6 所示的帽饰，将书籍与帽子两个原本毫无关联的物体融为

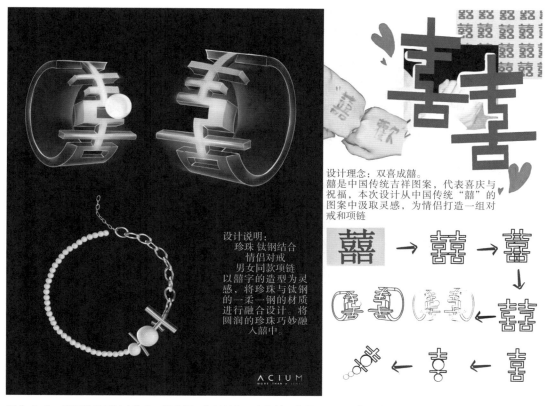

图2-3-3 继承传统型1（作者：郑莹颖，指导教师：金晨怡，获得ACIUM饰品大赛二等奖，温州大学）

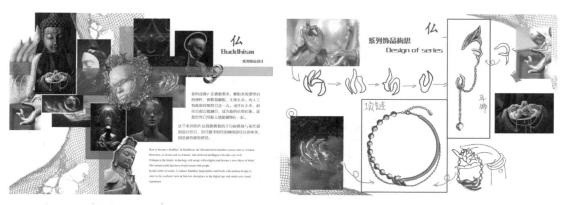

图2-3-4 继承传统型2（作者：潘海峡，指导教师：金晨怡，温州大学）

一体，体现了典型的叛逆型构思形式。

（四）立体构成型

立体构成是形象的结构与配置方法，也有设计、计划的含义，历来受到绘画者的重视，但当"构成主义"艺术萌发后，构成的用法就复杂起来。构成主义是1920年前后在苏联产生

图 2-3-5　反叛传统型（作者：蒋珂莹，指导教师：　　　　图 2-3-6　叛逆型帽子
谢轶琦，浙江理工大学科技与艺术学院）

的前卫派艺术，其主张采用非具象、非再现、非传统的材料，强调空间动势。20世纪二三十年代后，构成主义逐步影响到了工业设计和建筑设计，其特点是抽象的简洁造型（图2-3-7、图2-3-8）。

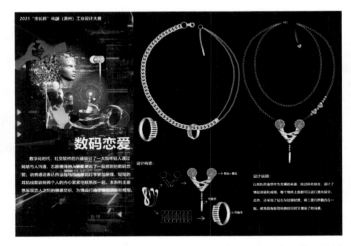

图 2-3-7　立体构成型 1（作者：郑诗雨，指导教师：金晨怡，温州大学）　　图 2-3-8　立体构成型 2（作者：陈家伟，独立设计师）

（五）反差对比型

反差对比型即稳定保守部分加自然活跃部分。变化中的"巧"指灵巧、情趣；"态"指平整、稚气，两者是变化的矛盾统一体。装饰中与"巧"相对立的"拙"另有一种艺术趣味。拙

的平整并不等于刻板，相反，简单几何形与生动自然形在同一种设计造型中达到协调统一时，可以获得对比强烈的视觉效果。以一种单纯、质朴、舒展、宁静的美利用整体轮廓来表现物象被称为整形。对独特的细节进行精心处理和相应设计，可产生"拙中生巧"的纯朴感和优美感（图2-3-9）。

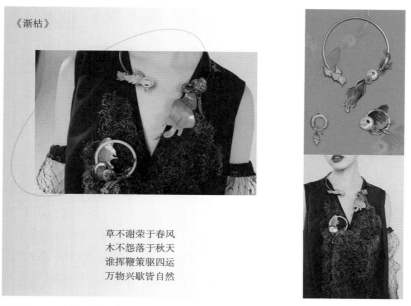

图 2-3-9　反差对比型（作者：陈婷，指导教师：谢轶琦，浙江理工大学科技与艺术学院）

（六）逻辑演绎型

有些设计构思源于某种感受或故事，它很难通过直观的服饰品形象来表达，但是可以通过逻辑演绎的方式或者感受的某种常见物体或故事中的象征物来展示。这种设计手法应以感性向理性的转化为思考核心，切忌过于牵强的联系，或仅为贴合故事而轻视饰品化的优美装饰本质（图2-3-10、图2-3-11）。

图 2-3-10　逻辑演绎型 1（作者：王俊俊，指导教师：金晨怡，温州大学）

图2-3-11　逻辑演绎型2（作者：杨浏，指导教师：金晨怡，温州大学）

（七）结构创新型

简单从造型的改变方面下功夫，创新有相当大的困难，然而多变的材质运用以及新颖的结构常常给人们带来意想不到的冲击力，它可以拓展服饰品的使用空间，让人产生全新的感受。目前一饰多用，新颖的佩戴方式，钟表、玻璃等行业产业设备的利用等使结构创新有了越来越多的实现途径。从某种意义上讲，这种设计思维方式有可能给服饰品带来革命性的转变，可以将工业产品及生活用品的特殊结构转化为具有创新性的服饰品结构。图2-3-12所示作品，作者从莫高窟壁画中的反弹琵琶与赛博朋克义体研究入手，通过数字技术构建设计思路利用3D打印工艺制作创造结构创新型作品。

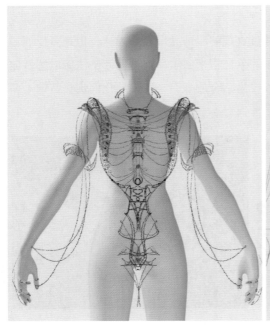
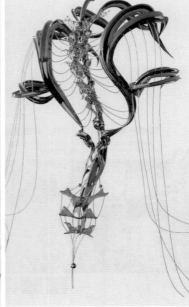

结构创新型　教学视频

图2-3-12　结构创新型（作者：孟钟鸣，指导教师：张莉君，南京艺术学院设计学院）

（八）无意识状态型

无意识状态型即无意识曲线，也称为随性设计。这种灵感绝不是偶然产生的，它是在一个多年专业浸染、长期思考同一类问题而积淀的职业素养，在某种无意识状态下的激情迸发。无意识的创作状态常出现于"梦境""醉态""爱恋"以及某些病理性的失控状态，与之相伴的本能的创作欲望在毫无限制的条件下，创作出某些神奇的作品（图2-3-13、图2-3-14）。

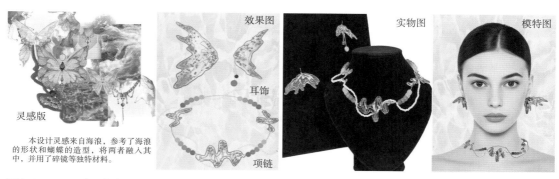

图2-3-13　无意识状态型1（作者：王杨洋，指导教师：金晨怡，温州大学）

图2-3-14　无意识状态型2（作者：林雨欣，指导教师：金晨怡，温州大学）

二、设计构思的方法

（一）发散思维

它表现为思维的扩散性，不拘泥于固定的框架或模式，能够灵活地思考和探索各种可能性。这种思维方式有助于激发创造力和想象力，发现新的思维角度和解决问题的方法。

服饰品设计构思要综合设计的主题、内容、色彩、影响对象和地区等多方面的因素，以此为思维空间中的基点，将思路向外扩散，形成一个发散的网络，在思考的过程中，把已经掌握和积累的知识加以分析、取舍，让这些知识在思维空间中相互撞击，形成新的思维焦点，从而产生新的创作思路。比如，艺术风格、民族习俗、宗教艺术等一切可能吸收的要素。也可以运用思维导图从材料、功能、结构、形态、因果、方法、组合等方面进行发散思考，是一种迁移类比的能力。在人类的思维活动中，每当我们接触到一个新的事物或看到一个物件，我们的大脑就会自然而然地展开想象和联想。

因此，我们可以扩展成一个发散的思维网络，把我们已经掌握和积累的知识加以分析、取舍，让这些知识在思维空间里相互碰撞，形成新的思维交点，从而构成新的创作思路。

（二）逆向思维

构思包含逆向和多向思维模式，在我们进行服饰品设计创作时，可以从不同的方向、不同的侧面多角度地进行思考，有时甚至要否定自己，重新开始。逆向思维是对传统、惯例和常识的颠覆，它勇于向常规发起挑战。按照常规的思维方式，作品往往趋于平淡，缺乏鲜明的个性。然而，运用逆向思维，打破陈规、独树一帜，我们能够实现新颖独特的突破。

（三）联想思维

联系又称想象，是进行服饰品创作时的重要思维形式。在日常生活中，人们对事物形成特定的印象，而这些印象又与个人的思维活动密切相关，形成直觉和感觉形象的联系。因此，当某件事情被提及时，与之相关的视觉形象会立刻浮现在脑海中，引发一系列的联想。

服饰品设计充分发挥设计师的艺术想象力和联想力，调动大脑思维神经各个触点的活动能力，活跃地进行想象，引燃联想的火花，通过一系列头脑风暴，进行艺术再创作。

（四）灵感思维

灵感指一种突发的、具有创造性的思维活动，表现为对某一问题或情境的深入思考后，突然产生的新的思路或解决方案。

在服饰品设计过程中，灵感的突然产生是非常普遍的，它是对事物反复思考的积累，突然出现的、瞬息即逝的短暂思维过程，是综合知识的再现，并非凭空而来。设计师在反复推敲、思考、斟酌的时候，某个偶然事情和环境、回忆等都会触动他的灵感，慢慢地使脑子里含糊不清的形象清晰起来，使心里原本无法用言语述说的无形形象转换成为有形的视觉形象，再由设计师进行捕捉保存、挖掘提炼、开发转化。因此，灵感思维有偶然性、突发性、创造性等特点。在这期间，设计师应学会以下几点：一是观察分析，有目的、有计划、有步骤、有选择地去观看和考察所要了解的事物。二是启发联想，旧与新或已知与未知的连接是产生新认识的关键。三是实践激发，在实践中思考问题、提出问题、解决问题。四是积极的情绪，能够调动全身心的巨大潜力去创造性地解决问题。五是判断推理，推理是从现有判断中获得新判断的过程。

（五）错视思维

错视是人们的知识判断与所观察的形态在现实特征中所产生的矛盾，形成的错视在生活中，视觉对象受到各种外来现象的干扰时，会对原有物象产生错觉变形，这种不正确的判断却可被艺术家巧妙地转化为形式美的一个内容。在设计艺术为人民服务的研究目标中，心理感应是现代设计的一个重要课题。

（六）借鉴思维

借鉴的手法是服饰品设计中一种常用的方法、艺术作品之间有共性也有个性。因此，除了艺术创作本身，还要吸收借鉴各方面的长处，才能使自身更加完善。音乐中的节奏韵律、建筑上的合理的空间分割、民间传统艺术的古朴、宗教艺术的神秘等方面，都有大量的精华可以借鉴。近年来，在服饰艺术中流行的自然之风、新中式风格、中世纪贵族风格等，都反映出合理借鉴的思维方法。

（七）比较思维

在服饰品设计过程中，比较思维最为常见。不同地区、不同年代的服饰品具有不同的特性，我们需要认真熟悉和了解它们。只有从造型上、装饰手法上、风格特征上，以及色彩运用上加以比较分析，总结出它们的共性和个性，才能产生新的思路、新的设计和新的作品。

三、主题确定

服饰品设计是一个综合的概念，它包含了首饰设计、包袋设计、鞋类设计、帽型设计等。我们的设计是针对每一个品种或每一件作品而言的。因此，在大的设计前提下，我们必须从每一个品种或每一件作品入手，来确定设计的主题。

主题的确立是设计作品成功与否最重要的因素之一。作品的艺术性、审美性及实用性将通过主题的确立而充分地体现出来。而主题的确立又能够反映出时代气息、社会风尚、流行风潮及艺术倾向。[15-17]在提取设计元素进行叙事性设计的时候，一定要寻找让自己有感触的环境、事件，或者物体，这样才能让人们有兴趣进行更加深入的探索挖掘。

（一）主题调研

在确定设计主题之前，我们必须进行充分的前期调研工作。综合考虑各种因素，提炼核心价值，从而确定设计主题。主题的选定是设计师在创作过程中对自身能力、市场认知和设计表达的综合体现。它反映了设计师对于创作的理解、市场趋势的把握，以及设计语言的运用。从中国传统文化、绘画、文学、时政、艺术、哲学、建筑、自然等方面选定都可以。[18]留心观察生活，生活中所有的元素都可以作为设计的素材和灵感的来源。服饰品设计主题确定后，需要将每一件饰品设计的所有因素和元素统一。最终在服饰品设计中用理念化、系列化的方法表达展现出来。

（二）设计定位

服饰设计要讲究其实用性（功能性）和装饰性。找准定位，前者的观点是基于具体市场的需求，后者的观点则更加追求创意设计的发展。

（三）主题确定

我们需要从思想文化、艺术特征、造型形式、色彩肌理、材料工艺、技术运用、叙述方式、价值取向、情感意绪、生活环境等方面进行深入探索，以评估具体方案的可行性。没有故事感的服饰品，空洞无实而且缺乏"灵气"。打破设计无内涵的状态，赋予服饰品"故事性"是当代首饰的核心概念，是有效获取和体现"设计灵魂"的方式之一。在实施过程中，我们必须确保设计方案能够充分体现主题思想，具备创新性和实用性。为了达到这一目标，我们需要以问题为导向，明确设计所面临的困难、总体目标、设计理念，以及设计的深度。通过这种方式，我们可以确保设计方案的有效性和针对性，从而更好地满足实际需求。

（四）实施过程

实施过程主要是通过所有灵感、关键词、图片进行展示，这是设计过程中的第一步，也就是主题版的形成。作者提取造型元素和色彩元素，结合选定的材料和工艺进行款式设计、纹样设计等，并且尽可能地使最后的完成效果与设计图达到最大程度的一致性。经过不断试验，最终完成作品（图2-3-15、图2-3-16）。

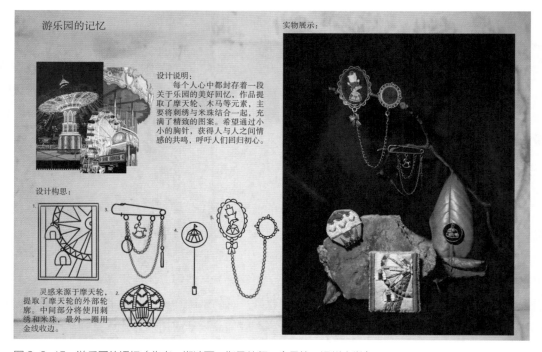

图2-3-15　游乐园的记忆（作者：郑诗雨，指导教师：金晨怡，温州大学）

主题：一草一木一世界

蝉蜕于浊秽，以浮游尘埃之外，蝉在最后脱壳成为成虫之前，一直生活在污泥浊水之中，等脱壳化为蝉时，飞到高高的树上，只饮露水，可谓出淤泥而不染。故蝉在人们的心目中地位很高，向来被视为纯洁、清高、通灵的象征。

甲虫有着厚厚坚挺的外壳，可爱圆圆的肚子代表着吉祥与幸福，是一种吉祥的象征，甲虫系列用米珠与钩针制作而成。

此系列风格复古朴素，将蝉纯洁、朴实的特点通过法式钩针、亮片、米珠、印度丝、硬丝、软丝、方丝、水晶、无纺布等表现出来，用精致朴素之美来表现"一草一木一世界"的典雅朴素。

图 2-3-16 一草一木一世界（作者：范逸阳，指导教师：金晨怡，温州大学）

四、生成式人工智能（AIGC）辅助下首饰设计

AIGC，全称为 AI-Generated Content，旨在利用人工智能技术自动生成文本、音频等多模态数据。其中，ChatGPT（Chat Generative Pre-trained Transformer）具备启发性内容生成能力、对话情景理解能力、序列任务执行能力和程序语言分析能力。而绘画工具 Midjourney 则能够根据用户的文字叙述生成效果图像，并提供直观的编辑工具、数字笔刷和纹理库。由于 AIGC 基于算法和数据，生成过程无须人工干预，因此具有高效率、高可能性、高灵活度及大规模性。消费者可根据个人需求进行描述，通过数据库及算法精准产出众多产品。AIGC 促使大众审美私人化，大数据替代用户调查，根据数据集合匹配关键词，高效准确地进行设计新服务，为消费者定制符合其心理需求的产品。在人工智能的语境下，首饰设计领域的传统创作流程与思路正经历着前所未有的变革。新的创作方式与流程正迅速融入并引领着首饰设计的发展趋势。首先，人工智能可以依托庞大的大数据资源，广泛搜索首饰设计所需的丰富素材。这为设计师提供了更为广阔和多样的创意思路与灵感来源。此外，人工智能还能将设计师的创意可视化地转化为首饰的艺术效果，使科技与艺术在首饰设计中完美融合，从而增强艺术表达力。其次，人工智能本身也被赋予了艺术形态，实现了从虚拟到现实的转变。这种技术与艺术的深度融合不仅为首饰设计指明了新的技术方向，还显著增强了首饰与人的交互性。这种交互性使首饰更加贴近人们的日常生活，赋予了首饰更多的实用价值。最后，面对传统手工艺传承方式的滞后

性，人工智能成为一种延续传统工艺的新思路。通过人工智能技术的应用，传统手工艺得以在现代社会中焕发新的生机与活力。

课后思考与练习

1. 了解服饰品设计表现形式，按装饰的功能与效果、设计构思方法等对其进行分类，并制作精华笔记。

2. 收集各类服饰品图片 10 款，对其设计构思、构成规律进行分析。

3. 根据服饰品的分类，收集造型资料。

参考文献

[1] 姜瑶. 珠宝首饰设计的美学探讨 [J]. 大众文艺，2015(7)：161.

[2] 张燕，宁波.《周礼》所载"工""匠"群体及其精神价值 [J]. 海南热带海洋学院学报，2020(4)：116-122.

[3] 张刚. 男性饰品中性化风格的设计研究 [D]. 上海：东华大学，2010.

[4] 白玉. 图像处理在城市建筑色彩分析与评价中的应用研究 [D]. 天津：天津大学，2010.

[5] 李花. 浅谈服装陈列设计中服饰品的运用 [J]. 包装世界，2015(3)：14-15.

[6] 李杉杉. 汴绣艺术审美特征在服饰品设计中的应用研究 [D]. 浙江：浙江理工大学，2018.

[7] 王晓儒，李娜，张婉秋. 旧物装置艺术在田园综合体中的设计应用研究 [J]. 花卉，2019(20)：19-20.

[8] 严雪平. 再生科技面料在服装设计中的运用和研究 [J]. 西部皮革，2021(9)：130-131，142.

[9] 周继红. 浅析服饰品在服装整体设计中的作用 [J]. 南昌教育学院学报，2012(10)：44-45.

[10] 姚佩玉. 首饰艺术的发展与创新 [C] // 第二届中国艺术铸造年会，2000：83-84.

[11] 伏永和. 首饰造型与形态的构成规律 [J]. 中国宝石，2004，13(1)：92-93.

[12] 张雅娜. 服装设计构思技巧浅析 [J]. 中国校外教育（理论），2007(9)：127.

[13] 崔晓梅. 首饰设计中的材料的应用研究 [D]. 沈阳：沈阳理工大学，2011.

[14] 任进. 首饰设计的美学与构思 [J]. 中国宝石，1996，5(1)：26-28.

[15] 蔺琳. 多媒体教学激发学生创意灵感 [J]. 中华少年（研究青少年教育），2012(1)：386.

[16] 李晓丹. 丝绸服装品牌建设下的产品规划 [D]. 北京：北京服装学院，2007.

[17] 李桐. 基于场所精神与意境的"空间观"探讨 [D]. 天津：天津大学，2018.

[18] 王依.《现代时装帽饰的设计研究》[D]. 武汉：武汉纺织大学，2017.

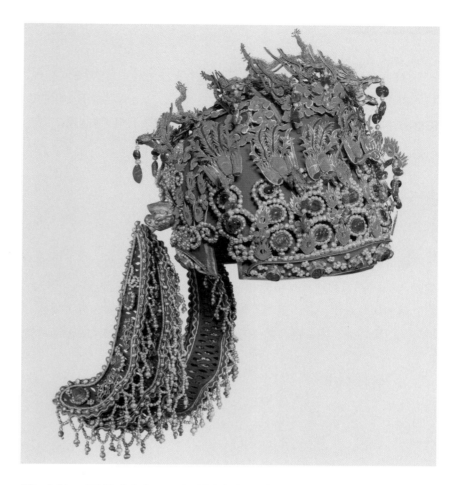

第三章　冠带之国——帽饰设计艺术

教学目标： 本章从中外帽饰的产生、发展、分类，以审美角度去分析
研究其装饰设计和工艺、设计与制作、搭配艺术、品牌作
品等方面，学生能了解帽饰发展历史及服装搭配规律，从
而进一步完善服装整体设计，并着重研究帽饰的设计制作
方法。

教学内容： 1. 中外帽饰发展概述

2. 帽饰的分类

3. 帽饰搭配艺术

4. 帽饰品牌作品赏析

5. 帽饰结构和工艺

6. 帽饰的制作实例

教学学时： 8学时

教学重点： 1. 学生动手实践帽饰的设计与制作

2. 掌握帽饰的结构、设计、工艺

课前准备： 1. 预习本章内容，学习中外帽饰历史

2. 收集优秀创新应用实例，包括帽子设计材料与制作工艺等

《韩非子·有度》："兵布于天下，威行于冠带之国。"在帽子文化中，不仅有着不同的帽型、颜色和款式，还有着不同的文化符号和艺术特征。在学习帽子文化的历史渊源的同时，我们也需要关注其独特的文化内涵，并在现代的设计中进行巧妙地运用。

第一节　中外帽饰发展概述

帽子在中国古代称为首服、元服、头衣，是整体着装中的关键部分。中国古代将戴在头部的帽与饰统称为首饰。有华夏礼仪精粹的冕冠，祭服冠为冕，可分为衮冕、鷩冕、毳冕、絺冕，商朝人戴章甫、冔，夏朝人戴牟追、收；第二类有弁，分为爵弁、皮弁、韦弁，此外还有帻、兑、簪、镜、梳、镊、绡头等。以下将列举具有代表性的帽饰品类进行介绍。

一、中国帽饰概述

（一）男子帽饰

1. 冠

冠是具有一定身份地位的男性在满二十岁后所戴的首服，庶人则裹巾。古时汉族男子年二十称弱冠，此时束发加冠，举行加冠礼，以示成年。现有历史文献中对先秦时的各种冠有所记载，但由于缺少实物或图像相印证，具体形制不明。汉代以后，男子在戴冠之前习惯用巾帻包头。中国古代男子戴的冠种类繁多，主要有冕冠、长冠、委貌冠、爵弁、通天冠、远游冠、高山冠、进贤冠、法冠、武冠、建华冠、方山冠、术士冠、却非冠、却敌冠、樊哙冠等。[1]

明代出土的金丝翼善冠，冠体由前屋、后山和两角三部分组成。前屋指的是帽壳部分，用细如发丝的金丝手工编结而成，手编的花纹不仅要求空档疏密均匀，并且中间无小结，因此看上去薄如轻纱，半圆形的帽山上挺立着两个状如兔耳的金丝网片，即两角，也俗称"纱帽翅"，冠上所饰的二龙戏珠，其龙首、龙身、龙爪、背鳍等部位均是单独制成后进行整体图案的焊接组装完成的，冠上仅龙鳞就用了8400片（图3-1-1）。

忠靖冠是明代职官退朝燕居时所戴的一种帽子，冠梁视品级而定。忠靖冠以铁丝为框，乌纱、乌绒为表，帽顶略方，中间微突；前饰冠梁，压以金线；后列二山，亦以金缘。四品以下不用金线，改用浅色丝线（图3-1-2）。

此外，我国历史上两个少数民族当政的朝代，曾一改冕服制度，沿用了自身具有少数民族特色的服饰形制。元代蒙古族为游牧民族，蒙古族男子自幼剃"婆焦"，即头顶正中及后脑头发全部剃去，在前额正中和两侧留下三搭头发。元代因三公不常设，衣制各从祖俗，天子戴的首服有暖帽、笠、冠等（图3-1-3）。

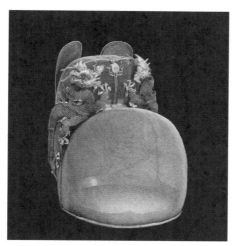

图 3-1-1　明　益善冠　定陵博物馆藏　　图 3-1-2　明　忠靖冠　孔子博物馆藏

　　清代，满人入关实行剃发易服的服制变革，根据礼制等级分为朝冠、吉服冠、常服冠、行服冠和雨冠，其中以季节不同又有冬夏之分（图 3-1-4）。清代的帽以使用的季节不同多分为暖帽和凉帽两式。每年三月换戴凉帽，八月换戴暖帽。暖帽呈圆形，周围有一道檐边，材料多用皮制，也有用黑色的呢料、绒布或绸缎制成的。帽顶上缀有红色的帽纬，中央装着顶珠，顶珠用宝石、珊瑚、金、银等制，嵌在冠顶。顶珠也是区别官职的重要标志，一品为红宝石，二品为珊瑚，三品为蓝宝石，四品为青金石，五品为水晶，六品为砗磲，七品为素金，八品为阴文镂花金，九品为阳文镂花金，监生、生员们用素银，无顶珠者即无品级。[2] 夏季用的凉帽呈圆锥形，清初扁而大，清代后期高而小，用玉草或藤丝、竹丝编成，外罩罗纱，缀

图 3-1-3　元文宗皇帝画像　戴钹笠冠　引自《故宫博物院院刊》　　图 3-1-4　清雍正帝朝服像　戴夏朝冠　故宫博物院藏

图3-1-5 清 薰貂皮皇帝冬吉服冠 故宫博物院藏

有红色帽纬，上缀红缨顶珠，款式与暖帽相同。皇帝的帽子有三层帽顶，嵌有金龙。冠顶用金丝嵌制，上镶四条金龙，每条龙都口衔宝珠，冠顶中央嵌一颗大珍珠，周围也嵌有珍珠宝石。[3]

清代男子在吉庆典礼时穿着吉服，配吉服冠，根据季节不同有冬夏之分。吉服冠帽檐上仰，帽檐用皮草制成。冠顶根据品级不同缀各色宝石，皇帝的冠顶为金鏨花点翠金座，上嵌大珍珠一颗。冠帽用石青素缎面，缀着加捻均匀整齐的朱纬。帽子里布为红色棉布，帽子后面还垂有蓝布做的窄帽带（图3-1-5）。

清代有行服冠，是春夏和秋季出行时戴用的一种冠帽，搭配行服。满族是游猎民族，在清代，皇帝带领官员宗亲定期到木兰围场或南苑狩猎，游猎时要穿行服。每次狩猎，侍从们都要把猎物先呈献给皇帝，根据每个人捕获猎物的多少、执勤的优劣，分别论功行赏，注册备案，然后与侍从们一道分食所获之物（图3-1-6）。

图3-1-6 清 乾隆皇帝围猎聚餐图局部 故宫博物院藏

行冠有冬夏之分，冬行冠用黑狐、黑羊皮、青绒、青呢等材料制作，冬行冠冠的形制和常服冠相同。夏行冠用织玉草，或藤丝、竹丝，红纱裹。一些行冠的冠沿垂还缀有蓝色云纹暗花纱风帘，用于遮挡风沙。风帘正前有青金石小扣二，左侧有青金石小扣一，两侧还有牙质小扣各二，这些扣可用于调节风帘的松紧。冠后缘下垂石青色缘红珊瑚背云两条，冠内垂石青色系带两根（图3-1-7）。

2. 冕

汉代武梁祠中最早见到画像中的皇帝形象，从属于当时的祭祀文化。周代服饰礼仪制度既被视作天下大治的标志，又被视作大治天下的手段。尤其是王之六冕所具有的等级区分和表德劝善的功能达到极致。冕服制度的确立使中国古人能够按照一定标准去祀天地、祭鬼神、拜祖先。现今能看到最早期的冕服形象是汉代武梁祠画像石上的黄帝、颛顼、帝喾、尧帝、帝舜等三代以上穿冕服衣裳的帝王像。传唐代阎立本绘的《历代帝王图》中有穿着冕服帝王像东汉光武帝、吴主孙权、蜀主刘备、晋武帝司马炎、北周武帝宇文邕、隋文帝杨坚等（图3-1-8）。从中我们可比较清楚地看到早期冕服的具体穿着式样。此外，在宋代聂崇义《三礼图》中

（a）正面　　　　　　　　（b）背面

图3-1-7　夏行冠　故宫博物院藏

绘有相对完整的六冕形象。冕服制度是中国历史上最久远的衣冠制度，是古代贵族男性穿着的一种礼仪服饰，根据男子身份地位和出席场合不同有明确要求，冕服等级依据服饰形制、冕冠旒数不同，为历代有所沿革。除了首服以外，冕服所用的配饰还有腰带的大带和革带，在革带上还悬挂有蔽膝、佩玉、绶和剑。

图3-1-8　《历代帝王图》中的晋武帝司马炎、蜀主刘备和吴主孙权均头戴冕冠

冕是古代男子的首服，为冠等级最高的一种。帝王、诸侯及卿大夫在祭祀典礼时戴冕。冕服制度自商周时期已经形成，即根据典礼场合和身份地位不同，需穿戴特定组合的冕冠和礼服配伍。历代冕冠制度的具体内容在继承过程有变革和发展，夏冕为"收"，商冕为"冔"。天子在举行各种祭祀时，根据典礼等级，所穿戴的六种冕服，总称为"六冕"，包括：大裘冕、衮冕、鷩冕、毳冕、絺冕和玄冕。冕冠的基本形制为圆筒式帽卷，上覆一冕板（称延板或綖板），板形状前圆后方，板体呈向前倾斜之势，后端比前端高一寸，作前俯状，象征关爱百姓。冕

板用木制成，上涂玄色象征天，下涂缥色象征地。冕板前后两端垂挂着旒，以条数区分冠的等级，条数与身份等级的对应关系在历代《舆服志》记载中有沿革。《礼记》："天子玉藻，十有二旒。"山东博物馆藏有一顶冕冠实物，为明代鲁荒王墓出土的九旒冕，鲁荒王朱檀是朱元璋第十子，这顶冕冠垂有九道旒，每道旒有九颗珠，分别为红、白、青、黄、黑五色，即《礼记》中所谓"玉藻"（图3-1-9、图3-1-10）。

图3-1-9　明　陇西恭献王李贞像　山东博物馆藏

图3-1-10　明　鲁荒王九旒冕　山东博物馆藏

3. 弁

除了冕以外，古代男子正式场合的冠还有"弁"，其等级次于冕。郑注《士冠礼》记载："爵弁者，冕之次，其色赤而微黑，如爵头然。"用爵韦制作的称为爵弁，用鹿皮制作则称为皮弁。据《周礼》所述，周代国君在视朝戴皮弁，兵事时戴韦弁、田猎时戴冠弁、士助君祭时戴爵弁。后历代大体按周制而定，汉代的皮弁与委貌冠制同，执事者所戴。

漆纚冠出土时放在椁室北边箱的油彩长方形漆奁中。冠为丝线编织而成，外形呈簸箕状，两侧有护耳，护耳下端各有一用于系缨的小圆孔。表面髹黑漆，外观坚挺，便于着戴。这是我国迄今发现的保存最好、年代最早的一件漆纚冠。

漆纚冠用材精细、做工考究，其结构是经向呈绞纱状，纬向也是绞纱组织，菱形的网孔分布异常均匀。由于经纬向都是编绞纱结构，因此左经和右经交织处的结点不易走动，编结后的网孔均匀透亮。当此织物编好后，将其斜覆在冠模型上，碾压出初具轮廓的帽形，再加嵌固定线，然后在经纬线上反复涂刷生漆，这种碾压出的弧形放射线固定更加牢实[4]。据古文献记载，漆纚冠在西周即已出现，当时用细麻线编织后，涂上生漆。战国晚期至西汉初期改用生丝编结后再涂上生漆，由于它编成亮地显方孔，如同丝织物的平纹纱，汉代称其为"纚"，故名"漆纚冠"，俗称"乌纱帽"。

从古文献记载来看，所谓武冠，其形为横向长方形，似簸箕，两端有下垂的护耳，耳下有缨，系于颏下。《战国策·齐策六》记载武冠的形状为"大冠若箕"。《后汉书·舆服志》说："武弁，一曰武弁大冠，诸武官冠之。"漆纚冠与此相似。从公开发表的资料来看，已有几座西汉早期墓葬，如广西贵县罗泊湾汉墓、广州西汉南越文王墓、北京大葆台西汉墓发现有"漆纚冠"，但都残缺太甚，冠式不清，戴法不明。关于漆纚冠的形状，可见于帛画所描绘的戴冠武士与某些陶俑冠式。马王堆三号汉墓出土的《车马仪仗图》描绘武士所戴之冠与漆缅冠几近一致。陕西西安汉景帝阳陵南区从葬坑出土陶俑头上网状冠残迹与漆缅冠结构非常相似，而陕西咸阳杨家湾西汉墓陪葬坑、江苏徐州北洞山西汉楚王墓、徐州狮子山兵马俑坑出土的陶俑所戴之冠则与漆缅冠造型相同（图3-1-11~图3-1-13）。

图 3-1-11　彩绘戴冠陶俑

图 3-1-12　西汉　漆缅冠

图 3-1-13　车马仪仗图局部　湖南博物院藏

这些形制相似的"武冠"，应为不同等级身份的武士所戴，虽造型相同但材质有别。漆缅冠材质考究、制作精细，当属于高级将领所戴之冠。据《汉书·盖宽饶传》记载，武官盖宽饶"冠大冠，带长剑，躬案行士卒庐室，视其饮食居处。"可见冠与长剑一样成为军事权力的象征物。马王堆三号汉墓墓主人是长沙国丞相、第一代轪侯利苍的儿子，从墓中所葬兵器和两幅地图《驻军图》《地形图》来看，他应是镇守长沙国南部的高级军事将领，生前曾手握重兵，驰骋疆场。漆缅冠应当是他生前征战所戴的武冠，性质不同于后世的"乌纱帽"。

至明代，弁的形制发生了较大改变，已经完全成为冠帽的一种。此时有皮弁服、武弁服和燕弁服等服饰配伍，皮弁黑色、武弁赤色，燕弁则是皇帝在宫中燕居时所穿。根据明代出土的弁，可见其顶部是突出状。爵弁是比冕等级略低的祭祀首服，是古代士助君祭的服饰，也是士等级最高的首服。皮弁是天子视朝、郊天、巡牲、朝宾射礼等场合穿用的服饰。也是天子外出，诸侯朝见、视朔和田猎的服装（图3-1-14）。

4. 帻

巾原是指包头发的布，南北朝时期巾的后部逐渐加高，称为平巾帻或小冠。小冠之上又加笼巾，称为笼冠，黑漆细纱制成，因此也叫作漆纱笼冠。常见的巾有帻巾、折角巾、方山巾、仙桃巾、纯阳巾、周巾、浩然巾、四方平定巾、网巾等。帻原本是巾的一种，后将平顶状的帻巾样式称为"平上帻"，有屋顶的则称"介帻"。文官所用的进贤冠要配介帻，武官戴的武弁大冠要配平上帻。根据身份等级不同，巾

图 3-1-14　明　鲁荒王皮弁　山东博物馆藏

图 3-1-15　北宋　司马光像　头戴周巾　引自《中华服饰七千年》

有颜色限制，庶人的帻是青色或黑色的，所以秦时称平民为"黔首"，汉时称仆隶为"苍头"。宋代文人喜爱戴高而造型方正的巾，称为"高装巾子"，此外还有以文人命名的样式，如"东坡巾""程子巾"等（图3-1-15）。

5. 幞头

幞头的前身是帻，它本是一种包头布，男子用来束发，在关西秦晋一带称为络头，南楚江湘一带称为帕头，河北赵魏之间称为幧头，或称为陌头。即用一块巾布从后脑向前把发髻捆住，在前额打结。帻在秦汉之初是身份低贱者戴的，东汉以来，一些有身份的人士用较完整的幅巾包头，北周武帝宣政元年开始将幅巾戴法加以规范。头上裹的幅巾，有两角于脑后打结自然下垂如带状，另两角回到顶上打成结作装饰，这种形式就成为初期的幞头了。唐代社会开始流行高冠峨髻之风，又在幞头内衬上薄而硬的帽胚为幞头塑形。幞头系在脑后的两根带子，被称作幞头脚，起初是"垂脚"或"软脚"。后来幞头脚逐渐加长，周边又用丝弦或铁丝作骨架，就形成"翘脚幞头"。幞头由起初一块民间的包头布逐步演变成固定的帽身骨架和展角的完美造型，前后经历了上千年的历史，在明代演变为官员公服的乌纱帽（图3-1-16~图3-1-21）。

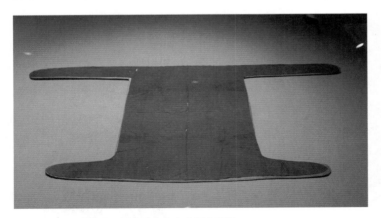

图 3-1-16　唐幞头　甘肃省文物考古研究所藏

图 3-1-17　宋　听琴图局部　故宫博物院藏

6. 风帽

魏晋以前汉族人所戴的帽只是一种便帽，后来逐渐成为正式的头衣。《晋书·舆服志》记载："江左时野人已著帽，人士亦往往而然，但其顶圆耳，后乃高其屋云。"我国少数民族

图 3-1-18　北宋幞头　泰州博物馆藏

图3-1-19　明幞头　孔子博物馆藏

（a）平头幞头，唐贞观十六年独孤开远墓出土俑

（b）硬脚幞头，唐开元二年贤墓石椁线雕

（c）前踣式幞头，唐开元二年戴令言墓出土俑

（d）圆头幞头，唐天宝三年豆卢建墓出土俑

（e）长脚幞头，莫高窟130窟盛唐壁画

（f）衬尖巾子的幞头，唐建中三年曹景林墓出土

（g）翘脚幞头，敦煌石室所出唐咸通五年绢本佛画上的供养人

（h）翘脚幞头，莫高窟144窟五代壁画上的供养人

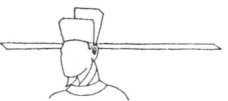

（i）宋式展脚幞头，宋哲宗像

（j）明式乌纱帽，于谦像（孙机先生插图）

图 3-1-20　幞头的演变

（a）晋当利里社碑残刻，据《居贞草堂汉晋石景》

（b）长沙晋永宁二年墓出土陶俑，据《考古学报》1959年第3期

（c）洛阳出土唐代陶俑，据秦廷械《中国古代陶塑艺术》

（d）咸阳唐天宝三年豆卢建墓出土陶俑，据《陕西省出土唐俑选集》

（e）传唐梁令瓒笔《五星二十八宿神形图》中之"亢宿"，据《爽籁馆欣赏》

（f）西安唐天宝七年吴守忠墓出土陶俑，文献根据同（d），此冠已与平巾幞相同（孙机先生插图）

图 3-1-21　进贤冠的演变

的帽饰同样很丰富，有合欢帽、风帽、高筒帽、折风帽等。这些帽最初被统称为胡帽，在历史发展过程中与汉族首服交流融合，衍生出中华丰富多元的帽式系统。例如，宋人有幞头

图 3-1-22　团窠联珠花树对鹿纹锦帽　中国丝绸博物馆藏

图 3-1-23　清代　乾隆帝御用黑漆嵌金饰珍珠盔　故宫博物院藏

帽，官僚士大夫戴的方顶重檐桶形帽；元代有外出戴的盔式折边帽、四楞帽；明代有乌纱帽、六合一统帽；清代官员的礼帽，分为夏天的凉帽、冬天的暖帽，还有平时用的瓜皮小帽、毡帽、风帽等（图3-1-22）。

7. 盔

据《周礼》所记，周代就有官营的掌管甲衣生产的司甲，此时用于战争的戎服以甲身、甲袖和甲裙组成。周代盔帽有青铜。汉代军队头戴平巾帻、武冠、腰束皮带、穿靴履。军队的徽标有章、幡、负羽等。章为等级低的士兵佩戴，幡为武将佩戴。帻是用布帕束发，多出的布边可以覆盖头顶，《后汉书》传说帻源于王莽额有壮发，所以开始流行帻。汉文帝时期，帻成为贵贱文武官都佩戴的首服，文官介帻，武官平上帻。至今保存最完好的盔帽要属故宫博物院藏的清代御用盔帽（图3-1-23）。

（二）女子帽饰

1. 凤冠

凤冠是古代女性冠帽中的代表，最初为后妃、命妇出席重大礼仪场合佩戴的，作为礼服的冠帽配

中国帽饰的发展变化（女帽篇）教学视频

伍。之后民间女子婚庆也有使用凤冠。最早可见宋明时期的后妃像，以及出土实物有凤冠及其穿戴。1957年北京明定陵万历皇帝与孝端、孝靖合葬墓中出土了凤冠四顶，分别为3龙2凤、12龙9凤、9龙9凤和6龙3凤，根据《明史·舆服志》，洪武三年定："（皇后）受册、谒庙、朝会，服礼服。其冠圆匡，冒以翡翠，上饰九龙四凤，大花十二树，小花数如之。两博鬓十二钿。"永乐三年定制："其冠饰翠龙九，金凤四，中一龙衔大珠一，上有翠盖，下垂珠结，余皆口衔珠滴，珠翠云四十片，大珠花、小珠花数如旧。三博鬓，饰以金龙、翠云，皆垂珠滴。翠口圈一副，上

饰珠宝钿花十二，翠钿如其数。托里金口圈一副。珠翠面花五事。珠排环一对"（图3-1-24~
图3-1-29）。

图3-1-24　宋高宗皇后像——局部　台北故宫博物院藏

图3-1-25　孝定皇后像——局部　台北故宫博物院藏

图3-1-26　12龙9凤冠——正面　定陵博物馆藏

图3-1-27　9龙9凤冠——侧面　中国国家博
物馆藏

图 3-1-28　清代一品夫人像　安徽省博物馆藏

图 3-1-29　清代凤冠　孔子博物馆藏

2. 罟罟冠

罟罟冠是蒙古族女性的最隆重的首服，"罟罟"是蒙古语的音译。元代帝后像中皇后均佩戴这种冠饰，此外壁画、绘画和史书中也有蒙古族贵族妇女戴着罟罟冠的形象。据威廉·鲁布鲁乞（1215—1270年）的《鲁布鲁克东游记》描述："当极为贵妇骑马同行，从远处看时，她们仿佛是头戴钢盔手持长矛的士兵；因为头饰看来像是一顶钢盔，而头饰顶上的一束羽毛或细棒则像一支长矛。"罟罟冠的穿用方式有三种，一是盔帽式下颌系带固定，二是露出面部，侧面和后面均有遮挡的兜帽式，三是入主中原后汲取汉女的抹额式。

从穿着身份看，罟罟冠是蒙古族女性在结婚时由丈夫佩戴上的已婚的象征。从色彩看，元代的传世实物多已经褪色，但画像中多呈现大红色，搭配红色袍服。从形制看，罟罟冠的冠体呈现两头宽向中部收窄的长筒状，筒高约30~40cm，从冠顶的横截面看，形状有方形和圆形两种，圆形冠顶较常见。冠顶可以插羽毛等长枝装饰物，称为翎管、翎羽和朵朵翎。冠身缀有珠宝金银器，帽底缀有串珠的护耳和飘带。冠顶的长枝装饰是能活动，可摘取的，在丧礼和坐轿子的时候都需要摘下。冠胎用桦木或柳木为骨架制成筒，筒芯中空。具体做法是将两块树皮相接缝合，围成筒，外部再包裹上一层纱布，最外层贵族多用华丽的红色丝织物包裹，也有用廉价的麻毛织物包裹。华丽的罟罟冠还点缀有珍珠、宝石串成的脱木华、璎珞和掩耳，行走时熠熠生辉（图3-1-30~图3-1-32）。

3. 女朝冠

清代满人后妃命妇所戴的朝冠，是为了祭祀、万寿、元旦和冬至等重大庆典的朝服所搭配的冠帽。根据季节不同，朝冠冬夏分别用两种材质，冬季的用薰貂制成，夏季的用青绒。朝冠在下颌系带固定，朝冠上缀着朱纬，在冠顶有数层镶嵌东珠的金凤，根据金凤层数区分后妃身

图 3-1-30　元世祖皇后像　台北故宫博物院藏　　　图 3-1-31　元顺宗皇后像　台北故宫博物院藏

图 3-1-32　元代罟罟冠一组　引自贾玺增《罟罟珠冠高尺五，暖风轻袅鹣鸡翎——蒙元时期的罟罟冠》

份等级，又在每层凤之间穿东珠一粒，最顶端则有一颗大东珠。帽顶铺就的朱纬上，还缀了一圈镶嵌东珠、猫睛石、大小珍珠的金凤。帽子后侧的翟尾垂有长链珍珠，根据身份等级不同，其条数不同。每条珍珠链的末端缀有珊瑚。冠后护领垂明黄绦二，末缀宝石，青绦为带（图 3-1-33、图 3-1-34）。

4. 钿子

钿子前身是辽金时期女真人的盘辫裹头，清代钿子的形成与演变可参见宫廷后妃像，初期康熙皇后常服像中发髻还较为朴素，康熙时期墓葬出土见到有插钿花装饰的现象。后专门用铁丝和丝绒编成钿子，套于盘发之外，钿子的后脑部位为扁平状，形状如倒扣于头上的簸箕。福

图 3-1-33　皇后冬朝冠　故宫博物院藏

图 3-1-34　孝贤纯皇后朝服像轴　故宫博物院藏

格《听雨丛谈》卷六："八旗妇人彩服，有钿子之制，制同凤冠，以铁丝或藤为骨，以皂纱或线冒为之。前如凤冠，施七翟，周以珠旒，长及于眉。后如覆箕，上穹下广，垂及于肩，施五翟，各衔垂珠一排，每排三衡，每衡贯珠三串，杂以璜瑱之属，负垂于背，长尺有寸。左右博鬓，间以珠翠花叶，周以穿珠璎珞，自额而后，迤逦联于后旒，补空处，相度稀稠，以翠珠花朵杂花饰之，谓之凤钿。又有常服钿子，则珠翠满饰或半饰，不饰珠旒。"可见钿子以搭配服饰不同分为吉服钿（彩服）和常服钿，根据装饰的钿花数量，又有半钿和满钿之分。

清末光绪帝的皇后所戴钿子用藤片做骨架，在藤上用青色丝线缠绕，编结成网。钿的上端有一圈点翠古钱纹的头面装饰，装饰下衬着红色丝绒。钿口和钿尾饰有金凤凰，钿下端饰有金翟鸟，每只鸟的口中都衔着各种串珠、宝石、璎珞。随着清代钿子装饰走向华丽繁复，在清末还出现了一种更加夸张的头饰，称为"挑杆钿子"，多为满洲贵妇在婚庆等场合使用，后戏曲表演有沿用（图 3-1-35~图 3-1-39）。

图 3-1-35　清康熙孝昭仁皇后常服像　故宫博物院藏

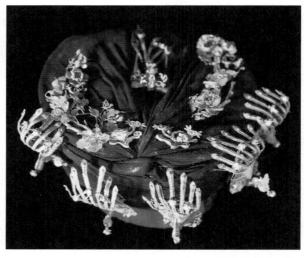

图 3-1-36　清康熙温僖贵妃墓出土钿子　清东陵文物保管所藏

（a）正面　　　　　　　　　　　　（b）背面

图 3-1-37　清代钿子　波士顿美术博物馆藏

图 3-1-38　清光绪皇后铜镀金累丝点翠嵌珠石凤钿　故宫博物院藏

图 3-1-39　清末的挑杆钿子引自《晚清碎影：约翰·汤姆逊眼中的中国》

5. 暖帽

满族妇女秋冬日常也戴暖帽，搭配燕居的便服穿着。帽子主体是多瓣式的瓜皮帽，帽檐皮草，根据形状不同，又分为花帽、瓦帽等。帽子后都垂有长长的两条带子，和辽金时期妇女头巾造型十分相似，清代满族妇女更加华丽多彩（图 3-1-40~图 3-1-44）。满族妇女喜欢在头部插花，用鲜花或绢花等，无论什么头饰都有可能见到插花的搭配，暖帽多是在左右两侧插花（图 3-1-45）。

6. 少数民族帽

肖洪成在《帽子琐谈》中，从中国55个少数民族帽子的不同款式和色彩分析了帽子是民族文化的体现。帽饰是中国少数民族服饰多彩的装饰之一。不同历史和文化背景形成了风格各异、灿烂多彩的服饰形制。其称谓亦是千奇百怪，如罗锅帽、甲壳帽、鸡冠帽、三叶帽、花帽、狍头帽、花竹帽、银盔帽、木帽、浑脱帽等，[5] 多不胜数。给人带来或典雅秀丽，或绚丽多彩，或朴实无华，或夸张奢华，或奇特的视觉效果。第一，图腾崇拜在中国少数民族文化中

图 3-1-40 南宋 陈居中 文姬 　图 3-1-41 金齐国王墓王妃头巾 金代服饰
归汉图局部 台北故宫博物院藏 　《金齐国王墓出土服饰研究》

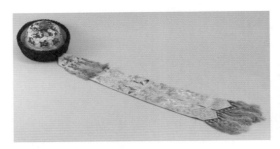 

图 3-1-42 清同治 熏貂皮湖色缎绣花女帽 　　图 3-1-43 清光绪 熏
貂皮红色缎绣花帽

图 3-1-44 清代 貂皮蓝缎 　（a）正面 　（b）背面
绣蝠寿纹四角瓦帽 　图 3-1-45 头戴坤秋帽的女性形象

非常普遍，如基诺族妇女的三角头帕来自对基诺族开天辟地的"创世妈妈"的服饰的模仿；苗
族女子的银角冠、畲族女子的狗头冠来自人与图腾（牛、犬）相配繁衍人种的传说；三苗九
黎裔台湾地区高山族人传统服饰中百步蛇纹样和牛角太阳冠是对其祖先蚩尤的崇拜和记载。第
二，受巫术宗教影响在彝族中卍字符号纹样则可能来自巫师用两只羚羊角占卜的大吉卦。人
们把卍字符号绣在衣帽上作为永远吉祥的象征。卍字符号在彝、藏、傣、哈尼、景颇、德昂、

阿昌、白、纳西等民族的服饰衣帽上均有体现。过去傣族女子还在头上戴象征佛塔的珠宝顶帽，并绣上卍字纹样，希望借此获得至高无上的佛祖保护和赐福。第三，帽饰也作为区别年龄状况标志的习俗，广泛存在于各民族中，成为突出的文化现象。畲族妇女发际所系黑色、蓝色、红色绒线环束，标志老、中、青不同年龄的身份，丧偶的妇女还用绿色的绒线圈头。阿昌族未婚男子戴白色包头，而已婚男子戴蓝色包头。从这些帽饰中能感受到少数民族的文化情感特色、独特的审美观念和少数民族崇尚自然、天人合一的和谐理念，以及对美好生活的期盼。

　　广西金秀大瑶山茶山瑶妇女戴有三条弧形大银钗，两头上翘，重量达一市斤左右。坳瑶妇女喜欢戴用崭新雪白的嫩竹壳折制而成的梯形竹壳帽，帽四周插上5支银质发簪，两侧各绕上一条银光闪闪的链条。红头瑶是云南瑶族中服饰甚为华丽的一支，男孩和女孩均戴布制的圆形平顶花帽。金平县马鞍底乡一带的红头瑶妇女剃去全部头发，用红布盘成重达两三千克的大包头，故又被称为"大红布包头瑶"。桂北、粤北及云南等地的部分瑶族妇女过去还戴一种支架高耸、上蒙黑布、下垂红色璎珞的帽子，具有独特的风格（图3-1-46~图3-1-48）。

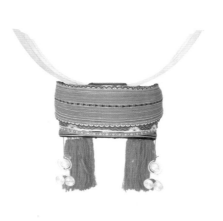

图3-1-46　广西金秀瑶女帽　　　　图3-1-47　茶山瑶女帽　　　　图3-1-48　尖头瑶女帽

　　侗族先民在先秦以前的文献中被称为"黔首"，一般认为侗族是从古代百越一支发展而来。侗族主要从事农业，以种植水稻为主，其种植水稻已有悠久的历史，兼营林业，农林生产均已达到相当高的水平。侗族地区的万山丛岭中夹杂着许多当地称为"坝子"的盆地。侗族主要分布在贵州省的黔东南苗族侗族自治州、铜仁地区，湖南省的新晃侗族自治县、会同县、通道侗族自治县、芷江侗族自治县、靖州苗族侗族自治县，广西壮族自治区的三江侗族自治县、龙胜各族自治县、融水苗族自治县，湖北省恩施土家族苗族自治州等地（图3-1-49）。

　　其他少数民族帽示例如图3-1-50所示。

图 3-1-49　侗族童帽和女帽　富美帽饰博物馆藏

（a）鄂伦春族狍子帽

（b）藏式珊瑚嵌蜜蜡帽

（c）楚雄彝族鸡冠帽

（d）红河彝族鸡头鱼尾银泡鸡冠帽

（e）哈尼族妇女头饰

（f）苗族重安江型银帽

图 3-1-50　富美帽饰博物馆藏

西方帽饰的发展变化
教学视频

二、世界其他国家的帽饰概述

（一）权利加冕

1. 古罗马王冠

从10世纪起，直至1806年神圣罗马帝国解体，神圣罗马帝国王冠一直作为帝国法统的象征，用于皇帝加冕仪式。随着帝国的衰落，这个王冠跟随布斯家族一路辗转来到维也纳，现被保存于霍夫堡皇宫。皇冠由8块金板组成，内部用金属圈加固。皇冠上部有一个连接前后的拱形，镶嵌了上百颗宝石和珍珠（图3-1-51）。

图3-1-51　约962年　神圣罗马帝国皇冠　霍夫堡皇家珍宝馆藏

2. 英国王冠

和中国古代的冕冠制度一样，王冠是欧洲权力的象征，欧洲的冠饰也有等级划分，从国王、王储、亲王、公爵、侯爵、伯爵、子爵、男爵依次下降。英国无疑是西方君主制国家的重要代表，英国加冕王冠中最著名的有两顶，一是大英帝国王冠，二是圣爱德华王冠。二者形制接近，圣爱德华王冠是英国最古老的重要王冠，于1661年打造，主体金属为黄金。大英帝国王冠是1838年为维多利亚女王打造的，其主体金属材质是白银。

圣爱德华王冠上所镶嵌的"忏悔者爱德华的蓝宝石"，被镶嵌在王冠顶部的马耳他十字架上，流传历史颇为曲折。这块蓝宝石曾经是忏悔者爱德华拥有的戒指的一部分，该戒指于1066年与他一同埋葬。1101年，当他的神龛被打开，戒指被取下时，蓝宝石被重新镶嵌在亨利一世佩戴的王冠上，圣爱德华蓝宝石是皇冠珠宝中最古老的宝石，1042年首次记录在案。随后，它被查理二世重新切割成现在的形状，维多利亚女王后来将其镶嵌在大英帝国王冠的十字架上（图3-1-52、图3-1-53）。

图 3-1-52　圣爱德华王冠　英国塔珠宝
屋藏

图 3-1-53　约 1838 年　大英帝国王冠
英国塔珠宝屋藏

　　自 1066 年哈罗德二世国王以来，除爱德华五世和爱德华八世外，每一位英格兰国王和王后都在古老的威斯敏斯特大教堂加冕。这一历史悠久的仪式强调了英国君主制的延续性和威严性。目前加冕礼中最古老的物品可以追溯到复辟时期，当时它们是为国王查理二世加冕而制作的。在过去加冕典礼上使用的各种中世纪服装当时也被卖掉了，目前收藏的唯一能在英联邦幸存下来的物品是金色的壶腹和勺子。在加冕典礼上，壶腹被用来在君主的头、手掌和胸部涂上圣油。金色的球体顶部有一个镶有钻石的十字架，在加冕典礼上，君主用左手拿着。球体上方的珠宝十字架反映了君主的信仰捍卫者头衔。加冕仪式的主要用具包括椅、杖、剑、冠、戒指、金球，根据大英博物馆收藏的版画，可见具体的形制（图 3-1-54、图 3-1-55）。

图 3-1-54　1911 年国王和王后加冕　英
国伦敦白金汉宫藏

图 3-1-55　英国加冕仪式的用具（版画）　大
英博物馆藏

3. 俄罗斯皇冠

这顶俄罗斯皇冠是1762年为凯瑟琳大帝（叶卡捷琳娜二世）加冕所制，她是俄罗斯帝国唯一一位被称为大帝的女沙皇，她对珠宝极其喜爱，为了使钻石更具光泽，创制了著名的钻石圆形切割。凯瑟琳大帝命人定制的加冕皇冠，冠体由两个半球组成，采用群镶工艺，共镶嵌有4936颗钻石，其只见宝石不见金属。冠顶所嵌的硕大的红色尖晶石重量近400g，来自当时的中国（图3-1-56、图3-1-57）。

莫诺马赫王冠一号是俄罗斯现存所有皇冠中最古老的一顶也是狭义上唯一的一顶莫诺马赫王冠，年代大约可以追溯到13—14世纪。关于这顶冠的来源流传了很多版本。第一种说法是以头盔残片重新制作。第二种说法是源自东罗马帝国，与历史偏差较大。第三种说法是源自蒙古—鞑靼人，也是考古佐证最多的一种观点。莫诺马赫王冠重993.6g，通身用黄金打造，冠体上半部分用紫貂皮作为帽檐。冠上有五种11颗宝石、32颗珍珠（图3-1-58）。

4. 教宗冠

三重冠也称为教宗冠，是天主教罗马教宗在部分礼仪中所戴，象征教宗"训诲、圣化、治理"。在10世纪，这种形状的单层冠已经出现在宗教形象的硬币上，后来逐渐增加层数和冠顶的十字架装饰（图3-1-59）。

图 3-1-56　俄罗斯皇冠

图 3-1-57　凯瑟琳大帝加冕像

图 3-1-58　莫诺马赫皇冠　克里姆林宫军械库藏

图 3-1-59　教宗冠

图 3-1-60　约 16—17 世纪　哥伦比亚　圣母冠

图 3-1-61　约 18 世纪　意大利　托拉王冠

图 3-1-62　约 19—20 世纪　刚果穆肯加（Mukenga）　芝加哥艺术博物馆藏

5. 圣母冠

16 世纪抵达南美洲的西班牙人遇到了经过数千年发展起来的丰富而复杂的淘金传统。许多黄金在 16 世纪和 17 世纪被熔化，它们被重新用于西班牙和美洲的新宗教和世俗领袖的身上。这顶王冠是为了装饰哥伦比亚波帕扬大教堂中供奉的圣母玛利亚的神圣形象而制作的。王冠周围环绕着金色的藤蔓纹样，上面镶嵌着花朵形状的祖母绿簇，王冠顶部是帝国拱门和一个十字架球体（图 3-1-60）。

6. 托拉王冠

18 世纪意大利银制"托拉王冠"是威尼斯金饰艺术精湛的见证。它并非贵族的冠帽，而是在犹太教堂里希伯来圣经《托拉》的装饰，包括一套法衣、王冠和盾牌等。王冠增强了《托拉》作为与皇室相关的对象的地位，如此丰富的装饰表明了犹太会众在威尼斯城邦的财富和影响力。巴洛克晚期和洛可可时期的风格特征，尤其是花朵、水果和贝壳的奢华布置点缀着这顶王冠。然而《托拉》的这些物品也装饰着犹太教的图案，比如刻有十诫的法律石碑，以及耶路撒冷古寺中提及礼拜的祭司服装。这些微型徽章都标有希伯来文铭文，以识别具有犹太功能的特定仪式物品。我们可以想象《托拉》被装饰着王冠和装饰物，在会众中移动，用视觉上的华丽丰富了宗教仪式。饰边的铃铛让人想起大祭司衣服上的铃铛正随着《托拉》移动而发出声音（图 3-1-61）。

7. 穆肯加面具

在非洲库巴王国北部，贵族的葬礼上，穆肯加面具与层次丰富的拉菲亚服装和珠饰一起佩戴。它的形状和材料说明了其生前地位和领导层级，材料包括贝壳、豹皮、猴毛、玻璃珠和非洲灰鹦鹉的红色尾羽。一根突出的鼻子和两根象牙象征着大象，它是库巴人财富和领导力的最高象征（图 3-1-62）。

（二）军戎之制

1. 古希腊头盔

青铜头盔，两侧各刻有两只翅膀的年轻人，他们从侧面抓住一条缠绕的蛇，穿着短方格呢短裙，穿着带翅膀的凉鞋，背上的翅膀似乎用带子绑着。尽管一些学者认为这些人物是传说中的克里特岛工匠戴达洛斯和他的儿子伊卡洛斯，但他们也可能代表了当地的守护者。他们下面是两只有着共同脑袋的美洲豹（图3-1-63）。

2. 莫里恩头盔（Comb morion）

这种头盔用于锦标赛，即模拟骑马或步行作战。头盔的项圈设计成在一个边缘上旋转，该边缘闭合在单独的护喉（gorget）或颈部防御上。尽管这允许头部进行一些横向移动，但在战场上，这是一种比近距离头盔上重叠板更具限制性的替代方案。上遮阳板用一块额外的板加固，以偏转长矛或剑的打击。这种加固是用铆接和修补片覆盖左遮阳板枢轴进行的，再加上梳子或头盔中心脊上的剑切（图3-1-64）。

图3-1-63 古希腊 公元前7世纪晚期 青铜头盔 大都会博物馆藏

三、民俗百态

（一）波奈特帽

波奈特帽（Bonnet）是起源于欧洲的一种软帽，其最初是作为御寒使用，后来出现了丰富的装饰现象。在17—19世纪间广为流行，多为妇

图3-1-64 莫里恩头盔

女、儿童佩戴。造型特征明显，呈半筒状盖住头部，下颌处系带固定，帽檐环绕整个面部。挪威因地理气候高寒，波奈特帽多为毛织物。大英博物馆藏红色波奈特童帽，帽体由红色斜纹毛布编织而成。一排白色小玻璃珠将其分成三部分。每个部分都有一个大雪花图案，由透明的蓝色和棕色管状塑料珠和黄色和绿色的圆形小玻璃珠组成。中心由四个类似材料制成的花头图案构成。这顶帽子的边缘是黑色棉绒布和编织边，用金色金属包裹的线和金属条加工而成。内衬天然奶油色虎斑织棉布，用硬纸板加固，领带为粉红色缎面丝绸（图3-1-65）。

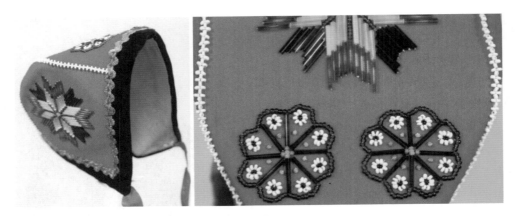

图 3-1-65　近代　挪威　波奈特童帽　大英博物馆藏

（二）印度帽子

印度人在正式场合往往会佩戴帽子。这组帽子最具特色之处便是其运用的金线绣法扎尔多及（zadorzi）刺绣工艺。扎尔多及源自波斯，后广泛发展为极具特色的刺绣工艺。这个词中"zar"意为"金"，"dozi"意为"工艺"，扎尔多及工艺即用金银线将亮片、宝石、珍珠等绣于布面上，形成植物花卉等纹样，同时达到立体又闪亮的效果（图3-1-66）。

图 3-1-66　印度天鹅绒刺绣帽子　中国丝绸博物馆藏

图 3-1-67　19世纪　萨摩亚的龟壳帽　大英博物馆藏

（三）萨摩亚帽

1861年，萨摩亚传教士乔治·特纳撰文报道了萨摩亚妇女戴欧洲草帽和披肩的时尚。从19世纪30年代开始，随着传教士、定居者和旅行者出现在岛上，萨摩亚妇女看到了越来越多的异国欧洲服装。商人带来了大量的花纹布，也很受岛上妇女的欢迎。其每片都经过加热、成型和边缘穿孔，然后用植物纤维线缝合（图3-1-67）。

第二节 帽饰的分类

　　帽子是一种戴在头部的服饰，多数可以覆盖头的整个顶部。帽子有遮阳、装饰、增温和防护等作用，因此种类也很多，选择也有很多讲究。

　　现代都市，帽子已经不仅仅是春夏遮阳、秋冬保暖的一种基本工具，而是人们扮靓、服装出彩的秘密法宝。由于帽饰有许多不同造型、用途、制作方法和材质，因此分类方法有很多，按不同的类型有不同的内容。

一、按用途分类

　　帽子除了季节和功能分类外，还可按用途分类，有风雪帽、雨帽、太阳帽、安全帽、防尘帽、睡帽、旅游帽、运动帽、礼帽等（图3-2-1）。

|（a）风雪帽|（b）雨帽|（c）太阳帽|（d）安全帽|（e）防尘帽|

|（f）睡帽|（g）旅游帽|（h）运动帽|（i）礼帽|

图 3-2-1 按用途分类的各种帽

（一）风雪帽（Trapper hat）

　　源自俄罗斯并传入中国，也有"罗宋帽"之称。在第一次世界大战期间，飞行员亦佩戴此帽以抵御刺骨寒风，因此风雪帽也被称为"飞行员帽"。

（二）雨帽（Rain hat）

　　是专为雨天设计的帽子。其帽檐边缘突出，材质多为塑料或新型防水材料，可有效遮挡雨水。

（三）太阳帽（Sun helmet）

夏季遮阳的帽子，常用布、草、塑料等制成。

（四）安全帽（Safety helmet）

用来保护头顶而戴的钢制或类似原料制的浅圆顶帽子，主要用于建筑、运输等高危行业或运动保护等。

（五）防尘帽（Dust cap）

是一种可以有效防止灰尘、细菌、病毒等有害物质进入呼吸道的防护用品，常见于医院、食品厂等卫生要求高的场所。

（六）睡帽（Nightcap）

睡觉佩戴的帽子，减少摩擦，起到固定发型的作用。

（七）旅游帽（Tourist hat）

旅游时戴的帽子，款式多样、面料材质随季节变化。

（八）运动帽（Sports cap）

也称"棒球帽"。主要是体育运动和休闲时佩戴的帽子。拼接较多，装饰上多有标志（Logo）、绣花、印花、胶章等元素。

（九）礼帽（Derby）

礼帽是人们参加一些礼仪场合时所戴的，有圆锥形帽、高帽、圆顶硬礼帽等。

二、按款式特点

帽子按款式特点可分为：贝雷帽、鸭舌帽、高顶礼帽、圆顶礼帽、钟形帽、罐罐帽、中折帽、宽边帽、翻折帽、豆蔻帽、发箍半帽、塔盘帽、罩帽、兜帽、斗笠等。在毛昊在《帽子文化》一文中提到，"不同风格的帽子，向世人展示了不同民族的情趣以及出现在不同场合特殊的用途。[6]" 19世纪以来，在苏格兰一直流行的有玛丽帽、围猎帽、简·爱帽；意大利女性爱戴宽檐大草帽；东欧克里米亚地区盛行编织大绒帽[7]（图3-2-2）。

（一）贝雷帽（Beret）

一种扁平的无檐帽。贝雷帽的历史最早可追溯到15世纪，当时法国牧羊人戴的棕色羊毛

（a）贝雷帽　　　　（b）鸭舌帽　　　　（c）高顶礼帽　　　　（d）圆顶礼帽　　　　（e）钟形帽

（f）罐罐帽　　　　（g）中折帽　　　　（h）宽边帽　　　　（i）翻折帽　　　　（j）塔盘帽

（k）豆蔻帽　　　　（l）发箍半帽　　　　（m）罩帽　　　　（n）兜帽　　　　（o）斗笠　　　　（p）药盒帽

图 3-2-2　按款式特点分类的各种帽

软帽。在19世纪80年代、第二次世界大战和20世纪六七十年代流行。后来成为一些国家军队的制服帽。也称画家帽。一般用毛料、毡呢制作，男女老少皆宜。

（二）鸭舌帽（Casquette）

一种轻便帽。帽檐呈鸭舌形状，历史悠久。不同阶层、职业的人都有佩戴，因此有多个戏称，如"猎帽""报童帽""高尔夫帽"等。中国的八角帽、军帽也属于此类。其材质多样，常见于网眼布、合成纤维、皮革压纹、牛仔、卡其等。男女老少都喜欢佩戴。

（三）高顶礼帽（Top hat）

一种帽顶高而直的男用礼帽。帽檐窄而直立坚挺，它通常与较正式的服装相配。

（四）圆顶礼帽（Bowler hat）

一种帽顶呈圆形的礼帽。1850年由英国人詹姆斯·寇克（James T. Krik）发明。设计初衷是利用硬质材料来保护头部，但在19世纪后期开始普及，主要原因是这种圆顶硬礼帽有些类似上流社会佩戴的高顶丝质礼帽，价格亲民，毛毡也较容易清洗，因此颇受社会平民阶层欢迎[8]。第一次世界大战后在英国广泛流行，通常与较正式的服装搭配。

（五）钟形帽（Cloche）

一种女帽。法国起源，有圆顶、窄边或无边的设计。其帽顶较高，帽身方中带圆，帽檐窄且自然下垂，整体造型类似于挂钟。这种帽子通常由毡呢、毛料或厚实的织物制成。钟形帽在20世纪20年代非常经典，并在20世纪60年代再次流行。它既适合日常生活，也适用于正式场合。

（六）罐罐帽（Canotie）

一种轻便礼帽。帽身呈直立状态，顶部平坦，因其类似于罐形而得名。这种礼帽通常在正式场合使用，与圆顶礼帽的圆顶设计不同，其平顶直立状更显英气。

（七）中折帽（Soft hat）

一种帽顶中间下凹的帽子。19世纪末因英国皇室太子佩戴而流行。

（八）宽边帽（Capeline）

一种帽檐宽大平坦的帽子。多由尼龙、绸缎和其他色彩明亮的透明或半透明织物制成。以遮阳、装饰为目的，帽檐边缘可有丰富的装饰物，在帽子上加纱、人造花、花结等装饰。

（九）翻折帽（Flip caps）

一种帽檐可翻折的帽子。其中有前翻帽，即帽檐前部向上翻折；后翻帽，即帽檐后部向上翻折。典型的牛仔帽、费多拉帽、蒂罗尔帽就属于半翻帽；全翻帽又叫布列塔尼帽，即帽檐全部向上翻折，与日常生活着装相配，男女均可佩戴。

（十）豆蔻帽（Toque）

一种无檐的帽形。它源自土耳其的花钵帽，亦称土耳其帽，也称"秃口"，一般呈圆筒状，帽顶平坦，适合正式场合。豆蔻帽的戴法有两种：一是帽身后倾，展现出年轻、有朝气的形象；二是帽身水平，营造出安静、稳重的氛围。

（十一）发箍半帽（Hair band）

属于一种头上发饰。其形式多样，宽的可称为半帽，窄的可称为发箍。造型简单的可在日常生活所用，复杂的可在社交场合使用。

（十二）塔盘帽（Turban）

一种源于伊斯兰教的帽子。用一条长巾盘绕在头上形成的帽型，有的在前正中央用带子扎住，形成花结效果，适用于女性。

（十三）罩帽（Bonnet）

一种能服帖地罩住头顶和后部，并在下颌处系带的欧洲传统女士帽。通常采用涤棉和高级密织棉布制成。起源于14世纪古罗马，在18世纪的欧洲被广泛使用。分有檐和无檐两种。妇女和儿童在草原上生活、放牧时可遮阳避风，后来又演变成贵族夫人、小姐常用的帽饰，现在人们很少戴罩帽，其只作为一种居家或睡觉使用的帽子，还有作为儿童帽的形式存在。

（十四）兜帽（Hood）

一种头兜状风帽，一般能遮盖头部和颈部。分独立和连衣两种。常与日常生活中的运动服、休闲服或风衣、大衣连于一体，成为连帽款式。独立的更像斗篷帽。

（十五）斗笠（Bamboo hat）

一种帽顶尖、帽底宽的倒锥形帽子，《诗经》中有"何蓑何笠"，说明它很早就为人所用。通常用竹篾夹油纸、竹叶等制成，结实耐用、透气性好，是我国和东南亚地区农作常用的一种便帽，在舞台和秀场上也常作为道具使用。

三、按使用对象分类

帽子按使用对象年龄和性别分类，有男帽、女帽、童帽、老人帽等（图3-2-3）。

（a）男帽　　　　　（b）女帽　　　　　（c）童帽　　　　　（d）老人帽

图3-2-3　按使用对象年龄和性别分类的各种帽

（一）男帽（Man's hat）

男帽主要是男士们身份地位的象征。在《帽子的历史演变及其帽子文化意义》一文中提到，从帽子的起源和演变角度看，它完全体现了中国古代社会的男权地位，以及这种发展和逐渐瓦解的历史。[7-8]

（二）女帽（Women's hat）

女帽的历史是漫长而多变的，它一直扮演着女性服饰的重要角色。《帽子文化在欧洲服装传统礼仪中占有相当重要的地位》一文中谈道，帽子在欧洲服装传统礼仪中占有相当重要的地位，选帽、戴帽是欧洲名流家族的必修课程，帽子是名媛佳丽优雅登场必备的行头。女士戴帽子更注重与脸型、肤色、身材以及服装的适合度。[9]

（三）童帽（Children's hat）

童帽作为服饰品的一部分，不仅具有礼仪和装饰的作用，最重要的是实施对儿童的保护。儿童戴帽子可以使身体温度保持平衡，而且可以防止脆弱的头部受到伤害。[10]古代童帽上有大量模仿动植物的造型，如虎头帽、狗头帽、金瓜蝴蝶帽等，人们将其艺术化，并赋予精神文化内涵。

（四）老人帽（Oldman hat）

老人帽既是生活用品又有装饰作用，选择帽子需要考虑多方面的因素，包括尺寸、材质、舒适度、款式和保养等。只有在考虑到这些因素的基础上，才能选择到一项适合老人的帽子，让他们在佩戴时感到舒适、自信。

四、按制作材料分类

帽饰按制作材料分，有皮革帽、针织帽、呢帽、草帽、布帽等。

（一）针织帽（Knitted hat）

毛线针织制作的帽子，一般织法有钩针、棒针。

（二）棉布帽（Cotton cap）

棉布制作的帽子。

（三）草帽（Straw hat）

以水草、席草、麦秸、竹篾或拉菲草为材料制成的帽子。

（四）呢帽（Felt hat）

各类羊毛、羊绒、毛呢做的帽子。

（五）皮革帽（Leather cap）

经过鞣制而成的动物毛皮面料制作的冬季帽子。

（六）麻帽（Sisal cone）

以大麻、亚麻、苎麻、黄麻、剑麻、蕉麻等各种麻类植物纤维制成的夏天的凉帽。

（七）丝绸帽（Silk hat）

以蚕丝为原料纺织而成的各种丝织物制作的各类帽子。

（八）化纤帽（Chemical fiber cap）

利用高分子化合物为原料制作而成的纤维纺织品制成的帽子。

（九）混纺帽（Blended cap）

将天然纤维与化学纤维按照一定的比例，混合纺织而成的织物制作的各种类型的帽子。

（十）新型材料帽（New material cap）

用太空棉、毛型复合絮片、植物染色泡泡纱面料、功能性面料、植物纤维制作的环保型材料、珍珠纤维等制作的帽子。

第三节　帽饰搭配艺术

帽饰带来时尚，帽饰点亮生活。一项合适的帽子对于一套精美的服装来说是点睛之笔，反之，不恰当的帽饰则会破坏服装的整体氛围。相较中外帽饰历史来看，帽饰一直与服装整体造型密不可分。电影《了不起的盖茨比》为了展示20世纪20年代时尚风潮，邀请了来自大洋洲、拥有30余年工作经验的帽子设计师罗茜·博伊兰（Rosie Boylan）承担影片中的帽子、发饰设计。影片中大概出现了上千顶的帽子，男士们戴着硬质草帽、卷边毡帽等不同款式的帽子。还有250件帽子和发饰是专为派对而设计的。正如Rosie Boylan说的，帽饰和佩戴者完美地融为一体：它们并不是加在头顶的简单装饰，而是与一个人的样貌、风格、气质和谐相配。

一、根据脸型和体型选择

人的脸型是多种多样的，如图3-3-1大致可分为：鹅蛋脸（椭圆形脸）、菱形脸、圆形脸、方形脸、长形脸、心形脸、梨形脸等。

判断脸型的方法如表3-3-1所示。将额前的头发撩起，露出发际线。正面看着镜子中的自己，可以通过比较额头、颧骨、下颌的宽度来确定最宽值，脸长是从额顶到下巴底的垂直长度。掌握了这几个数值之后，就可以对照着脸型和分类来找出自己的脸型和适合的帽型。

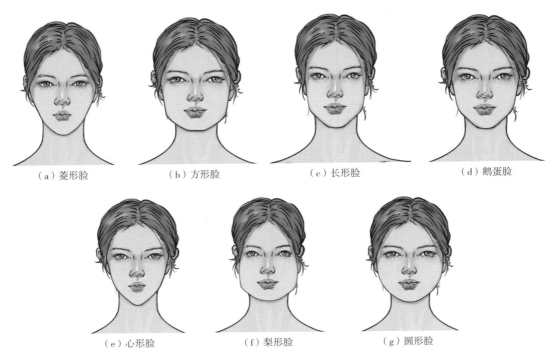

（a）菱形脸　　　（b）方形脸　　　（c）长形脸　　　（d）鹅蛋脸

（e）心形脸　　　（f）梨形脸　　　（g）圆形脸

图 3-3-1　脸型汇总

表3-3-1　不同脸型戴不同帽饰

脸型图及判断标准	适合帽型	不适合帽型
圆形脸：1、2、3线长度相近，2、4长度相近，鼻梁低、颧骨高，呈弧面型，线条圆润流畅	贝雷帽、针织帽、礼帽、报童帽、宽檐帽、棒球帽	钟形帽、宽大的针织帽
长形脸：1、2、3线差不多，但明显比4短。脸型较瘦长，长度远大于宽度	鸭舌帽、贝雷帽、渔夫帽、宽檐帽	针织帽、高冠帽、三角尖帽

脸型图及判断标准	适合帽型	不适合帽型
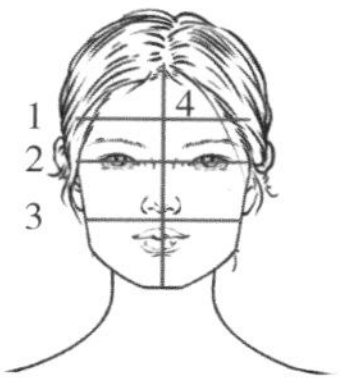 方形脸：1、2、3、4线差不多，下巴偏直平，面部轮廓棱角分明，太阳穴位置的宽度和颧骨处、腮骨处的宽度几乎相等	 礼帽、渔夫帽、针织帽、宽檐帽、工兵帽	 鸭舌帽、巴拿马帽、钟形帽
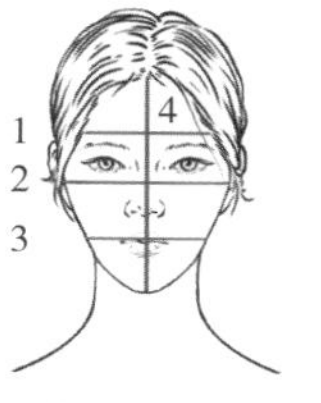 菱形脸：2线最长，明显长于1、3线，颧骨较高，脸部有凹凸感	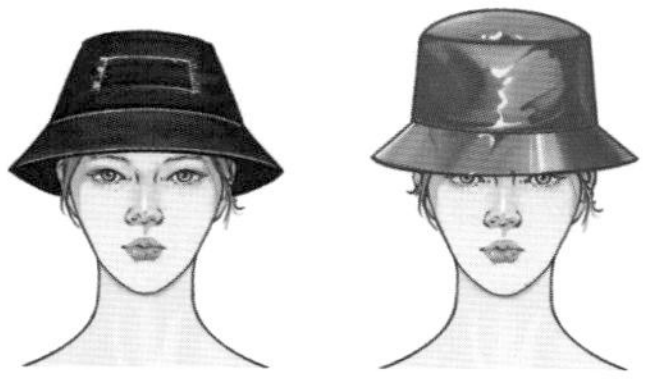 大檐帽、圆顶帽、渔夫帽、钟形帽	 巴拿马帽、药盒帽、三角尖帽
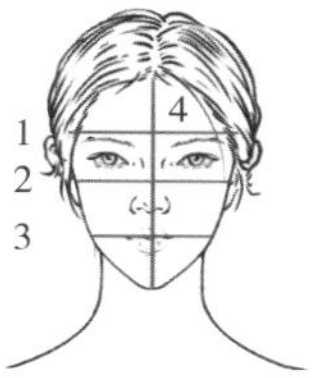 心形脸：1线最长，从1～3线逐渐变短，额头宽度略小于颧骨，但大于下颌骨，下巴小巧前翘并且下颌线线条明显	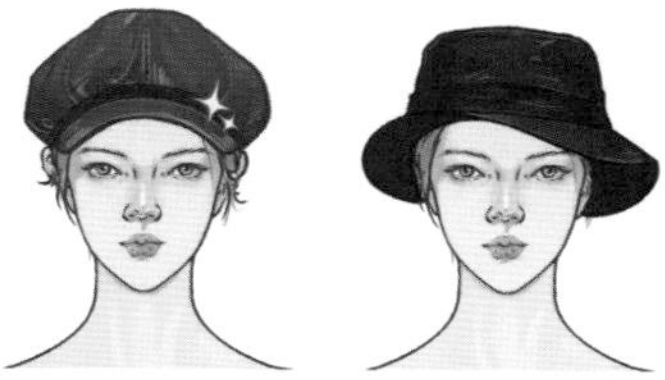 鸭舌帽、贝雷帽、钟形帽、毛线帽、礼帽、棒球帽、针织帽、钟形帽	 大檐帽、三角尖帽
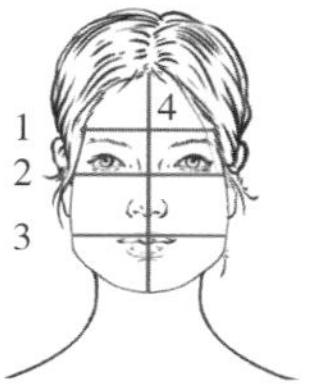 梨形脸：1、2、3线渐长，但短于4线，2线为4线的2/3，上部略小，下巴略圆	 圆形的帽子、长形的帽子、立体的大檐帽、波浪帽	 窄或高的礼帽、三角尖帽
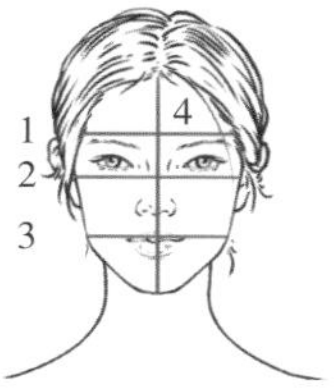 鹅蛋脸：1、3线等宽，2线略长，2线为4线的2/3，上部略圆，线条流畅圆润	 任何帽子	无

1. 圆形脸

脸型特点：线条相对来说比较圆润，脸的长宽比例接近1∶1。

适合戴：贝雷帽、针织帽、礼帽、报童帽、宽檐帽、棒球帽。

不适合戴：钟形帽、宽大的针织帽。

搭配重点：尽量选择纵向长度较长的帽子，戴的时候不要戴得太深，把额头露出来，向上一点就可以拉长脸部。选择有线条感的帽型，可以增加脸部线条感和拉长脸部线条，打破圆脸"不成熟"的标签，要避免选择帽体帽檐过小、宽度过大和圆顶设计的帽子，否则会让脸看起来更圆。圆脸的女生除了中高帽檐的礼帽和宽檐帽，也可以尝试一下报童帽、贝雷帽，但在选择针织帽的时候，要挑相对宽松、有一定厚度、不会紧贴头皮的针织帽。

2. 长形脸

脸型特点：比较瘦长，长度远大于宽度。

适合戴：鸭舌帽、贝雷帽、渔夫帽、宽檐帽。

不适合戴：针织帽、高冠帽、三角尖帽。

搭配重点：因为是竖长的脸型，所以要慎选窄长的针织帽和一些帽冠偏高的帽子，这种脸型适合帽顶平坦的、矮的帽子。长形脸可以选择各种宽檐的帽子，因为它能遮挡额头、改善脸部比例。不可选择帽冠过高的宽檐帽，会让脸看上去更长。所以在选择宽檐帽的时候，应尽量宽大一些，戴的时候略微低些，倾斜一点，这样就可以缩短脸的长度，遮住额头的八角帽、鸭舌帽、贝雷帽也可以平衡长脸的困扰。

3. 方形脸

脸型特点：前额、颧骨、下颌轮廓明显，宽度相似，线条比较硬朗。

适合戴：礼帽、渔夫帽、针织帽、宽檐帽、工兵帽。

不适合戴：鸭舌帽、巴拿马帽、钟形帽。

搭配重点：选择流畅曲线的帽子可以在视觉上减弱脸型轮廓，视觉上显得圆润一些。我们首推材质较软的渔夫帽和质地柔软的报童帽或针织帽侧戴，打造直中有曲的女性感。对于方形脸戴帽子，人们往往有个误区，认为这种脸型显得不女性化，其实搭配有一定体积感的硬朗的帽型可以呈现国际范的中性风格，可以选择从正面看帽檐宽度大于脸的宽度的帽子，比如四方形的帽子和八角帽，其实与方脸很相配，还有礼帽、工兵帽、硬壳平顶帽都可以凸显帅气感。但是要尽量避免边缘太短，或没有边缘、体积小的、尖顶的帽子。

4. 菱形脸

脸型特点：菱形脸又称钻石脸、杏仁脸。虽然高颧骨具有立体感和使面部富于变化的优点，但会给人留下冷漠清高、气势汹汹的印象。

适合戴：大檐帽、圆顶帽、渔夫帽、钟形帽。

不适合戴：巴拿马帽、药盒帽、三角尖帽。

搭配重点：菱形脸比较适合渔夫帽，渔夫帽可以让你的额头看起来饱满又立体，脸颊线条更加流畅。针织帽容易不适合菱形脸，但选择折边且厚实的针织帽，具有绅士符号代表性的圆顶礼帽，有文艺范儿的宽檐礼帽、软呢帽都可以驾驭。

5. 心形脸

脸型特点：心形脸也就是大家常说的倒三角形脸，这种脸型最大的特点是，上大下尖，下颌线条特别迷人。

适合戴：鸭舌帽、贝雷帽、钟形帽、毛线帽、礼帽、棒球帽、针织帽、钟形帽。

不适合戴：大檐帽、三角尖帽。

搭配重点：心形脸可选择的帽子类型较广，尤其是钟形帽，会更加突出清晰的下颌线条，钟形帽的帽檐一般跟帽冠连为一体，微微展开，而且一般不会太宽。充满复古感的钟形帽、扁扁的鸭舌帽、贝雷帽、针织帽、棒球帽尤其适合小巧精致的心形脸，可以尝试一些轻浅、温暖的色系，各种经典色都是不错的选择。

6. 梨形脸

脸型特点：梨形脸就是三角形脸，其特征为额头比较窄，脸的最宽处是下颌，呈现上小下大的正三角形。

适合戴：圆形的帽子、长形的帽子、立体的大檐帽、波浪帽。

不适合戴：窄或高的礼帽、三角尖帽。

搭配重点：可以选择帽檐比脸部宽的帽子。切勿选择帽体高、尖顶、弯帽檐的帽子，帽子不能比颧骨宽度窄，否则会显得比例不协调。

7. 鹅蛋脸

脸型特点：鹅蛋脸是一个完美的脸型，额头宽窄适中，与下半部平衡均匀，下巴呈圆弧形。椭圆的脸型戴任何款式的帽子都是出众的。

适合戴：任何帽子。

不适合戴：无。

搭配重点：鹅蛋脸也就是我们经常说的椭圆形脸，脸型轮廓堪称完美，整体弧度平顺，基本上没有不适合的帽型。所以可以大胆尝试不同的帽型。

二、帽饰造型与体型的搭配

在选择帽饰时务必要参照整体的服装搭配，切不可只关注帽子在头部的局部效果，因为帽饰与着装者整体身形、服装搭配的协调是决定帽饰合适与否的重要条件。身材高挑的着装者适合体积较大、装饰较丰富的宽檐帽；身材瘦小的着装者则应选择款式简洁、做工精良的小型帽，装饰上不要过于抢眼，佩戴时应戴得偏高一些，可以有拉长身高的视觉效果。

三、帽子材质搭配设计

（一）季节性

帽子具有季节性。不同的季节选择的帽子的质感和面料也不相同，比如，夏天通常会选择棉、麻、藤、麦秆、草编等材质的防晒帽，冬天会选择毛线编织、皮料、呢料等温暖材质的帽子御寒。帽子的面料应尽量与服装面料一致或协调。如牛仔服应搭配牛仔帽、草帽或麻帽。丝绸质地的服装应搭配丝绸质地的帽子。

（二）统一性

帽饰作为整体造型的重要组成部分，其材质的选择对于服装风格的呈现具有至关重要的影响。为了确保帽饰与服装的协调统一，我们必须根据服装的质地来选择合适的帽饰材质。这些不同材质的帽饰能够呈现出截然不同的服装风格效果。例如，华丽的晚宴服装若搭配一顶造型松垮的毛线编织帽，则会给人带来搭配混乱、缺乏审美感的视觉体验。相反，运动休闲装若配以高亮漆皮材质的帽子，同样会给人带来不协调的感受。因此，在选择帽饰材质时，必须慎重考虑，以确保帽饰与服装整体造型相得益彰。

四、帽饰与服装风格的协调搭配

服装款式千变万化，形成了许多不同的风格，我们在搭配帽子的时候一定要注意与服装风格进行协调，展现出个性与魅力。

（一）嘻哈风格

嘻哈风格是一种街头风格，它把音乐、舞蹈、涂鸦与服饰装扮紧紧地捆绑在一起，成为20世纪90年代最强势的一种青年风格。嘻哈穿搭重点是要穿得舒适宽松、色彩鲜艳大胆、满版大图案、重复性Logo、搭配运动服、棒球帽、头巾等运动单品，加上厚实夸张的金属饰品。连帽T恤＋垮裤搭配棒球帽，可以穿出随性自由的嘻哈风格，或者选择衬衫＋刷白牛仔裤＋任务靴＋渔夫帽，嘻哈中带着时尚感（图3-3-2）。

图 3-3-2　嘻哈风格

（二）嬉皮风格

嬉皮风格是指最具代表性的嬉皮士（Hippy）流行文化，嬉皮士的波希米亚民族风打扮是从20世纪60年代末开始盛行的、青年人生活在既定社会之外的叛逆风格。其特点是寻找一种非唯物主义的生活方式，亚洲东部地区形而上学、宗教实践、原著部落的图腾信仰对嬉皮士影响很大，其偏爱奇异服装和发型，神秘的异国服饰、绣满刺绣与流苏的长裙搭配海军帽、牛仔帽、流苏手袋。充满波西米亚风格的羽毛、流苏、牛仔、西部靴、变形虫、花等典型标志，丰富的色彩和百无禁忌的混搭穿搭都让嬉皮风格在时尚界留下了浓墨重彩的一笔（图3-3-3）。

（三）朋克风格

20世纪70年代，英国朋克文化诞生，它起初是一种反对前卫摇滚和重金属等流行音乐的音乐叛逆运动。朋克风格从音乐延伸到服装设计，特点是夸张、放荡不羁和挑衅性。重要人物薇薇安·韦斯特伍德（Vivienne Westwood）和赞德拉·罗德斯（Zandra Rhodes）将朋克服装带入主流文化。朋克服装包括铆钉、皮质、破洞、不对称元素，以及皮夹克、皮衣、皮裤、皮裙、破洞牛仔裤、机车夹克、图案T恤、字母T恤等，搭配贝雷帽、八角帽、报童帽、金属装饰棒球帽，渔网袜和金属装饰项链等，呈现另类、颓废的华丽朋克风格（图3-3-4）。

图3-3-3 嬉皮风格 埃特罗（Etro）　　图3-3-4 朋克风格

（四）学院风格

学院风起源于20世纪80年代的美国，由贵族预科生引领，被称为LVY联赛风格（Ivy League style）。服装品牌拉夫劳伦（Ralph Lauren）、马克·雅可布（Marc Jacobs）、缪缪（Miu Miu）、赛琳（CELINE）等，以及美剧《绯闻女孩》《欢乐合唱团》是现代学院风的代表。学院风的经典元素包括低领条纹衫、简洁白衬衫、V领针织衫、领带、POLO衫、改良工装裤、徽章装饰西装搭配针织帽、贝雷帽等，简洁而清新。高田贤三（KENZO）2023春夏系列则在保留学院风正式优雅的同时，加入复杂的设计和艳丽的色彩，呈现痞气的街头感，满足年轻人对时尚和街头感的追求（图3-3-5）。

（五）复古风格

恢复旧时元素的某种风貌、风格或风潮。即运用一些有岁月感的设计元素，让空间的氛围拥有复古感，仿佛回到20世纪，或更久远的年代。比如维多利亚时代（1850—1900年）、工艺美术（1870—1910年）、新艺术（1880—1910年）、达达主义（1910—1920年）、先锋派（1920—1930年）、装饰艺术（1920—1930年）、国际主义风格（1950—1960年）、中世纪风格（1950—1960年）、迷幻风格（1960—1970年）、后现代主义（1970—1980年）、格朗基风格（1990年）等。如果你想要呈现20世纪60年代的复古风，搭配一顶钟形帽最合适不过了，迪奥（DIOR）先生手下的优雅女性风格会立马呈现在眼前（图3-3-6）。

图 3-3-5　学院风格　高田贤三（KENZO）2023 年

（六）中性风格

是指形象打扮具有异性的特质，也保留着自身的性别的特质，表现出阴阳融合的风格。大地色包括米色、卡其色、驼色、咖色、军绿色等中性颜色，忽略曲线感的特大的尺码（Oversize）衬衫、简约利落的直线廓型西装外套、领带、剪裁独特的长裤搭配一顶礼帽和鸭舌帽呈现十足帅气的中性风，够美、够飒（图3-3-7）。

图 3-3-6　复古风格

（七）通勤风格

通勤风格是指在工作中穿着的服装风格，是一种既注重形象，又考虑舒适度和实用性的着装风格。适合于商务场合和正式职场。整体造型要求干净利落、端庄大方。经典的西装、高腰裤、简约连衣裙、白衬衫和舒适的平底鞋都是通勤风格中的爆款单品，搭配正式的圆顶礼帽可以打造干练、简洁、清爽的通勤白领丽人（OL）形象（图3-3-8）。

（八）度假风格

度假风格能体现人们内心的自由，用异域风格创造新的穿

图 3-3-7　中性风格　玛格丽特·霍威尔（Margaret Howell）

衣风格，去体现内心中自由而艺术的一面。淡雅或浓烈的配色基调，飘逸感材质连衣裙，微型几何提花，宗教感长袍，麦穗细节装饰，碎花和条纹元素加上浪漫的大檐帽，飘逸的花裙带我们幻想慵懒的度假风（图3-3-9）。

（九）田园风格

追求古典田园一派自然清新的气象，在情趣上不是表现强光重彩的华美，而是纯净自然的朴素，以自然随意的款式、朴素的色彩表现一种轻松恬淡、超凡脱俗的情趣。[11]纯棉质地、小方格、均匀条纹、碎花图案的服装，搭配一顶草帽，呈现超凡脱俗的田园风格（图3-3-10）。

图3-3-8　通勤风格

图3-3-9　度假风格

图3-3-10　田园风格

五、帽饰色彩搭配设计

色彩丰富多样，变化无穷。我们平时所见的白色光，经过分析，在色谱上可以看到，它其实包含了红、橙、黄、绿、青、蓝、紫等七种颜色，这些颜色相互融合、自然过渡。其中，红、黄、蓝是三原色，通过不同比例的混合，可以创造出各种不同的颜色。色彩有冷暖之分，冷色如蓝色，给人以安静、冷静的感觉；暖色如红色，让人感到热烈、充满活力。巧妙运用冷暖色的搭配，可以产生出人意料的视觉效果。色彩搭配使用时，由于色彩间的相互影响，会产生与单一色不同的效果。例如，淡色往往不是鲜艳的，但与较强的色彩搭配时，就会变得活泼且更加艳丽；相邻色彩搭配使用时，其相互影响更加明显。[12]

在帽饰的色彩搭配上，第一，需根据肤色进行选择。如图3-3-11所示，肤色较黑的人应避免佩戴颜色过深的帽子，而应选择较为鲜艳的驼红或酒红色帽饰；肤色偏黄的人应避免选择黄色或紫色等色彩，以免显得暗沉；肤色白皙的人，大部分颜色的帽饰均适合佩戴，但应避免选择冷灰色等，容易给人以病态或无精打采的感受。这样的搭配不仅有助于提升个人形象，还能展现出稳重、理性的气质。

第二，帽饰色彩在服装整体造型中大致可以分为同类色搭配、呼应色相配、花帽配素衣、亮色配素色、色彩的强对比、色彩的弱对比六种方法，如图3-3-12。

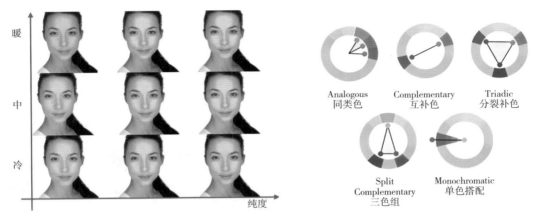

图 3-3-11　不同肤色表

图 3-3-12　色彩搭配法则

（一）同类色搭配

在色相环上间隔5°～20°的颜色为同类色；同色搭配是最为稳妥、最为保守的方法。如图3-3-13所示的同类色搭配，这种方法可以构成一个简朴、自然的背景，有安定情绪，舒适的感觉。[13]选择主色相同的不同色调进行搭配，如不同深浅度的灰色、棕色、粉色等。这种搭配方法可以增加整体搭配的层次感，并且使其显得更加丰富多样。

（二）呼应色相配

呼应色搭配是指在服装搭配中选取和主色相近或相互呼应的辅助色进行搭配，如图3-3-14所示。这种搭配方法可以创建和谐统一的整体效果，增加整体的亮点和层次感。但在实际应用中要注意主、次明确，适度搭配，对比平衡和个人特点等因素，以实现最佳的搭配效果。

图 3-3-13　同类色搭配

（三）花帽配素衣、素帽配花衣

在服饰搭配中，适当的图案运用能够显著提升视觉效果，为整体着装增添一抹亮色。如图3-3-15所示，通过选用带有花色的帽子与素色服装相搭配，或者素色帽子与花色服装相组合，都可以营造出一种灵动飘逸的感觉。巧妙地运用花色和图案，能够有效打破沉闷单调感，为着装增添一份独特的魅力。关键在于确保服装和帽子的主色调相互协调或呼应，以实现整体搭配的和谐统一。

图 3-3-14　呼应色相配　　　　图 3-3-15　花帽配素衣

（四）亮色配素色

亮橙、绯红、金黄、翠绿、粉蓝、淡紫等都属于亮色，这些颜色都可以用来提亮。但颜色的混搭十分考验功底，我们在调配颜色时，可以整体穿搭都使用一个亮色，如图 3-3-16 所示的亮色配素色搭配。黑白灰服装可以配一顶亮色的帽子，也可以是亮色服装搭配黑白灰色彩的帽子。

（五）色彩的强对比

间隔 80°～160° 的颜色为对比色，间隔 180° 左右的颜色为互补色。对比色和互补色搭配是利用两种颜色的强烈反差而取得美感，常常被人选用。比如，选择与主色相对的互补色进行搭配，如红色与绿色、橙色与蓝色、紫色与黄色等（图 3-3-17）。这种搭配方法可以产生强烈的对比效果，让整个搭配更加鲜明。以服装中的某一对比色作为帽子的颜色，可产生夸张的舞台效果。风格与众不同，通常有兴奋、欢快、精神、生动的效果。强对比色彩搭配是最显眼、最生动的，但同时又是较难掌握的色彩搭配方法，使用时要注意两种颜色不能平分秋色，在面积上应有大小之分、主次之别。

（六）色彩的弱对比

在色彩学中，角度间隔 20°～80° 的颜色被定义为类似色。采用类似色进行搭配，易形成和谐效果。图 3-3-18 展示了类似色搭配产生的明快层次。为了达到柔和效果，可选择与主色相近的深浅不一的蓝色、绿色或紫色等。这种搭配有助于营造柔和、统一的视觉效果。色彩可大致分为暖色、冷色和中性色三类。具体来说，红色、橙色和黄色是暖色；青色、蓝色、紫色和白色是冷色；黄色和绿色是中性色。当色彩搭配时，明度或纯度越接近，整体柔和感越强烈。对于服饰单品，采用几种相近的颜色搭配，能增添由浅至深的层次感，提升观赏价值。

图 3-3-16　亮色配素色

图 3-3-17　色彩的强对比

图 3-3-18　色彩的弱对比

六、根据场合选择帽饰

帽饰是人类文明开始的标志。古代人二十行冠礼，意味着这个人已经成人了，可以负起家庭、宗族和国家的责任了。在英国，你可以看到许多社交习俗都与帽饰有关系。现代服饰时尚中，帽子对一个女人或男人来说，是力量、权威、地位的一种标志。当我们在设计帽饰作品时，一定要注意帽饰与现代时装适用场合的情境搭配。因为帽饰的设计从根本来说是需要与服装搭配才能真正展现它的风采，所以当我们设计现代时装的帽饰的时候，必定要注重时装是在什么场合、什么情境下出现的，从而根据所出席的场合对帽饰的构造形态、面料材质、色彩搭配、设计风格等作出不同的设计。不同场合、不同装束应佩戴不同的帽子。帽子的选择要考虑穿着的服装和所处的场合，例如，正式场合应选择礼帽或西装帽，休闲场合可以选择棒球帽或太阳帽。按照用途及穿着场合，可以分为常服、制服、礼服、运动类。表3-3-2为各类场合适配的帽型。

表3-3-2　各类场合适配的帽型

帽子的种类	适合的场合
药盒帽、发箍半帽	婚礼、礼仪
圆顶礼帽、钟形帽、罐罐帽、豆蔻帽、贝雷帽、发箍半帽	社交
翻折帽、鸭舌帽、罩帽、斗笠、发箍、中折帽、牛仔帽、塔盘帽、贝雷帽、伏头、宽檐帽	日常生活
鸭舌帽、翻折帽、伏头	旅游、郊游
棒球帽、伏头、鸭舌帽、翻折帽	运动
贝雷帽、圆顶礼帽	上班
罩帽、塔盘帽、伏头	居家
装饰性强、造型夸张的帽子	狂欢节、化装舞会、户外娱乐性集会
专门设计的符合戏剧情节的帽子	舞台表演、戏剧

（一）休闲场合

在日常生活中，帽子常常作为一种时尚配饰出现。无论是公园散步、街头漫步，还是购物，帽子都能增加个人的时尚感。常见的比较生活化的帽子有遮阳帽、渔夫帽、平檐帽、牛仔帽、鸭舌帽、毛线帽和贝雷帽等。

（二）职业场合

在正式的职业场合，选择帽子时应注重专业、正式和庄重的形象。因此，帽子的颜色应与制服为同色或邻近色，避免过于花哨或艳丽。同时，帽子应简洁大方，避免过多的装饰。这样的选择能够展现出专业素养和正式的形象，符合职业场合的着装要求。

（三）正式社交场合

在正式场合，如宴会、派对和开幕式，人们通常会选择搭配礼服的帽子，如礼帽、豆蔻帽、药盒帽和发箍半帽等。在西方婚礼中，男性通常戴帽子，如礼帽或爵士帽，以增添仪式感和庄重感。女性则戴头纱和各种新娘头饰。在秀场上，帽子更注重创意和夸张的设计。选择帽子的一般原则是随着时间的推移，帽子应该越来越小，礼服则越来越长。此外，应先选择礼服再选择帽饰。短款礼服可以搭配夸张的帽饰，而长摆礼服则需要搭配低调的小帽饰。晚上的帽饰可以使用闪亮的材质，如金、银和水钻等，而白天则应使用不太亮的材质，如花卉、羽毛和布料等。佩戴帽子的位置通常在右侧或稍向右倾斜，这样不会影响与男伴的交流；当然，也有人选择戴在左侧，特别是在英国；也有一些人选择将帽子戴在头顶正中。

（四）运动场合

在参与体育活动，如篮球、足球等时，帽子能够为头部提供保护，发挥防晒与保暖的功能。在特定的运动项目中，运动员需佩戴特定种类的帽子，如泳帽。户外运动时，帽子能够有效地遮挡阳光、抵御寒冷，并具备防雨功能。棒球帽最初是专为棒球运动设计的，但如今已广泛适用于各类运动场合。

因此，我们根据脸型、廓型、服装风格、服装色彩、场合等元素选择帽子，利用帽子来体现服装的整体美感、设计风格和穿着者的个性。在某些特殊场合中为了突出装饰物，设计师也可以将服装与服饰品的关系倒置，突出服饰。

第四节　帽子品牌作品赏析

第五节　帽饰结构和工艺

第四节　帽子品牌
作品赏析

帽饰品牌与优秀作品
欣赏　教学视频

一、帽饰设计三要素分析

思考帽饰设计创作时，造型风格、材料、色彩这三大要素需要在着装对象和服装整体搭配的基础上进行，这几个方面相互联系、缺一不可。[15]笔者欲通过整理影响帽饰设计的要素这一重点研究主题，对帽饰设计三要素进行分类整合，便于为今后的帽饰设计提供新的研究思路与方向。

（一）款式廓型

帽饰设计的款式风格可以划分为经典实用型风格、优雅唯美型风格、时尚夸张型风格和前卫创意型风格四种。[15]现代帽饰设计廓型渐渐演变得花样繁多，帽饰不再仅仅是规规矩矩的功能帽饰，更多地变成一种装饰艺术。帽饰廓型在现在帽饰设计师的大胆创新下日新月异，帽饰设计的款式廓型丰富多样。可以按照造型款式、帽身造型和帽檐造型三种进行划分整理。现有文献研究对帽饰设计在款式廓型上的整理已十分详尽，笔者在此便不做赘述。

值得关注的是，未来帽饰设计在廓型方面将会逐渐突破传统的帽饰廓型，更多趣味个性化的帽饰廓型将获得市场的青睐，满足人们的个性需求。在帽饰设计风格方面，市场将越来越小众化，其需要的帽饰设计风格也将更加丰富多元。

（二）材料

在帽饰的设计当中，材料的选择尤为重要，它决定着帽饰的质感和风格，以及帽子的功能。不同材料的帽饰有着不同的风格，如柔软的纱、绸、蕾丝等给人浪漫唯美的风格，皮革、树脂、金属等材质给人科技感的风格。夏季的帽饰我们一般选用轻快、飘逸的面料来凸显其功能性，而冬季的帽饰我们一般选用保暖、厚实的面料来实现其保暖功能。从设计效果的角度来看，不同的材料组合起来的质感也是不同的。不同的材料能够带来不同的设计感受和风格，如木质材料的田园风格、纱质材料的欧洲风格、各种材料堆积而成的肌理感受，所以，增加帽饰的材料选择，可以丰富帽饰设计和内涵。而不同性质的材料组合起来形成更丰富的肌理，为帽饰设计提供更广阔的设计空间。

材料作为帽饰设计中的一个主要因素，它决定着帽饰的质感、功能及风格，不同的材料组合起来的质感也是不同的。帽饰可看作"帽"与"饰"的部分，"帽"多用的材料为棉、毛、麻、草、化纤、丝绸和新型材料（太空棉、植物染色泡泡纱面料、珍珠纤维等），"饰"的材料却不仅限于这些。随着帽饰设计师们的创新思考，越来越多非面料材料开始运用作为"饰"，比如，纸质、树脂、金属等，其中也包含了许多辅料。但无论是"帽"还是"饰"，新型材料和非面料材料的开发都刷新了帽饰的材质运用。比如菲利普·崔西还十分钟爱运用水晶、树脂、塑料、金属涂层等新型材料设计帽饰，让帽饰充满艺术感。斯蒂芬·琼斯更是将这种透明塑料材质应用得惟妙惟肖。通过流水般的造型让原本坚硬的塑料好似"活了起来"。

　　通过著述整理可发现，帽饰材料的开发设计逐渐趋向于舒适性材料、地方自然性材料与新型材料等方面，且帽饰材料的选择更加多样化，更加有利于设计师们创作丰富多元的帽饰设计作品。

　　（三）色彩

　　帽饰设计的色彩多依附于其材质，如金属材质的帽饰颜色偏少，树脂和水晶类材质的帽饰颜色更具晶莹剔透的特点。除此之外，影响帽饰色彩设计的还有其与人面部肤色的协调搭配方面。选择设计帽饰色彩时应讲究对象人群的肤色适合度，从而设计出适合不同人群的产品。例如，皮肤较黄的人不宜选择黄色、紫色等，皮肤白皙的人不宜选择冷灰色等。

　　除上述三大要素外，帽饰设计也常常受到其他因素的影响，人体与服装搭配就是影响帽饰设计的最主要的因素，具体表现为人体肤色、人体体型以及服装廓型、服装色彩和服装材质等对其影响。

二、帽子的结构

　　在设计之前要先了解帽子各部分的名称（图3-5-1）。

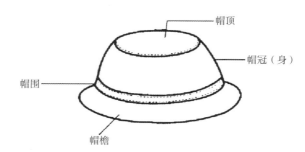

图 3-5-1　帽子结构

　　（一）帽冠（身）

　　帽檐以上的部分，可以是一片结构，亦可为多片组合。

（二）帽顶

帽冠最上面的部分，通常为椭圆形，有平顶与圆顶之分。

（三）帽墙（侧）

帽檐与帽顶之间的部分，帽顶与帽墙分为两部分的，帽冠常在后中线处接合帽墙。

（四）帽檐

帽冠以下的部分。帽檐有大有小，形状或扁平或向上卷或向下垂。

（五）帽口（箍）条

缝于帽冠内口的织带，用于固定帽里并紧箍头部。

（六）帽圈

帽冠外围的装饰丝带。通常沿帽冠与帽檐交界线围绕帽冠装饰。

三、帽子的测量

帽子是戴在头顶上的，所以人体头部结构是帽子结构设计的基本依据。帽子尺寸由头型尺寸决定，做帽子的纸型首先需要测量头高和头围。

测量头高的测量：离左耳根1cm处开始，绕过头顶到离右耳根1cm处为止的长度就是头高。[16-20]

头围的测量：用皮尺从额前到后脑绕一圈得到的长度。

横弧长的测量：两耳根过头顶的弧长。

纵弧长的测量：前额过头顶中心至后枕点的弧长、耳根至头顶的垂直距离及颈侧点至头顶的垂直距离等。

得出：帽口的尺寸＝头围、帽冠高＝头高/2。

如图3-5-2所示，所述规格以中间体为准，头围58cm、头弧长平均35cm、头围高13cm、头高25cm。

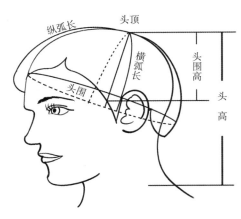

图3-5-2 帽子测量

四、帽饰工具与材料

帽子的制作专业性较强，需要一定的设备和工具以及专门的配料、辅料。

制帽的工具设备包括：木模具、金属模具、熨烫设备、剪刀、专门的缝纫设备等（图3-5-3）。

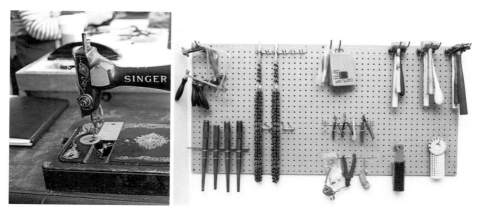

图3-5-3　帽子制作工具

有些帽饰用毛毡在模具上定型后可直接制帽。制帽的模具除了用金属或圆木制成外，还可以自己制作。具体方法：准备一些棉纸或毛边纸，在一个较大的球体（如塑料泡沫块做球等）上，边刷糊糊边往上贴棉纸，并用熨斗烫干，这样反复多次，达到所需的形状和尺寸即可，晾干后备用。

（一）主料

指制作帽子的基本材料，包括编织带、帽坯、布料和皮革料等。在帽饰的设计中，材料的选择尤为重要，它决定着帽饰的质感和风格以及帽子的功能，不同材料的帽饰有着不同的功能特征。在现今多元化的时代，材料的丰富能够为帽饰的设计提供更广阔的设计空间。

（1）编织带：分为用天然纤维的麦秸秆、席草、麻线等编结而成的编织带和属于人造纤维的尼龙丝、合成纸带、人造薄膜、绳等编织而成的编织带两大类。

（2）帽坯：材料主要有两类：一类为毛绒、毛毡制品；另一类通常被称为草帽、凉帽，用线、带编织后再压制而成。

（3）布料：与服装用材料相似。帽饰材料的选择与服装搭配有着密切的关系，帽饰的材质应尽量与服装的面料统一，使帽饰与现代时装的设计整体相协调。

现代帽饰材料与服装面料搭配常见的几种类型：

①柔软型面料：柔软型面料中包括织物结构疏散的针织面料、丝绸面料和软薄的麻纱面料等。其优点是轻薄、垂坠感好，面料的线条光滑，面料的轮廓自然舒展。柔软型面料的服装，

搭配的现代时装帽饰常属于优雅唯美型的设计风格，根据面料的垂坠度进行线条的造型，同时也能表现出面料线条的流动感。

②挺爽型面料：挺爽型面料线条清晰比较硬挺，能为帽饰设计提供坚挺的线条轮廓。这种面料类型常见有棉布、涤棉布、灯芯绒、亚麻布、各种厚型毛料和化纤织物等。

③光泽型面料：光泽型面料顾名思义是有着非常光滑明亮的表面，质感和手感也非常好。这种面料类型常用于时尚夸张的帽饰设计风格中，它的舞台表现力非常强。光泽型面料在舞台中的运用很频繁且它多用于较夸张的造型方式。

④厚重型面料：厚重型面料非常厚重挺括，具有较强的定型和造型效果，包括许多冬季型面料，如各类厚型呢绒和绗织物，这种面料具有视觉上的饱满膨胀感，以这种面料为主的现代时装帽饰主要是经典实用型的设计风格。

⑤透明型面料：透明型面料包括棉、丝、化纤织物、乔其纱、缎条、蕾丝等。透明型面料的质地轻薄且透明度高，最适合用于表达女性温柔如水的感觉和若隐若现的神秘效果。这种材质在各类的现代时装帽饰设计风格中运用得较为频繁。

（4）皮革材料：山羊皮、猪皮、麂皮、蛇皮等天然皮革及各类人造皮革等经过专门加工处理均可用于制作帽子（图3-5-4）。

图3-5-4　编织带、帽坯、皮革料

（二）辅料及装饰材料

（1）帽子里料：一般根据面料质地的厚薄采用棉布和丝绸及各类化纤织物等。

（2）帽子辅料：有帽条、衬条、标贴、特制的帽檐、搭扣、松紧带、纽扣等。

（3）帽子的装饰材料：有皮毛、缎带、蕾丝、羽毛、人造花以及用金属、塑料等做成的各种装饰扣、装饰带等（图3-5-5）。西方的帽饰总体来说体积更庞大，装饰材料上多运用羽毛、缎带等材质；中国的帽饰体积较小，装饰上主要利用宝石镶嵌等工艺。

1.造花

图3-5-6为艺术造花，最早诞生于法国，是在欧洲宫廷贵族中沿袭传承的手工技艺，那些精心设计、匠心手作的布花最常用作服装和帽子的配饰。在手工造花繁复的制作过程中，造花作者的创意和心思被融入进去，每朵花都包含着作者灵魂的能量，让花朵有了属于创作者的独立风韵。[18]一朵绢花的诞生，需要经过选料、上浆、染色、窝瓣、烘干、定型、粘花、扎枝等

工序。每一个过程不仅需要投入创作者的情感与创造力，更需要创作者安静淡然的内心和精巧敏锐的手感。

图 3-5-5　辅料

图 3-5-6　绢花的诞生，需要经过选料、上浆、染色、窝瓣、烘干、定型、粘花、扎枝等工序

2. 羽毛

羽毛在帽子上的运用十分普遍且历史悠久，在汉代我国就有点翠工艺。点翠是中国传统的金属工艺和羽毛工艺的完美结合，先用金或镏金的金属做成不同图案的底座，再把翠鸟背部亮丽的蓝色的羽毛仔细地镶嵌在座上，以制成各种首饰器物。点翠工艺制作出的首饰光泽感好，色彩艳丽，而且永不褪色。[19]

在法国，羽毛工艺是一项古老的传统工艺，20世纪20年代是羽毛工艺的黄金时代，在法国街头出现了各种琳琅满目的帽子店。16世纪盛行的"羽毛工人"，专门制作贵妇头顶的华贵羽毛帽子。获得法国最佳工艺师称号的羽镶工艺大师奈莉·萨尼耶（Nelly Saunier）很热爱收集羽毛，在她创作的范围里，任何一种天然鸟禽的羽毛都可以被运用，她取材的关键在于羽毛的质感、颜色与明暗对比（图3-5-7）。通过一系列与让·保罗·高缇耶（Jean Paul Gaultier）联合开展的项目，她的羽毛系列作品在高级女式时装展的T台上一枝独秀（图3-5-8）。

图 3-5-7　羽镶工艺大师奈莉制作过程

图 3-5-8　羽镶工艺大师奈莉作品

3. 刺绣

刺绣，古代称为针绣，是用绣针穿引丝、棉、毛、化纤等不同材质的线，以绣迹构成花纹图案的一种工艺。手工刺绣的精髓是用肌理感强、灵活多变的针法表现作品的空间和肌理效果，栩栩如生的画面或绚丽多彩的装饰图案可以运用在帽饰设计上（图3-5-9）。刺绣有彩绣、包梗绣、雕绣、贴布绣、钉线绣、珠片绣、十字绣、丝带绣、抽纱绣、戳纱绣等。

图 3-5-9　刺绣（SHELLYJIN 帽饰）

4. 网纱

蕾丝网纱是帽子最常用的装饰物，帽子在网纱的笼罩下让整个人都变得充满神秘气息（图3-5-10），以药盒帽、宽檐帽为主。网纱多与其他装饰物一起使用，常与晚装、礼服搭配使用。

图3-5-10 网纱

5. 缎带和蕾丝

缎带是帽子上运用得最多的材料（图3-5-11），一般做成花结用在帽腰上，缎带结的形式多样，蕾丝的运用也非常广泛。

图3-5-11 缎带和蕾丝

6. 珠宝

包括人造珠宝和天然珠宝（图3-5-12），设计时可以用单独的珠子装饰，也可以结合珠串刺绣图案，呈现精致的效果。

7. 植物

常用于宽檐帽和夸张的创意帽子，有些非实用性的帽子完全由植物堆砌而成（图3-5-13）。

8. 金属片、铆钉

常用于前卫的设计，用金属片装饰的帽子（图3-5-14），适合特殊场合使用。

图 3-5-12　珠宝

图 3-5-13　植物　　　　　　　　　　　　　　　图 3-5-14　铆钉

9. 纸张

常用于前卫、夸张的设计，用纸装饰制作的帽子（图3-5-15），适合服装秀场和特殊场合使用。

图 3-5-15　纸张

五、制作帽子方法

帽子的制作根据设计要求，大致可分为模压法、编结法、裁剪法、塑形法等。

（一）模压法

模压法的原料采用毛毡，将毛毡在模具上定型，定型后卷边缝制而成。有的帽子经模压后再进行裁剪缝制，并装饰上花朵、丝带等物，效果较好。有的贝雷帽、卷边小礼帽就是用模压法制成的。也可以运用亚麻进行制作，把加湿后的面料想象成面饼罩在木模具上，拉伸面料紧紧包住模具，用手或小熨斗烫平面料的皱褶，并用针固定。晾干定型后剪去多余部分，帽檐处可加一圈铁丝固定，再缝制上事先做好的绳边，粘贴羽毛、花朵、蝴蝶结等装饰配件（图3-5-16）。

图 3-5-16　模压法

毡帽模压法的工业制作流程（表3-5-1、表3-5-2）（富美帽饰博物馆提供）：

毛毡的原料为天然羊毛，少部分采用兔毛。羊毛分大洋洲羊毛和国产羊毛。我们常用的是100%的澳毛，规格：60～80支。

表3-5-1　毡帽模压法

步骤	图例	方法
第一步：除杂		浅色帽子杂质无法避免，有一点杂质属于正常现象。另外，浅色帽坯如果正面有不严重的杂质，可以反过来做
第二步：织胎		使用不同规格橄榄形状的模子，控制毛坯尺寸〔（±10）g〕，往上绕开松机出来的羊毛薄网纱，厚度由工人凭经验来控制
第三步：压胎、卷洗		压胎、卷洗是为了把帽坯毡化、压实。卷洗的次数越多，帽坯越实。一般卷洗10～12遍

步骤	图例	方法
第四步：染色		颜色尽量按工厂色卡、配方固定，但也有色差，染缸小缸几十顶，最大的缸1200顶。每缸染色时间大约5小时，温度：90～100℃。旺季时帽坯供应有些问题，只能淡季备些常用色。酸性染料pH值：浅色3级，深色2.5级。活性染料pH值：浅色5级，深色4级，干磨：浅色3级，深色2级湿磨：浅色3级，深色1级
第五步：定型		刚出来的帽坯顶部比较尖，定型使帽顶圆一点
第六步：烘干		烘箱温度：120℃ 时间：3个小时
第七步：抛光	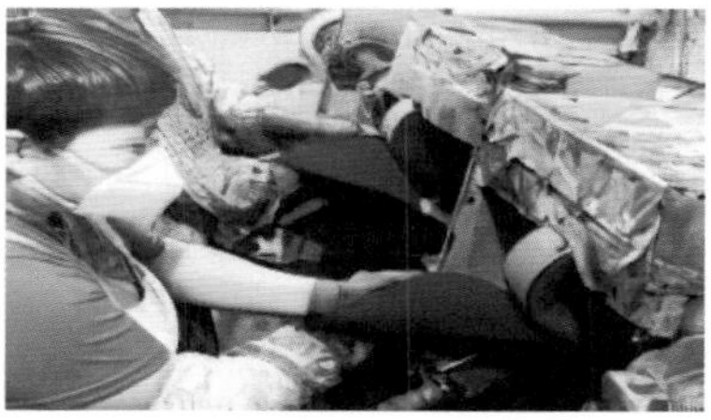	使帽坯更细、更滑
第八步：帽坯入库，帽坯检针	 	毡帽的软硬度是通过上胶来控制的。一般使用乳胶（0.3°、0.5°、1°、2°），浸泡2分钟，脱水3分钟，浅色阴干，深色晒干
第九步：定型		温度（深色）：120～130℃浅色、麻灰：100～110℃ 时间：1分钟

表3-5-2　毛毡帽二次设计

图例			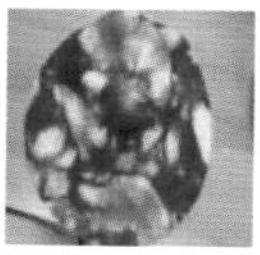
名称	绣花	印花	扎染
图例	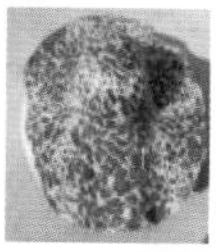		
名称	喷绘	吊染	拉毛

（二）编织法

编织法在帽子的制作中尤为常见。编织材料有绳线、柳条、竹篾、麦秸、麻、草等经过处理的纤维材料。编织的方法有很多，有整体编织、局部编织后再加以缝合等；密集编织、镂空编织、双层及多层编织等造型独特，美观、实用。在编织的基础上，还可加饰花边、花朵、珠片、羽毛等物。这种方法流行甚广，经久不衰，很受人们的欢迎。

编织法制作的帽饰按材料来分，有纸类（由纸布、纸辫、纸绳、单丝、拉拉草制作的典型的帽子有纸绳手钩、单丝辫条、日本纸手编）、天然草类（如巴拿马草、越南草）、PP类、面料类、人造纤维类、毛线和纱线类等见表3-5-3。工艺流程见图3-5-17、图3-5-18。

表3-5-3　编织法帽饰分类

类别	1. 纸类				
图例	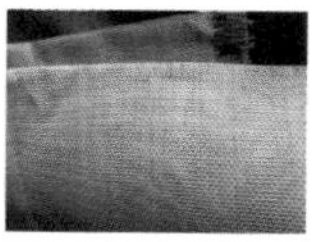				
名称	纸布	纸辫	纸绳	单丝	拉拉草
图例					
名称	纸绳手钩	单丝辫条	日本纸手编		
类别	2. 天然草类				
图例					
名称	巴拿马草	越南草	麦秆	琅琊草	金丝草

类别	2. 天然草类				
图例	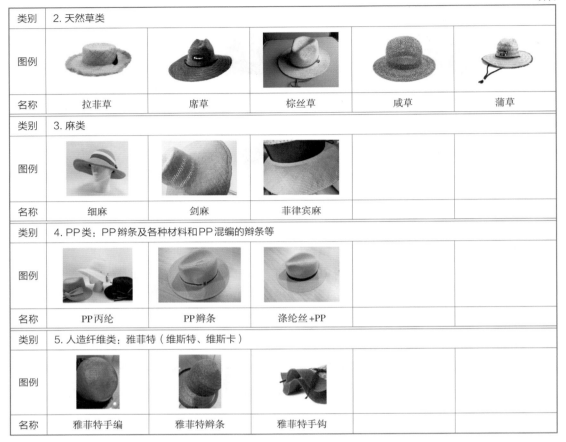				
名称	拉菲草	席草	棕丝草	咸草	蒲草
类别	3. 麻类				
图例					
名称	细麻	剑麻	菲律宾麻		
类别	4. PP类：PP辫条及各种材料和PP混编的辫条等				
图例					
名称	PP丙纶	PP辫条	涤纶丝+PP		
类别	5. 人造纤维类：雅菲特（维斯特、维斯卡）				
图例					
名称	雅菲特手编	雅菲特辫条	雅菲特手钩		

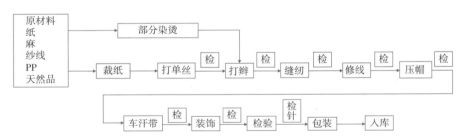

图 3-5-17　纸篓工艺流程

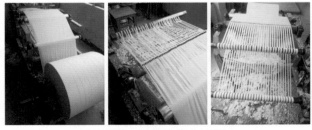

（a）切纸，大纸筒先切成小纸饼

（b）纸饼喷水，增加纸的韧性，捻丝时不易断

（c）捻丝　　　（d）制成成品单丝　　　（e）上蜡倒筒

（f）织辫　　　（g）车帽胚

（h）修剪线头　　　（i）验收帽胚

（j）帽胚压型　　　（k）车标、绱汗带

（l）做装饰　　　（m）捂汗带

图 3-5-18　纸篓工艺流程步骤

（三）裁剪法

裁剪法是制帽方法中最为普遍采用的（图3-5-19）。按照设计要求，将面料裁剪成一定的形状，配上里料、辅料缝制而成。

图3-5-19　裁剪法

帽饰结构设计的基本方法是以上述帽子基础纸样为基础。根据不同帽子的造型结构要求，对基础纸样做相应的结构处理，设计出帽子的变化结构。

1. 多片帽，即瓜皮帽帽檐结构基础纸样

这类帽子为贴合头部的半球形造型。通常可分为二片、四片、五片、六片、八片等。分割片形似切开的瓜瓣，故又称瓜皮帽[2]。结构设计的规格依据是头围和头弧长，基础纸样结构制图如图3-5-20所示。

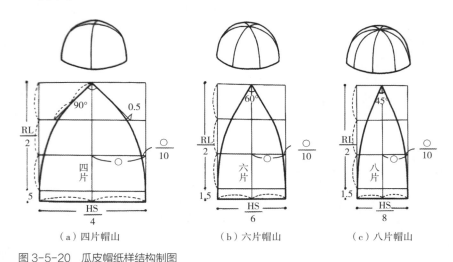

（a）四片帽山　　　（b）六片帽山　　　（c）八片帽山

图3-5-20　瓜皮帽纸样结构制图

制图方法与步骤：

（1）先作一个等腰三角形，以头围除以片数为三角形底边，如四片帽，当头围是58cm时，底边为58÷4=16.5（cm）。而六片帽时，则为9.67cm。以头弧长的1/2为三角形腰长。

（2）在三角形底边及腰边中部各加凸量绘画轮廓线，凸量视片数多少成反比例变化。

（3）使两底角成直角。

2．鸭舌形帽檐结构设计（图3-5-21）

制图方法与步骤：

（1）先按头围为周长作圆，取半圆，半径三等分，作平行线于圆周交两点，作为帽檐的起点。

（2）画帽檐造型轮廓线，瓜皮帽结构应用广泛，常见的有旅游帽、各类工装帽、钟形帽、八角帽、贝雷帽等。

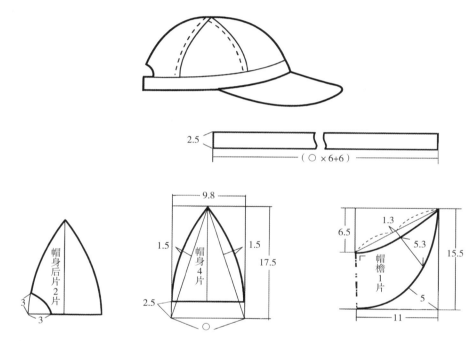

图3-5-21　鸭舌形帽檐结构设计

3．礼帽

礼帽帽身为圆柱形，平帽顶、圆形帽檐，又称罐形帽。[3]结构设计如图3-5-22所示，其制图方法与步骤为：

（1）帽檐：内圆以头围为周长作圆，因人体头部略呈椭圆形，即横向直径可稍比纵向短些，0.5~0.7cm，也可不做调整画成正圆，外缘以内圆的半径加帽檐宽作圆。

（2）帽顶与帽檐内圆做法相同。

（3）帽身：帽身高以不低于头围高为准，帽身围长即头围，按1/2制图。通常为职业装的配套帽子。

以五片式工装帽结构设计为例，讨论结构设计与步骤：

（1）在帽檐基础纸样上设置多道斜向剪切线，自外缘向内剪切至帽口弧线，不剪断，留0.1cm左右。

（2）将剪切后的基础纸样放置于纸板上，帽口弧线剪切点用图钉固定，分别闭合帽檐外缘剪切口，闭合量视帽檐造型而定；重新画顺帽口弧线，绘画帽檐外缘轮廓造型线。

（3）前中及两侧片为相同结构，以五片瓜皮帽基础纸样为准。

（4）后两片下部设计调节扣，即在下部中间侧设置圆形开口。

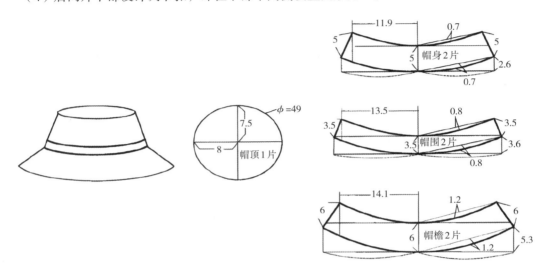

图 3-5-22　礼帽结构设计

图 3-5-23 是六片帽、贝雷帽的结构样板。

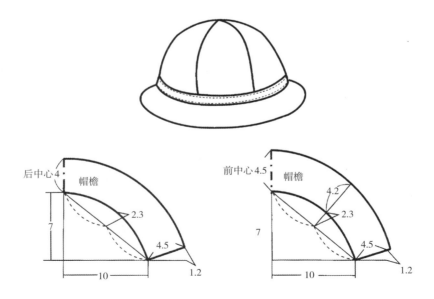

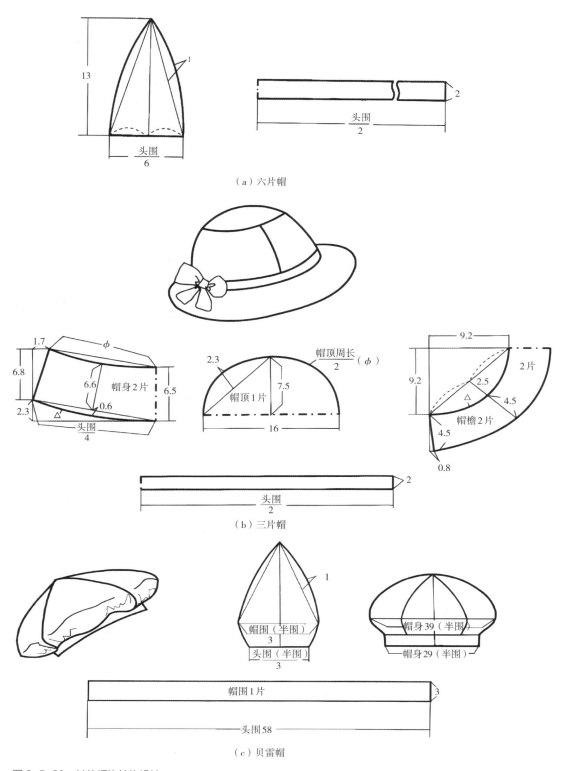

（a）六片帽

（b）三片帽

（c）贝雷帽

图 3-5-23 其他帽饰结构设计

（四）塑形法

指用塑料、橡胶等材料在特制的模具中定型而成，定型后在内附加衬里、支撑物。头盔多以此法制成。下面展示是聚碳酸酯头盔外壳的制作工艺，复合材料头盔的制作工艺大多保密。

第一步：制作膨胀性聚乙丙烯（EPS）头盔衬里［图3-5-24（a）］。

EPS具有便宜、质轻的功能。区分一个普通头盔和一个优质头盔的区别点之一就是聚乙丙烯的质量。头盔衬里模具塑形完成后，一般同时会设计有很多孔洞和通道，目的是用于散热、排水、释放压力等。通常来说，每一个模具只适合一种款型、一种尺寸的头盔。

第二步：制作聚碳酸酯头盔外壳［图3-5-24（b）］。

制作聚碳酸酯头盔的厂家越来越流行使用共聚树脂材料（如通用电气生产的Lexan EXL），这种材料与丙烯腈-苯乙烯-丁二烯共聚物（ABS树脂）相比拥有更好的冲击阻力和热阻。另外，该材料还可以更好地配合使用环保的水性涂料。

第三步：打磨、涂装、雕花处理［图3-5-24（c）］。

树脂以液态注入头盔外壳模具机器，通过子母模具挤压成型。每一副头盔模具针对不同尺寸同样经过CAD/CAM模型设计，用于制造头盔的模具都有使用周期，每推出一款新头盔就要淘汰一批模具。从注入成型，每一个头盔模具用时大约60min，之后就进入了下一步，即打磨、喷涂、贴花。然后安装面罩，对面罩进行防划、防雾处理。

总结：在帽饰的设计中，材料的选择尤为重要，它决定着帽饰的质感和风格以及帽子的功

（a）制作EPS

（b）制作聚碳酸酯头盔外壳

（c）打磨、涂装、雕花处理

图3-5-24　塑形法

能。不同材料的帽饰有着不同的风格，如柔软的纱、绸、蕾丝等给人浪漫唯美的风格，皮革、树脂、金属等材质给人科技感的风格。夏季的帽饰一般选用轻快、飘逸的面料来凸显帽饰的功能性，而冬季的帽饰一般选用保暖、厚实的面料来实现帽饰的保暖功能。从设计效果的角度来看，不同的材料组合起来的质感也是不同的。不同性质的材料组合起来形成更丰富的肌理，为帽饰的设计提供更广阔的设计空间。

第六节　帽饰的制作实例

一、刺绣帽饰（图3-6-1）

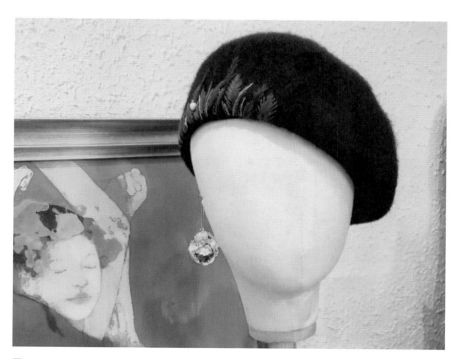

图3-6-1　林湘茹、金晨怡设计作品

（一）主题和设计说明

设计元素来源于中国纹样蕉叶纹（图3-6-2），通过纹样元素的提炼设计，以简洁的块面纹样结合刺绣针法，体现在帽饰上，通过传统刺绣工艺融入日常服饰搭配，帽饰上的工艺包括刺绣针法，以及手工钉珠的结合，展示传统文化的精髓及当代运用。

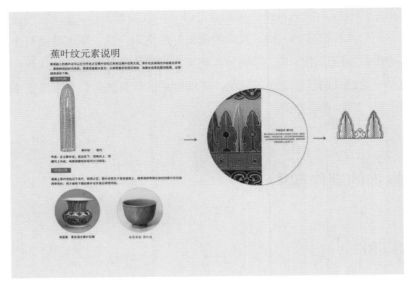

图 3-6-2　灵感来源图

（二）制作步骤和要点（表3-6-1）

表3-6-1　制作过程

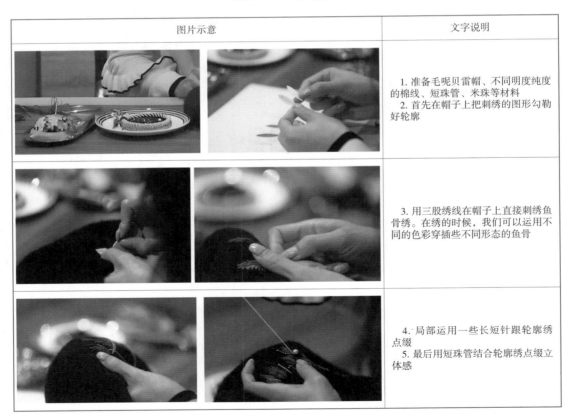

图片示意	文字说明
	1. 准备毛呢贝雷帽、不同明度纯度的棉线、短珠管、米珠等材料 2. 首先在帽子上把刺绣的图形勾勒好轮廓
	3. 用三股绣线在帽子上直接刺绣鱼骨绣。在绣的时候，我们可以运用不同的色彩穿插些不同形态的鱼骨
	4. 局部运用一些长短针跟轮廓绣点缀 5. 最后用短珠管结合轮廓绣点缀立体感

（三）学生优秀作品（图3-6-3、图3-6-4）

图 3-6-3　作者：林欢婷

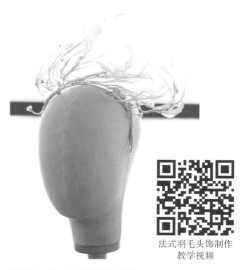

图 3-6-4　作者：林亚男　指导老师：金晨怡

二、法式羽毛头饰（图3-6-5）

（一）主题和设计说明

　　羽毛在帽子上运用十分普遍且历史悠久，在法国，羽毛工艺是一项古老的传统工艺，20世纪20年代是羽毛工艺的黄金时代，在法国街头出现了各种琳琅满目的帽子店。16世纪盛行"羽毛工人"，专门制作贵妇头顶的华贵羽毛帽子。图3-6-6灵感来自《了不起的盖茨比》电影。派对上时髦女郎们佩戴的头饰华丽、浮夸，五颜六色的羽毛、绣满亮片的发带、蒂芙尼（Tiffany）钻石头饰无不彰显出20世纪20年代的奢华生活，表达了女性热爱自然和生灵的天性。

法式羽毛头饰制作
教学视频

图 3-6-5　金晨怡设计作品

图 3-6-6　灵感来自《了不起的盖茨比》电影

（二）制作步骤和要点（表3-6-2）

表3-6-2　法式羽毛头饰制作过程

图片示意	文字说明
	1. 材料与工具：9号软大飘羽毛、染色剂、真丝绉或者包花茎棉纸、双层铁丝发箍、花杆铁丝30号、装饰花朵、日本管珠
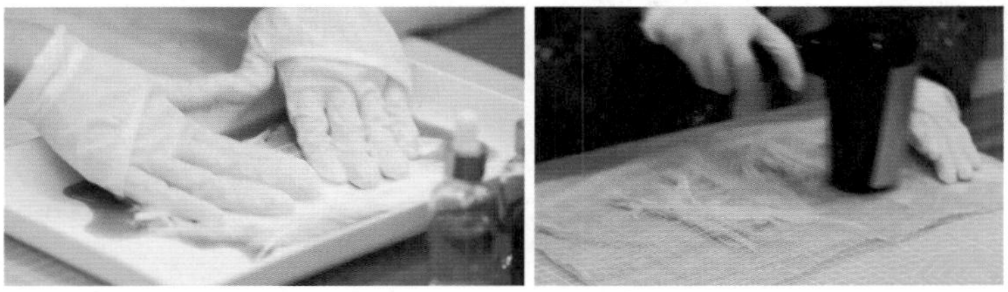	2. 浸染羽毛，将染色羽毛晾晒吹干
	3. 修剪羽毛，将羽毛的头部剪下，备用
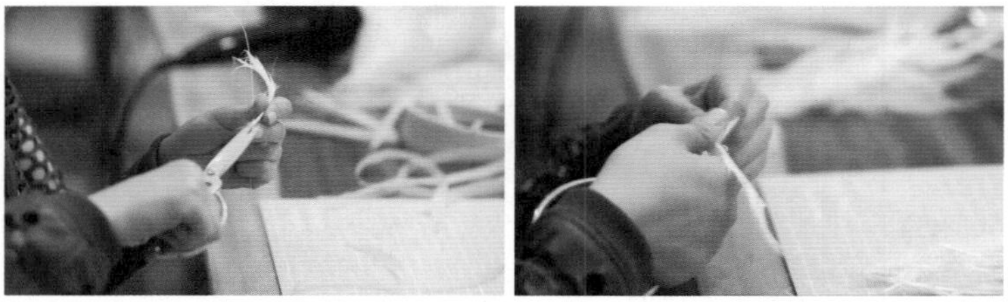	4. 羽毛造型：将羽毛从当中剪开，后尾剪薄，然后用剪刀后尾把羽毛刮成卷曲的造型
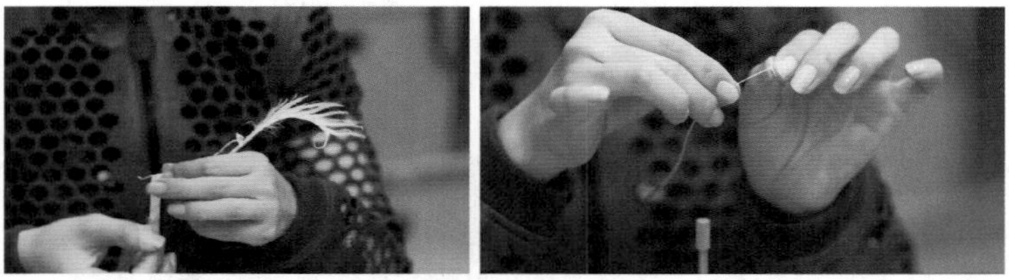	5. 串珠：用铁丝串上小珠子和装饰花朵，留3颗再穿回白色的花朵，绕几圈固定。用真丝绉缠绕在花茎铁丝上
	6. 组合造型：将两组羽毛组合进行组合造型，一组简单一些，另一组复杂一些。用真丝绉缠绕发箍，并把两组羽毛用真丝绉缠绕连接在发箍上。完成成品

（三）学生优秀作品（图3-6-7、图3-6-8）

图3-6-7　作者：刘霄

图3-6-8　作者：马寒露　指导教师：金晨怡

三、亚麻制帽（图3-6-9）

（一）主题和设计说明

如今女帽的廓型变得越来越简约，但简约不代表简单，简约要求设计师有更强的概括能力，以及实现创意的精湛工艺。20世纪90年代对于亚麻的应用，解放了过去烦琐的制帽工艺，神奇的魔术面料令设计师心手合一，快速、精准地创作出心中的帽子。硬纱麻布可能不是最高级的素材，但一定是做帽子最好用的材料，如果说巴拿马草帽以细腻的编织工艺著称于世，通过加湿、蒸汽、熨烫、折叠、拉伸、搓卷等一系列手法，亚麻几乎可以完成所有高难度的造型（图3-6-10）。

亚麻帽制作
教学视频

图3-6-9　作者：金晨怡

图3-6-10　设计稿和成品

（二）制作步骤（表3-6-3）

表3-6-3　制作步骤

图片示意	文字说明
	1. 模型：制作帽子的模型包括帽顶模型、帽檐模型、模型支架等。主要材料包括上过浆的硬麻、衬里、帽圈、帽带、人造花、缎带、帽针及羽毛等装饰性配件。工具除平面制图常用的工具外，还需熨斗、剪刀、水壶、垫子、垫布、染料、锤子、工字钉等
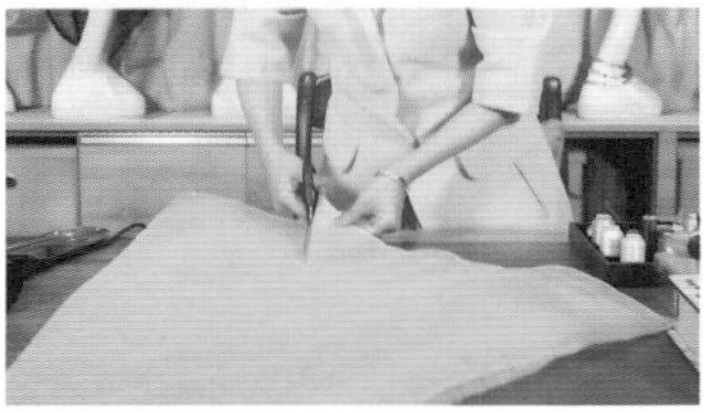	2. 面料对折，取斜裁方向进行造型。然后我们取一段，用水打湿变软，然后开始做装饰结
	3. 制作帽基：亚麻制帽的核心工艺是下拉方式（Pull Down Method），把麻罩在木模具上，拉伸面料紧紧包住模具，边拉扯边熨烫。并用针固定
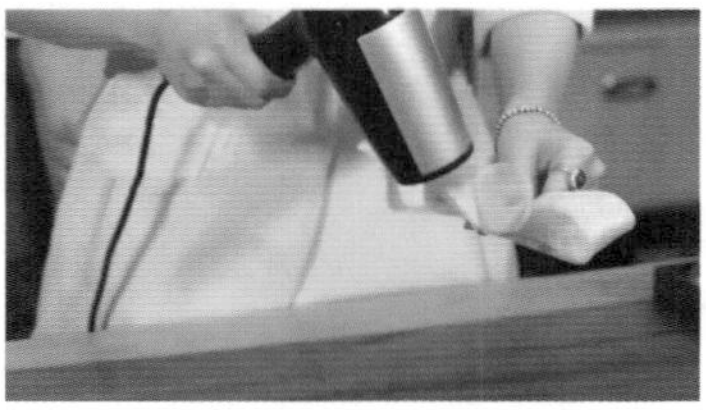	4. 装饰结：先对折，四分之一处进行折边，做蝴蝶结的造型。用熨斗或者是吹风机快速风干
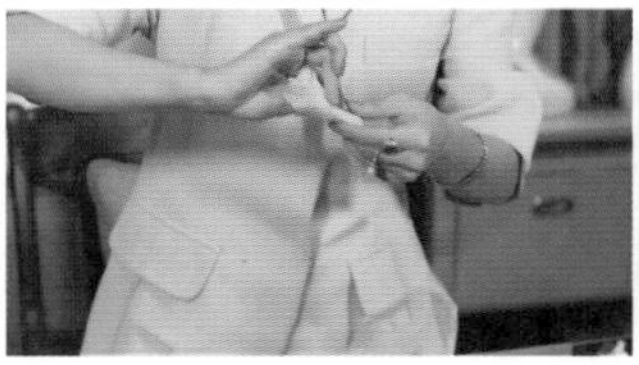 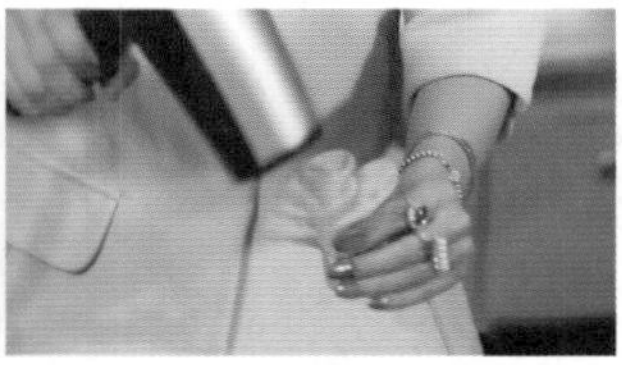	5. 装饰花卉：从当中部分开始，边做褶皱边旋转，慢慢地旋转造型，就这样一朵花就做好了
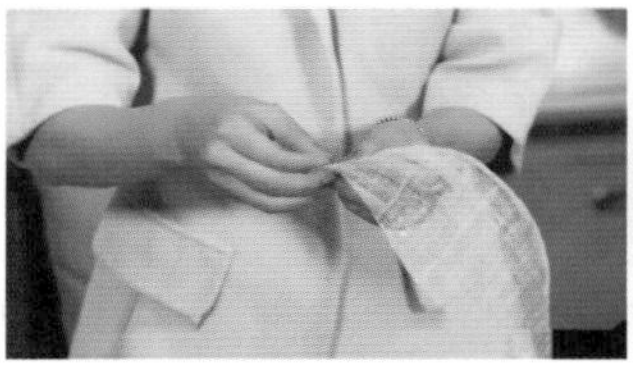 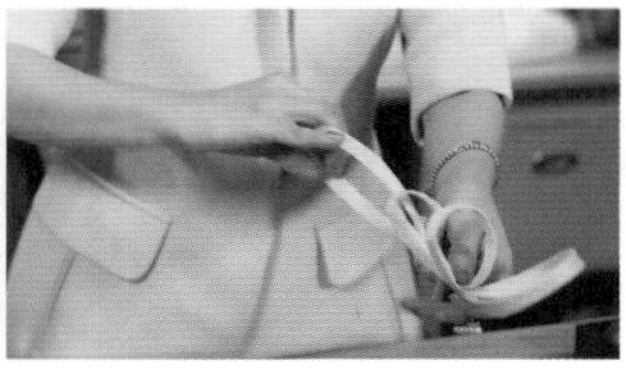	6. 剩余的部分可以做装饰叶子，边缘卷边。可以根据自己的创造意图进行任意的组合搭配

图片示意	文字说明
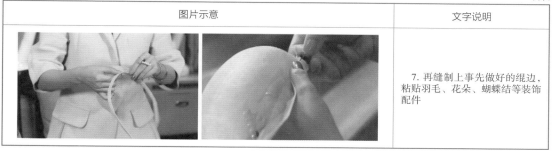	7. 再缝制上事先做好的绲边，粘贴羽毛、花朵、蝴蝶结等装饰配件

课程总结：制作亚麻头饰工艺有卷边、拉伸、折叠、打褶、加湿塑形、蒸汽塑形。

四、硬麻大檐帽制作（图3-6-11）

（一）主题和设计说明

印象派的典型代表艺术家莫奈（Claude Monet）的画作时，更会被其中生活的赏心悦目而打动。在他笔下都是漂亮的儿童、美丽的花朵和可爱的女士（图3-6-12）。女人和孩子头上色彩斑斓的礼帽，也成为艺术大师们对于"美"的表达介质。大檐帽可以说是历经了好几个世纪的洗礼，如今仍然是经久不衰。硬麻料帽在精致造花的映衬下，呈现的是性感和轻盈，和谐淡粉色系运用更凸显出法式的优雅感。

图3-6-11　大檐帽

图 3-6-12 主题

（二）材料与制作步骤（表3-6-4）

表3-6-4 材料与制作过程

图片示意		文字说明
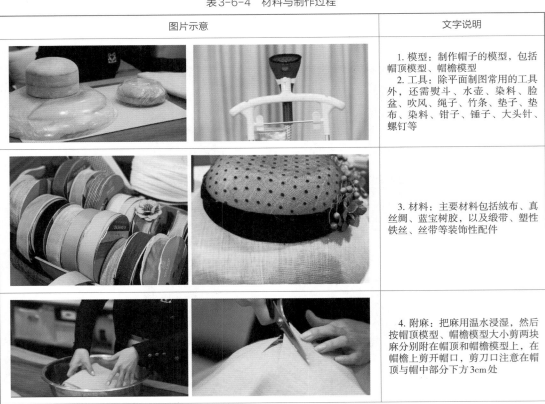		1. 模型：制作帽子的模型，包括帽顶模型、帽檐模型 2. 工具：除平面制图常用的工具外，还需熨斗、水壶、染料、脸盆、吹风、绳子、竹条、垫子、垫布、染料、钳子、锤子、大头针、螺钉等
		3. 材料：主要材料包括绒布、真丝绸、蓝宝树胶，以及缎带、塑性铁丝、丝带等装饰性配件
		4. 附麻：把麻用温水浸湿，然后按帽顶模型、帽檐模型大小剪两块麻分别附在帽顶和帽檐模型上，在帽檐上剪开帽口，剪刀口注意在帽顶与帽中部分下方3cm处

图片示意	文字说明
 	5. 帽顶固定：用熨斗边熨边拉，多余面料锤子把大头针钉在后面，再用藤条固定帽顶延边一圈
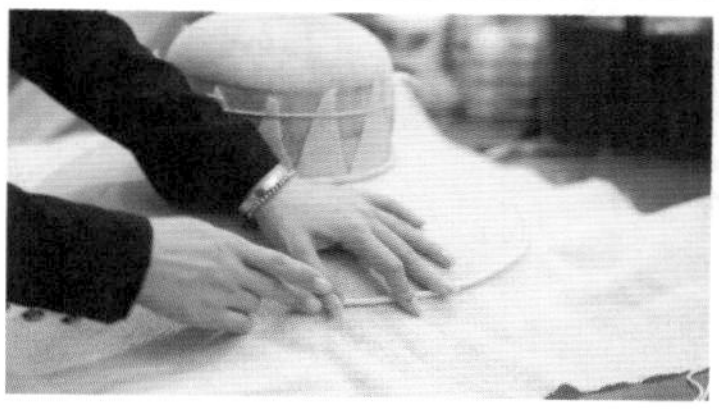 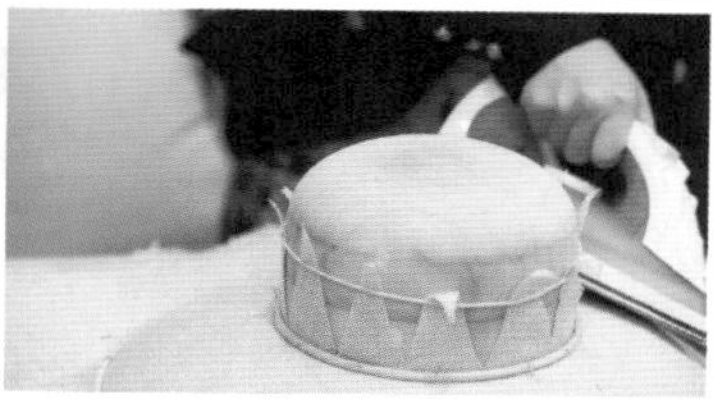	6. 帽檐固定：帽檐上边一圈系线然后用工型针或线固定。再用藤条固定。并蒸汽塑形，边拉绷紧边加藤条 7. 固定帽边：初学者用线槽系线更易固定
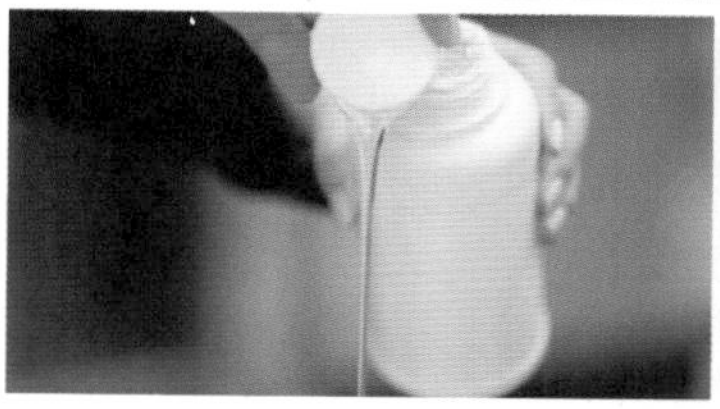 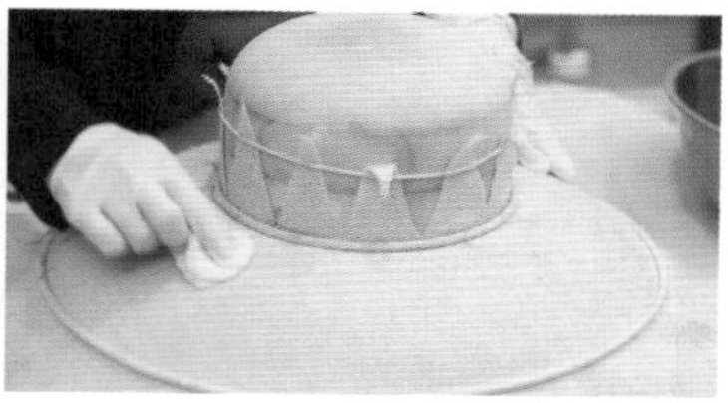	8. 涂上固定浆：用棉布涂固定胶，注意不能用熨斗熨，只能吹干。干透用熨斗熨平，让麻更平
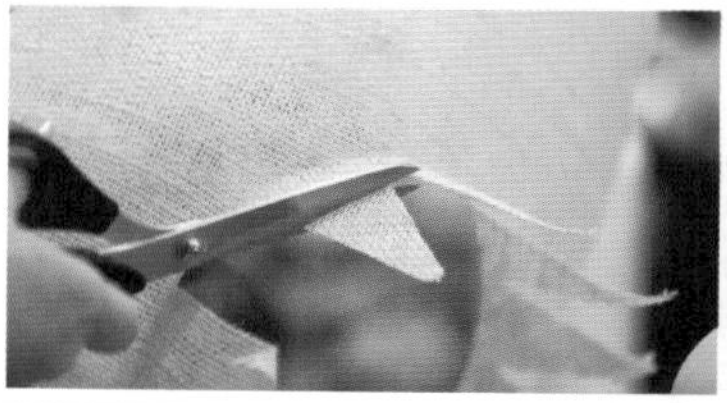 	9. 剪掉多余面料：帽顶待干后剪去多余部分。帽檐多宽做好记号，用剪刀修剪好形状大小。连接帽冠处留2cm
 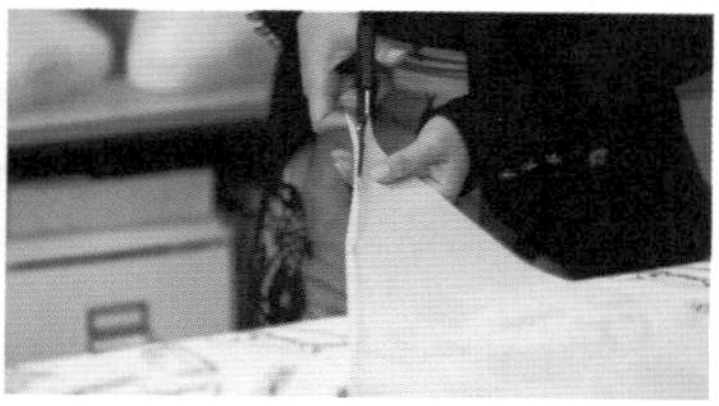	10. 帽边加铁丝固定：用记号笔做记号，铁线沿帽檐围一圈多2cm。缝线用钉针绣法固定 11. 包黏合：斜向45°剪3cm宽黏合衬布条，拉伸纹路。裁0.8cm的布条。熨斗低温把包边黏合衬熨烫在帽檐一圈
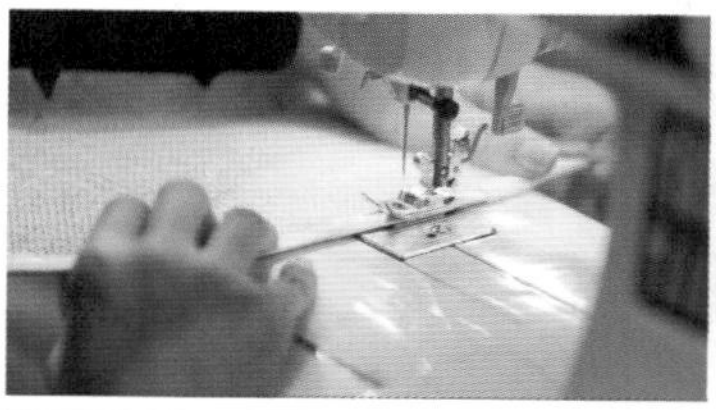 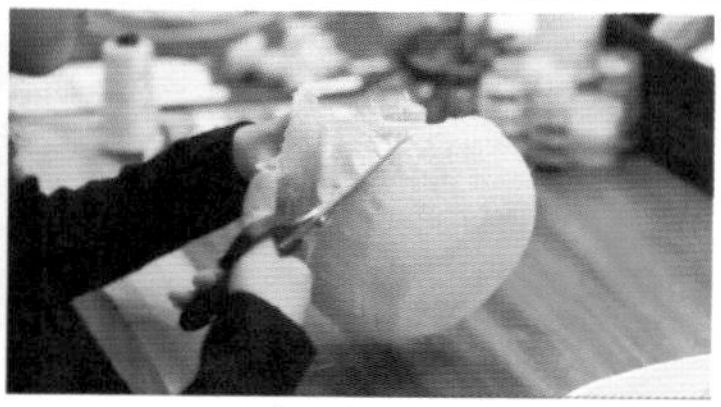	12. 包边：折边第一道折线缝在原先缝线的外缘边上 13. 减掉帽顶多余面料，帽冠缝合帽檐：用手针进行缝合
 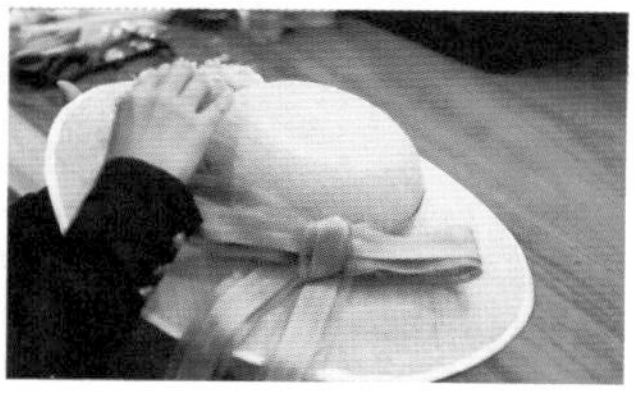	14. 缝帽子内圈缎带：先缝里圈的两边小丝带，这样太大可以调整大小 15. 装饰：用帽圈装饰带遮盖帽冠与帽檐的接缝。在帽墙上进行装饰

五、发箍制作（图3-6-13）

（一）主题和设计说明

东方风格头饰开启东方新意蕴，将东方元素融入时尚发箍，兼具气质与气场。头饰造型灵感来源于花鸟工笔画，将传统美学与现代设计结合；简约的花形线条造型自然生动，东方神韵与时尚并存。

发箍制作　教学视频

图 3-6-13　发箍

（二）材料与制作步骤（表3-6-5）

表3-6-5　制作过程

图片示意	文字说明
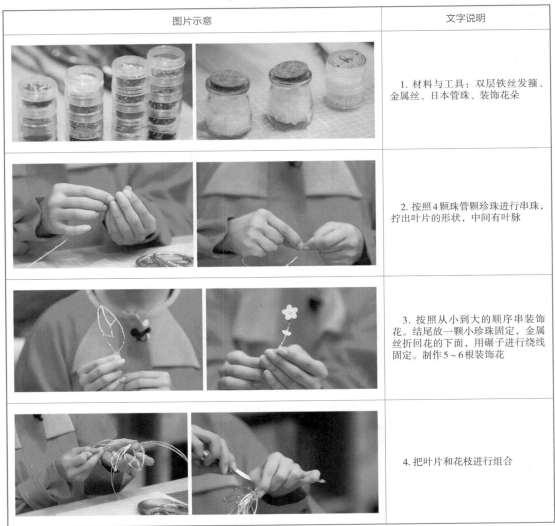	1. 材料与工具：双层铁丝发箍、金属丝、日本管珠、装饰花朵
	2. 按照4颗珠管颗珍珠进行串珠，拧出叶片的形状，中间有叶脉
	3. 按照从小到大的顺序串装饰花。结尾放一颗小珍珠固定，金属丝折回花的下面，用碾子进行绕线固定。制作5~6根装饰花
	4. 把叶片和花枝进行组合

课后思考与练习

1. 分析总结帽饰历史及经典样式总结出发展演变图表并制作精华笔记。

2. 收集各类帽子造型20款，并按款式特点进行分类。

3. 确定一个主题，设计并完成3款以创意为主的系列帽饰彩色效果图，并注明设计理念，主要制作工艺、材料等。

4. 运用造花、羽饰、珠饰、缝饰、刺绣、模压法等其中一种工艺设计制作一顶时尚的帽饰。

参考文献

[1]张灏.汉服审美[M].天津：天津大学出版社，2008.

[2]徐万邦.研究满族服饰应关照的文化视角[J].内蒙古大学艺术学院学报，2007，4（1）：3-8.

[3]李国亮，尹春明.清代冠服制度刍议[J].温州大学学报（社会科学版），2010，23（3）：85-89.

[4]贾玺增.中国古代首服研究[D].上海：东华大学，2006.

[5]周文杰.论中国少数民族头饰的型制及象征意义[J].东华大学学报（社会科学版），2003，3（1）：61-64.

[6]毛昊.帽子文化[J].世界文化，1999（4）：42.

[7]张强伟.帽子文化研究综述[J].赤峰学院学报（汉文哲学社会科学版），2013，34（2）：19-21.

[8]霍侠，艾晓燕，杨东梅，等.少数民族预科生英语习得过程中的文化导入[J]. 2013，29（2）：61-64.

[9]李家丽，郑广泽.帽与冠——分析中西方帽饰文化[J].文艺生活，2019（8）：58-59.

[10]卢杰，崔荣荣.近代汉族民间童帽形制及造物思想研究[J].武汉纺织大学学报，2015，28（1）：40-43.

[11]赵盈盈.服装新产品开发中的市场调研方法研究[D].北京：北京服装学院，2008.

[12]于帅.浅析色彩与现代设计应用[J].黑河学院学报，2011，2（1）：108-110.

[13]李卡妮，徐欣.论标志设计中的色彩研究[J].大观，2017（6）：21-23.

[14]孙梦婕.菲利普·崔西（Philip Treacy）帽饰设计研究[D].苏州：苏州大学，2013.

[15]王丹圆，陈金怡.帽饰设计的研究进展综述及启示[J].化纤与纺织技术，2021，50（4）：45-47.

[16]任绘.头饰设计的要素——服饰配件观念之我见[J].美苑，2002（4）：48-49.

[17]朱琴.概念头饰的本质及其价值[J].装饰，2015（3）：96-97.

[18]朱莉.造花艺术在高级定制服饰中的应用研究[J].艺术品鉴，2018（1）：11-17.

[19]熊媛莉，徐鸿雁.从传统点翠首饰看中国现代首饰的发展[J].文艺生活，2009（8）：102-105.

[20]吴厚林.帽子结构设计研究[J].西安工程科技学院学报，2006，20（3）：280-283.

第四章　珠雕玉琢——首饰设计艺术

教学目标： 从首饰的历史和分类特点出发，以审美角度分析与研究其设计、材料、搭配、品牌等知识点，并着重研究首饰的设计制作方法。

教学内容： 1. 中外首饰的历史演变

2. 首饰的分类

3. 首饰搭配艺术

4. 首饰品牌作品赏析

5. 首饰的材料与工艺

6. 首饰制作实例

教学学时： 12 学时

教学重点： 1. 让学生了解首饰的历史与沿革

2. 首饰的设计规律与制作要点

3. 掌握各类首饰制作工艺

课前准备： 1. 预习本章内容，学习中西首饰历史

2. 收集优秀创新应用实例，包括首饰设计材料与制作工艺等

珠雕玉琢形容艺术作品经过精雕细琢，表现出精湛的艺术水平。首饰，作为一种古老而永恒的艺术形式，承载着人类对于美的追求与创造。学习首饰设计与制作，不仅是对传统工艺的继承，更是对创新思维的挑战。

第一节　中外首饰的历史演变

一、中国首饰概述

首饰的概念和历史
教学视频

首饰在中国古代原专指头饰，见《后汉书·舆服志》载："见鸟兽有冠角髯胡之制，遂作冠冕缨蕤，以为首饰。"在《释名·释首饰》中则将首饰分类为冠冕、簪钗、步摇、假发、镜梳、瑱珰、脂泽粉黛等。宋代将女子冠梳以外的全副簪戴统称为"头面"。总的来说，我国古代首饰的语义范畴在历史发展过程中始终在变化，不同时代和语境下具有不同的所指，根据梳理可见首饰的主要类型与名称（表4-1-1）。

表4-1-1　中国古代首饰的类型与名称

类型	名称
头饰	簪、钗、擿（音志）、梳、篦、假发、鬏髻、步摇花树、媚子、钿、礼冠、冠子
耳饰	玦（音决）、瑱（音振）、耳环（又名"环"）、耳坠（又名"坠子"）、丁香（又名"耳塞"）、耳钳
颈饰	项链、项圈、（早期）组玉佩、璎珞、朝珠、领约、方心曲领
臂饰	瑗、环、钏、镯、跳脱、缠臂金、五色缕、臂串、大臂环、随求
首饰	戒指、扳指、护指、义甲
腰饰	带钩、玉佩

（一）头饰

古人重头饰，在历代舆服志中，礼服、头饰配物均有规制要求，目的在于彰显身份等级。不仅女性佩戴头饰，古代男性也有头饰，多用簪。古代首饰以簪钗为主，起到束发的实用功能，在制作过程中款式逐渐演变出丰富的装饰。古代女子有"一簪一珥，便可相伴一生。此二物者，则不可不求精善。"珥指耳饰，簪便是头饰。簪形为细长棍状，簪头多有异形装饰。簪在先秦时"笄"，汉代后多改称簪。但以笄礼为女子成人仪式则一直延续至清代，女子在成年后梳洗结发于顶插笄固定，表示成年。簪也名搔头，古诗中便有"玉搔头"。簪除了束发，还可结合冠使用，称"冠笄""衡笄"和"导"，较普通笄更长。

南宋龙头金发簪于1978年上海市宝山区月浦镇丁家谭伯龙夫妇墓出土，该簪工艺繁复，先以金丝编成龙头上颚、额头和面部边框，再用细金丝卷成的圆圈平铺填就。下颚和颈部用扇形小金片叠铺成鱼鳞纹，粗金丝掐成龙须和双层龙角。前排弯角间承一圆托，镶嵌物已佚失。龙睛用金球做成，下有脚，插入龙头内固定。簪脚用金丝掐成大小不同的海棠形框架，焊接连缀而成，上粗下尖，玲珑剔透（图4-1-1）。

元代透雕松鼠噬瓜瓞纹簪于2002年上海电视大学松江分校窖藏出土，簪首与扁平的簪脚以粗金丝绞合。簪首圆雕老鼠，尖嘴，嵌金珠圆眼，小耳竖立，四肢蜷卧，神态机警灵敏，身躯上毛发刻画纤毫毕现。一对瓜瓞果实饱满，长梗缠绕，掩映于繁茂的枝叶下。金片大成的大花叶多成三瓣，叶片舒展，边沿卷曲，筋脉分明，上面还留有几个老鼠咬的小洞。作品风格细腻，生动活泼，充满田园野趣（图4-1-2）。

图4-1-1　南宋　龙头金　　　图4-1-2　元　透雕松鼠噬瓜瓞纹簪　上海博物馆藏
发簪　上海博物馆藏

明代银鎏金虾形首发簪出土时成对插于鎏金银丝发罩上。虾爪前伸盘成椭圆形，形象生动写实，工艺精湛。明代的头面首饰喜用小动物作装饰题材，如蝴蝶、虾、蜻蜓、蜘蛛、螽斯等，有些配以草叶，属于短簪中的"草虫簪"，即明代记录严嵩父子抄没财产的《天水冰山录》中所载"草虫首饰"和《金瓶梅》中提到的"金玲珑草虫头面"（图4-1-3）。

图4-1-3　明　银鎏金虾形首发簪　上海博物馆藏

明代镶金嵌宝玉花首银簪出土于上海顾从礼家族墓，一式两件。簪首为金花叶嵌玉花片，中心嵌红色尖晶石花心。簪脚为银质，由首至尾渐细。明代女子的头面装饰中，有一种很不起眼又不可或缺的小簪子，当时或被称为挑针、啄针、撇杖、掠儿，名称不一，样式多变，最简单者只是簪脚上顶一个光素的蘑菇头。最常见的是花头簪，多成对簪戴。它们或金或银或鎏金，簪顶上一朵小花，可见梅、菊、莲等，中心或有吉祥字样。讲究者于花上嵌珠嵌宝，作为花蕊。更讲究的，簪顶的金花托上嵌玉花，玉花心里再嵌宝石。此二件即如此（图4-1-4）。

男子冠簪见上海市黄浦区李惠利中学明墓出土的玉发冠，主体为碧玉质，光素无纹，两侧有穿孔。簪为木质，包金蘑菇首。发冠是古代成年男子所戴的束发用具。周代已有男子二十岁行冠礼的习俗，考古发现中迄今可见最早的玉质发冠则为宋代制品。玉发冠至明代十分流行，尺寸较之前代为小。明代王圻《三才图会》云："名曰'束发'者，亦以仅能撮一髻耳。"一般作半月形，中空，后部略高于前部。偶见玛瑙、琥珀质地，形式有五梁、七梁或无梁，大多无其余附饰，两侧和（或）前后各有一相对小孔，可对插发簪以束发。玉发冠是明代贵族阶层流行的一种礼仪性饰物，可单独佩戴，也可再外戴乌纱帽。按明制，发冠上梁的多少代表着使用者的等级地位。明清时期商品经济繁荣，男性平民佩戴头饰日趋普遍，尤以单体玉簪或金簪常见，多做覆斗形或蘑菇形，此器之中的包金首木质者较为少见（图4-1-5）。

图4-1-4　明　镶金嵌宝玉花首银簪　上海博物馆藏

图4-1-5　明　玉发冠　上海博物馆藏

钗也是一种用于束发的头饰，为两股棍的叉状，有时还有三股棍。擿是流行于西汉的头饰，也用于束发，作多齿状的长扁条，汉代后由于女子从垂髻逐渐改为高髻，擿失去实用性而逐渐消失。

在簪头悬挂垂珠装饰，因随人体活动坠饰摇曳而称为步摇，《释名·释首饰》："步摇，上有垂珠，步则摇动也。"花树是枝杈状的大型头饰，在汉朝及魏晋时期是搭配礼服的首饰，以形似名为花树。周代，皇帝冕旒十二则皇后花树十二，数量有规制。媚子与步摇的坠饰相似，北周庾信《镜赋》："悬媚子于搔头，拭钗梁于粉絮。"钿作为一种首饰，形制变化较大，钿子最初是一种金银掐丝盘绕花型的网状饰，不仅戴在头上，在配饰器物中均有使用，妇女日常生活中常常使用"钿花""钿朵""花钿"，做出花片状，镶嵌珠宝，钿的背面可穿插固定于其他饰品。明代钿是钗的异化，在单股钗的顶端安插一个长条状的装饰，也有不用簪角，左右两端连系带等固定，钿上嵌珠宝。

明嘉靖（1522—1566年）楼阁人物金簪高9cm，宽6.5cm，重77.5g于1958年江西南城长塘街益庄王墓出土。平插式簪，簪首为一栋上下两层的楼阁，上层有四人，两人倚坐正中，侍女分立于两侧；下层有三人，中间一人端坐，两侧各一侍女执物侍候。此簪以金丝累编成复杂的纹样，在有限的空间内制作出栩栩如生的人物，将现实生活的场景表现得淋漓尽致，可谓巧夺天工（图4-1-6）。

梳、篦，是较摘短扁的齿状头饰，齿疏的为"梳"，齿密的为"篦"，先秦时曾统称"栉"。除了日常梳头，古代女子也作为固定发髻的头饰，材质而言，梳篦多尚玳瑁和象牙材质。纽约大都会艺术博物馆藏商朝梳子，为带有朱砂痕迹的玉质（图4-1-7）。

图4-1-6　明嘉靖　楼阁人物金簪　中国国家博物馆藏

图4-1-7　商　梳子　纽约大都会艺术博物馆藏

假发自周代便有，也称作"被""编"（音便）"次""假结""假头""假髻""义髻"，多为女子梳高髻增加发量所用。小巧的假发可以直接用真发或黑丝绒等编成，高大的假髻则需要用木、纸或织物等制胎、衬，再涂漆，之后在胎体上缠裹毛发或鬃毛，制成逼真的发髻，其上往往还贴、绘有华丽的花饰、钿饰。明代已婚妇女的头饰有鬏髻，鬏髻多为硬质网状，用以罩住发髻并定型，多为黑色网状，材质有金、银、铁等金属，和马尾、竹篾、头发等一起编织成丝网。清代旗人女子吉服戴钿子，罩于头，近似于帽冠，在第三章有述。

明代人物纹银鎏金鬏髻，主体为一银丝发罩，出土时插满各类簪钗。正面的楼阁群仙纹银鎏金分心、两侧的蟋蟀形银鎏金对簪和背面的八宝纹银鎏金钿儿。明代女子头部常戴一灯笼孔的尖圆顶网罩，称为"鬏髻"。"鬏髻"多用银丝编制，讲究的则用金丝编制或金片锤，即便不施簪钗，也属很体面的妆饰。鬏髻周围常插有各式金银簪子，称为"头面"。根据样式及簪戴位置的不同，各式簪子又有挑心、分心、满冠、掩鬓、钿儿等名称。其中，对簪于鬏髻两侧的小簪子尤为玲珑精致。它们大多作各式草虫样，俗称"草虫簪"，可见蟋蟀、蝴蝶、蜻蜓、螳螂、蝎子、蜘蛛等，或搭配草叶，象生佼俏。明代无名氏之《山坡羊》中说："熬这顶鬏髻如同熬纱帽，想这纸婚书如同想官诰。"可知鬏髻在明代是已婚女子的重要头饰（图4-1-8）。

图 4-1-8 明 人物纹银鎏金鬏髻 上海市黄浦区李惠利中学明墓出土

（二）耳饰

中国古代穿耳从先秦至五代时期在汉族地区逐渐没落，因为在制度的影响下，贯耳作为刑罚一直延续至清代。从思想层面来看，穿耳风俗亦遭到诸子百家的抵制，孔孟思想崇尚"以礼制欲"，不鼓励女子矫饰，而韩非子认为"以文害用"，对穿耳这种破坏肉体的装饰行为亦不认同，《庄子》更有"不爪翦，不穿耳"的明确要求。传统孝道思想认为"身体发肤，受之父母"，对于穿耳这种破坏身体完整的行为并不认同。总体来看，由于制度和思想的影响穿耳被认为是"贱者之事"和"蛮夷所为"，穿耳一直流行于少数民族地区，直到宋代以后，对穿耳行为有了男女两性的区别认知，有学者认为宋代以后缠足和穿耳风俗的形成，都是对女性行为约束的一种体现。因此，宋代以后女性耳饰的普遍化，是古代社会商品经济和两性观念发展的具体表现，至明清时期女子佩戴耳饰已经极为普遍。

民国时期，穿耳风俗仍在延续，与缠足一样一度被认为是陋习，在1921年《申报》中发布了《不穿耳朵眼子之提议》："现我国女子，除了缠足外，还有一个急需废止的事，就是穿耳朵眼子……"这篇檄文代表了封建制度瓦解后社会对穿耳的探讨，后二十年间北平、安徽、汕头多地发布了禁止妇女穿耳的禁令，但女性佩戴耳饰仍没有杜绝，这一阶段不用穿耳，夹住耳垂的耳钳装饰受到欢迎，今天是否穿耳已经成为一种个性化选择，是否穿耳与性别和地位等没有必然联系，更多展现了审美好恶的主观选择。

玦为一种古老的耳饰，流行于新石器时期，为环形缺口状，多为玉石材质，也有金属材质，商周后逐渐变为挂饰。瑱为耳饰，其一指男子冕冠上的一种配饰，又名"充耳"，棉质称"纩"或"充纩"。其二指嵌入耳垂穿孔的耳饰，最早在余姚河姆渡遗址中就有出土陶质耳瑱。丁香，即塞于耳坠上的耳饰。形制类似于耳瑱，一种小型金属耳钉，也有在钉头镶嵌珠玉，相较于男性的瑱，丁香材质多为金属，以珠玉、琉璃质地为主。

1957年河南陕州区上村岭出土玉龙纹玦一对，这对玦大约在春秋时期（公元前770—前403年），直径3.7cm，孔径1.2cm。碧绿色，圆形片雕。中心有一圆孔，侧有一缺口，缺口两侧雕龙首共身纹，龙圆圈眼，身饰勾云纹。河南三门峡上村岭虢国墓地在1957年发掘出土玉玦共二百九十多件，多成对出土。《广韵》释玦："玦，佩如环而有缺。"玉玦最早出现于新石器时代，是中国出现最早的装饰玉器之一。玉玦出土时，多放置于墓主头骨两侧耳部，是挂在耳垂部的一种佩饰。西周晚期和春秋时期，玉玦多刻纹饰，有龙纹和勾连云纹等。战国以后，玉玦从耳饰逐渐演变为佩饰，并产生新的含义。《白虎通》记载："君子能决断则佩玦。"《广韵》记载："赐环则返，赐玦则绝。"此对玉玦造型规整，玉质纯净光润，纹饰精细，代表了春秋早期琢玉水平（图4-1-9）。

　　耳环，也称镮，简称环。耳饰最初以金属制，带有环脚。耳环的称谓在史籍中出现较晚，与中原地区最初穿耳习俗并不普遍有关，《集韵·鱼藻》载："镮，金银器名称。"又"璖，环属，戎夷贯耳。通作镮。"在少数民族中最先盛行耳环，后耳环在明代普遍使用，女子自幼穿耳，礼服也佩戴耳环（图4-1-10）。

图 4-1-9　春秋　玉龙纹玦　中国国家博物馆藏 　　　　　图 4-1-10　宋　耳环　上海博物馆藏

　　上海市黄浦区李惠利中学明墓出土明代镶金嵌玉葫芦形耳环一对。一式两件，成对。主体为两颗圆珠组合成的白玉葫芦，玲珑剔透，上覆花叶，腰缠连珠，有金叶托底。钩脚细长弯曲。中国的耳饰起源可追溯到远古，到了唐代似乎中断，无论实物还是图像都很少见。辽宋以降，耳饰重新兴盛，至元代格外重宝石，葫芦、天茄、一珠形制常见。明代对此多有继承，又结合金银工艺，制作更为细巧。明代耳饰有耳环、耳坠之分，典型的明式耳环簪戴起来会露出很长的弯脚，耳坠则否。从《明史》所列品官命妇的冠服制度来看，耳饰均为环，可见耳环比耳坠更为正式。葫芦形耳环又称"二珠环子"，在明代宫廷和民间都十分流行（图4-1-11）。

　　相较于耳环，耳坠礼仪等级较低，也称作"坠子"，造型以耳环下坠有垂饰为特征，坠饰在汉魏时期称"珰"。从先秦到元代，耳坠实物大多出土于北方以及西北的墓葬中，多为金质，以镶嵌绿松石、红玛瑙、玉石等为点缀。

　　元代执荷童子金耳坠，于2002年上海市松江区上海电视大学松江分校窖藏出土。耳坠上童子着对襟短衫，颈戴项圈、手足戴钏，表情生动，手持荷叶作舞蹈状，荷叶长梗恰与钩脚位置呼应。整件作品制作精致，细节不苟，显示出高超的制作技巧。童子的形象尚保留许

图 4-1-11　明　镶金嵌玉葫芦形耳环　上海市黄浦区李惠利中学明墓出土

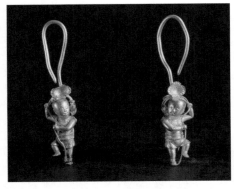

图 4-1-12　元　执荷童子金耳坠　上海博物馆藏

多宋代特征，但在双耳、五官、衣饰和身姿等部位的处理上已表现出很多细节变化，是元代同类题材作品的标准器物（图4-1-12）。

耳钳是满族耳环的一种，满族女性有一耳三钳的风俗，《辽海丛书》记载："初聘……奉省则有挂钩之说，其仪夫之父母姻族以耳钳、耳坠至女家，女子装饰拜于堂上。"耳钳后来也指无须穿孔，只以夹钳固定的耳饰。耳钳一般配有金属制成的弓形轧头，轧头上制有螺纹，佩戴时只要将轧头松开，套入耳垂，然后将轧头旋紧即可（图4-1-13～图4-1-16）。

图 4-1-13　清乾隆　孝贤纯皇后朝服像轴　故宫博物院藏

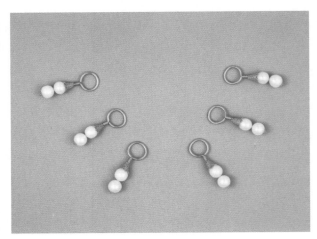

图 4-1-14　清　金环镶东珠耳饰　故宫博物院藏

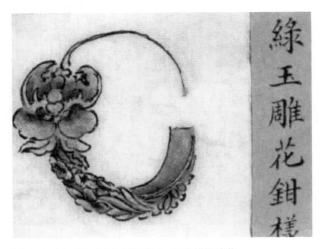

图 4-1-15　清　玉龙花钳样稿　故宫博物院藏

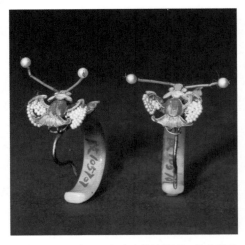

图 4-1-16　清　翠嵌珠宝蜂纹耳环　故宫博物院藏

（三）颈饰

颈饰在传统服饰中并不丰富，这或许与古代服饰大多不裸露脖颈有关，如明代《酌中志》就提及不允许女子脖领外露，且领部需缀纽扣。因此，古代著名的颈饰均有一定的功能需求，且套着于服饰面料上，如公服配伍的宋代方心曲领、清代朝珠，礼服配伍的女子领约和霞帔，以及驱邪避祸的儿童长命锁等。

颈饰指悬挂在脖子上的饰品，其中项链是最常见的颈饰，但项链的描述极少见于古籍。从出土情况来看，项链起源很早，在史前的旧石器时代遗址中就已经存在脖颈的坠饰，多以兽牙、鱼骨、贝壳和螺壳穿坠，穿珠的方式多为串珠、管、璜、各类牌饰、锥形器和坠等玉器搭配串制。

西周的玛瑙珠玉佩组合项饰，于1956—1957年河南三门峡市上村岭虢国墓地1820号墓出土。这组颈串饰用双线将101颗玛瑙珠、10件玉马蹄形饰、1件玉椭圆形饰和2件小石饰串联而成。玛瑙珠双行，每隔若干颗珠子，用双线穿入一件玉马蹄形饰，椭圆形玉饰垂于整组颈项饰的下方。玉椭圆形饰刻有龙首纹，玉马蹄形饰双线刻有龙鳞纹。此器出土时位于墓主的颈部，是一件十分美丽的项饰，是墓主生前实用器，死后随葬，墓主人为女性贵族。出土时颈饰件排列有序，便于重新串联，有很高的艺术价值。西周时期，这种组玉佩十分流行。在三门峡虢国墓、山西曲沃晋侯墓、陕西扶风强家墓等出土了大量的组玉佩，其上的玉饰件多为璜形，雕刻龙纹、龙凤纹和神人纹等，并与玛瑙珠穿缀在一起。出土时，多系于墓主的颈部。造型别致，色彩绚丽，典雅华贵（图4-1-17）。

图4-1-18所示项链属于隋代贵族李静训。李静训，又叫"李小孩"，陇西成纪（今甘肃秦安县）人，北周大将军李贤曾孙女，光禄大夫李敏之女。其自幼深受外祖母北周太后杨丽华的宠爱，一直在宫中抚养。隋代大业四年（608年），李静训殁于宫中，年仅九岁。杨丽华十分悲痛，厚礼葬之，其墓葬规格之高、出土文物之华丽，令人惊叹。这条金项链由二十八个金质球形链珠组成，每个球形链珠均由十二个小金环焊接而成，其上又各嵌珍珠十颗，珠光闪闪，璀璨夺目。项链上端正中为圆形，内嵌凹刻一花角鹿的深蓝色垂珠。项链下端居中为一个大圆金饰，上镶嵌一

图4-1-17　西周　玛瑙珠玉佩组合项饰　中国国家博物馆藏

图4-1-18　隋　嵌珍珠宝石金项链　中国国家博物馆藏　1957年陕西西安梁家庄隋李静训墓出土

红色宝石，宝石四周嵌有二十四颗珍珠，左右两侧各有一圆形金饰，上镶嵌蓝色珠饰，周缘亦各镶嵌珍珠一周。宝石下挂一心形金饰，上镶嵌一块长达3.1cm的蓝色宝石。整条项链红、蓝色宝石交相辉映，再配以洁白的珍珠，在纯金的烘托下格外鲜艳夺目，雍容华贵。

唐代佛教兴盛，受宗教影响，出现大量璎珞项链的形制。璎珞是佛像的典型装饰物，多悬垂至腹部且有多串，璎珞原来在印度是王宫贵族身份地位的专属，后被佛教吸收传入中国，汉代以后璎珞大量见于佛造像上，晚唐时期，璎珞出现在世俗女性形象中，璎珞的流行约在辽代，男女皆有佩戴，明代由于璎珞往往与项圈组合佩戴，后也称作璎珞圈，如《红楼梦》中有描述。

项圈是指套在脖子上的环形装饰，贵重的用金银制成，项圈的流行要晚于项链，如唐代的《簪花仕女图》中有佩戴项圈的仕女形象，项圈较粗，呈圆环状，前面有坠饰。元明时期，也称这种颈饰为"项牌"。汉族的未成年儿童有佩戴长命锁的习俗，形制与女子的项圈、项牌很接近，只是前坠多为锁状，表现保佑孩童平安长大的祈愿。清代，满族女子使用的颈饰称为领约，是搭配后妃朝服使用的一种项圈状颈饰，起到压平领部的礼仪作用，柱状金属质地，后脖颈坠有穗子。

南宋银鎏金鸳鸯衔荷纹霞帔坠，于1972年宝山区月浦镇南塘谭思通家族墓地出土，这是挂于霞帔底端作为压脚的装饰。本品为鸡心形，由模压的两片金片扣合而成。边沿饰花朵纹间连珠纹，中心是一对鸳鸯，口衔绶带，上系荷花，下垂绣球，尾羽伸出两只莲蓬。鸳鸯或芦雁衔荷的纹样盛行于唐宋辽金时期，以唐代的最为生动，之后逐渐程式化（图4-1-19）。

朝珠是清代服饰制度下的典型颈饰，康熙后确定朝珠为公服颈饰，纳入《清会典》舆服制度中，为部分皇室宗亲、官员和命妇穿着吉服时的配饰。形制与佛珠很相似，朝珠由一百零八颗珠子串联而成，每四分之一处的珠子材质规格不同，略大，分别称为"佛头""佛肩""佛脐"，佛头处是佛塔。背云是绦子带，绦带上有小宝石的坠角。根据场合身份的不同，朝珠的材质亦有区别，比如，皇帝在不同的场合佩戴不同质地的朝珠，祭地时佩戴琥珀或蜜蜡朝珠，祭日时佩戴红珊瑚朝珠，祭月时佩戴绿松石朝珠，祭天时佩戴青金石朝珠（图4-1-20）。

图4-1-19 南宋 银鎏金鸳鸯衔荷纹霞帔坠 上海博物馆藏

图4-1-20 清康熙 青金石朝珠 故宫博物院藏

二、世界其他国家的首饰

（一）美索不达米亚

美索不达米亚王朝早期（公元前2900—前2350年），国王和贵族变得越来越强大，独立于寺庙权威，尽管国王统治的成功被认为取决于神的支持。伦纳德·伍利（Leonard Woolley）在20世纪20—30年代在其中挖掘了16座王室陵墓。这些坟墓包括一个供国王或王后使用的拱形墓室，一个相邻的坑，里面埋葬着多达七十四名随从，还有一个从地面通往坟墓的坡道。在所谓的国王墓中，一位女性侍从的额头上装饰着一个由青金石和玛瑙珠隔开的精致的金箔。此外，埋葬的侍从还佩戴了金和青金石项链、金发带和银戒指。由于在美索不达米亚没有发现黄金、白银、青金石和玛瑙，王室陵墓中这些丰富的装饰物证明了早期王朝国王的财富，也证明了一个复杂的贸易系统的存在，该系统远远超出了美索不达米河谷（图4-1-21）。

图4-1-21　约公元前2600—2500年头饰　美索不达米亚，在乌尔城池发掘（即现在伊拉克的阿勒-穆卡亚）

（二）古埃及

古埃及的项圈，可以用彩釉、陶片、宝石、金属的珠子穿缀成多排的宽项链。在图形中常常见到的有荷鲁斯之眼（Wedjat或Udjat），这个符号最初代表了眼镜蛇女神华狄特的眼睛，最终成为法老守护神荷鲁斯的右眼。蜣螂，古埃及人视为太阳神的化身，象征复活和永生。比如法老死去时心脏被切出来换上缀满圣甲虫的石头。眼镜蛇是埃及君主的象征，被装饰在王冠和鹰状头巾上，首饰中还有蛇形的戒指和手镯，埃及神话中宇宙起源时诸神以蛇形生活在原始海洋中，蛇成为原始海洋中一切存在的化身。人死后化成蛇形。古埃及王国的戒指，金环，串有玉石立体雕刻的蝉，蟾的腹部有图腾雕刻，约公元前1985至1550年（图4-1-22）。

图4-1-22　古埃及的耳环和戒指　芝加哥艺术博物馆藏

　　神庙墙上经常出现埃及法老向神灵赠送宽项圈和其他珠宝的画面。在新王国，项圈的特点几乎是圆形的，有时还会有一个配重挂在后面。托勒密神庙中的类似场景往往显示半圆形项圈，其背面有长串或链条，但没有配重，这种安排类似于这种项圈。项圈不是平放的，而是倾斜的，这表明它是为了横跨一尊神圣雕像的胸部；然而，长链条和缺乏配重会使这种配合非常尴尬。由此可见，项圈可能是一种仪式性的礼物，而不是用来佩戴的。

　　从最外层到最内层，项链的六股线包括：①绿松石垂珠与翻领三角形交替；②垂垂的青金石莲花，金茎与金芽交替，空隙中充满玛瑙；③绿松石玫瑰花结，中心用青金石带隔开；④垂垂的青金石和绿松石纸莎草花，金茎与圆形金形状交替空间充满了玛瑙；⑤绿松石三角形与绿松石和青金石花瓣形状交替，图案暗示着悬挂的花朵形状；⑥悬挂着绿松石百合，被长长的金色叶子隔开。顶部为金饰面的青金石块边界，与之铰接的是镶嵌青金石的莲花端子（图4-1-23）。森沃斯雷特二世（Senwosret Ⅱ）金字塔旁的地下陵墓中的壁龛，有西塔索里乌内特（Sithathoryunet）公主所佩戴的项链。项链以几何与人物图案结合，展现了旭日之神将统治权授予国王森沃斯雷特二世（Senwosret Ⅱ），项链镶嵌着372块精心切割的半宝石（图4-1-24）。

图4-1-23　公元前332—前246年　托勒密早期项链

图4-1-24　约公元前1887—前1878年　西塔索里乌内特（Sithathoryunet）公主的项链

（三）古希腊

　　在埃及托勒密统治时期（公元前323—前31年），埃及图案在希腊珠宝中很流行，有时会被忠实地复制，或者像这些精美的耳环一样被更自由地改编。上部元素体现了钩子，其特点是一个埃及式的王冠，由半透明石头中的太阳盘组成，顶部是用不透明的黑白玻璃渲染的双羽毛。所有设置均饰有金色饰边。卫星玻璃珠（一个耳环上是红色和白色，另一个耳环是红色和绿色）在下面布线。饰有颗粒的三角形薄片部分隐藏了悬挂吊坠的铰链。王冠下面是一个心形吊坠，中心有一块红色的石头，边缘是一条锯齿形的黑白玻璃带，镶嵌在镶有珠子的金色景泰蓝中。下面有两个玻璃珠，第三个现在不见了，固定在底部的卷轴形和锥形饰条之间。金色挡板支持所有设置（图4-1-25）。金和银带圆盘和船形吊坠的金耳环东希腊语约公元前300年胜利女神尼克驾驶着两匹马的小雕像镶嵌在这些精心制作的耳环上的船形形状上方的花卉设计中（图4-1-26）。这款奢华臂章上的赫拉克勒斯结饰有丰富的花卉装饰，并镶嵌有石榴石、祖母绿和珐琅。根据罗马作家普林尼（Gaius Plinius Secundus）的说法，赫拉克勒斯结的装饰装置可以治愈伤口，它在希腊化珠宝中的流行表明它被认为有避邪的力量（图4-1-27）。

图4-1-25　公元前3—前2世纪　古希腊一对金耳环

图4-1-26　约公元前4世纪　希腊文化时代带圆盘和船形吊坠的金耳环

图4-1-27　古希腊　公元前3—前2世纪　古希腊带赫拉克勒斯结的金色臂章

据说这一组中的碎片是1913年之前在塞萨洛尼基附近的马其顿一起发现的。这些组合形成了一个令人印象深刻的组合（配套）——耳环、项链、别针（fibulae）、手镯和戒指——但不能确定它们是否属于一组，因为这些单品并没有显示出明显的统一风格。这条金带项链年代约为公元前300年，由三条双环中的双环链和一条山毛榉吊坠组成。端子采用常春藤或葡萄叶的形式，边缘有串珠金属丝，中心有玫瑰花结。在希腊世界的许多地区都发现了背带项链，包括意大利南部、小亚细亚和北庞都地区（图4-1-28）。

这对精美的金耳环的年代约为公元前330—前300年，由一个巨大的金银花掌叶组成，掌叶下方悬挂着一个精心制作的特洛伊王子木卫三的三维形象（图4-1-29）。

（四）拜占庭

拜占庭风格珠宝公元359—1453年，东罗马以君士坦丁堡为首都，延续了11个世纪，成为欧洲历史最久的君主制国家，后世称为拜占庭时期。拜占庭时期的珠宝装饰性强，色彩丰富，呈现出了高贵璀璨的珠宝艺术风格。这一时期精美的传世珠宝多为宗教用，其中十字架、耶稣、圣母等宗教元素贯穿着拜占庭时期的珠宝艺术，例如公元5世纪左右出现的十字架吊坠，刻有基督、圣母和天使及圣徒形象的耳环和戒指等饰品。拜占庭时代认为，贵重珠宝表达神性的完美。拜占庭风格的珠宝工艺以繁复的雕刻花纹，华丽的金属镶嵌，奢华的彩色宝石和精致的镶嵌珐琅而著称。镂空黄金加工工艺精致细腻，具有强烈的浮雕效果，镶嵌晶莹剔透的半弧面宝石。此外还有分隔珐琅技术，这种珠宝工艺是用金属细线分隔金属首饰的表面，并填充彩色玻璃或者珐琅，因精湛细节和鲜艳色彩而备受推崇（图4-1-30）。

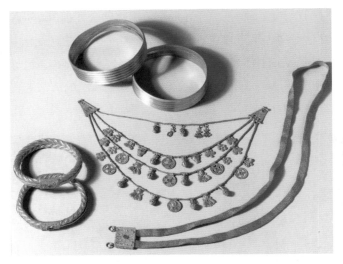

图4-1-28 约公元前5—前4世纪 伊比利亚半岛 金首饰组 大都会艺术博物馆

图4-1-29 木卫三珠宝 希腊 约公元前330—前300年 大都会艺术博物馆

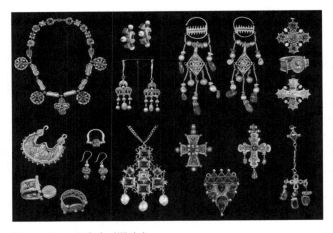

图4-1-30 拜占庭时期珠宝

（五）哥特时期

中世纪风格约为公元467—1453年，在13世纪早期以前，受东罗马的拜占庭风格影响较大。13世纪中期后，则受到了哥特建筑的启发，哥特式成为中世纪风格重要的设计元素。1375年左右为哥特式珠宝走向了优雅柔美的珠宝风格。贵族、富人和教会人士，成为社会中唯一负担得起精美珠宝的成员。珠宝设计通常代表家族纹章和地位，同时反映与宗教的深厚联系。首饰在当时，只作为参加重要庆典的装扮。因此以宗教题材为主，多用金银和珐琅彩，较少使用宝石。为了使奢华的珠宝装饰成为权贵的专属品，价值的象征，欧洲各国相继颁布了禁令，法规中将着装者土地所有权和社会地位成为佩戴饰品的决定性因素，强化了珠宝与地位之间的联系，平民只允许佩戴基本金属如锡和黄铜。哥特时期珠宝的代表之一有团簇型胸针，常见的有固定针的圆形胸针（图4-1-31）。许多珠宝饰品有铭文，以宗教或爱情宣言为主。另一件代表性的珠宝设计，是书籍封面（图4-1-32）。以黄金镶嵌珠宝的十字架造型的圣经封面最为经典。后来这些制作精美的书经过缩小后，也成为奢华配饰的一部分。

图4-1-31　约13世纪　环形胸针　　　　　　　　图4-1-32　约16世纪　祈祷书

（六）文艺复兴时期

文艺复兴时期珠宝首饰的设计和制作达到了一个新的高度。艺术家和珠宝匠开始实验新的材料和技术，创作出前所未有的精美作品。珠宝不再仅仅是身份的标志，更成为艺术表达的一种形式。伴随欧洲对古希腊古罗马文化艺术的狂热，珠宝设计风格逐渐由哥特式变为文艺复兴式。题材包括宗教象征以及经典神话的元素。艺术家进入珠宝领域。画家、雕塑家和金匠紧密合作，制作出华丽的珠宝配饰。还诞生了珐琅彩微雕工艺和新的装饰风格。珐琅绘制或者贝壳雕刻的各式珠宝吊坠，取代中世纪的胸针，成为此时最流行的首饰（图4-1-33、图4-1-34）。除了搭配项链环绕颈上，也镶嵌在裙装或腰带上。此外，宗教风格的护身符吊坠依旧非常流行，饰有微雕的神圣风景或神圣字母"IHS"，取自希腊文中"基督"的首两个和最后一个字母（图4-1-34、图4-1-35）。欧洲贵族装饰有带扣、黄金和珍珠彩宝。红蓝宝石、祖母绿和波斯湾的珍珠装饰最为流行。珠宝配饰开始以性别趋向取代阶级象征。

（七）巴洛克与洛可可时期

1600—1740年是巴洛克与洛可可时期。法国国王路易十四在位的整个17世纪，流行着巴洛克风格，这种珠宝风格既有宗教的色彩，又充满享乐主义的风情。巴洛克风格追求繁复夸张，富丽堂皇的艺术境界。生机勃勃、强烈奔放，强调形式的多变和气氛的渲染，华美的浮雕工艺绚烂而闪耀。绸缎的弓形是巴洛克珠宝最普遍的特征。贵金属制作的胸针或吊坠，装饰有宝石、珍珠和珐琅。设计由群镶自然主义向丝带蝴蝶结转变。最有代表性的设计名为赛维涅蝴蝶结，首次将蝴蝶结设计用于珠宝。而法国作家塞维涅夫人则让这种珠宝风靡一时。黄金上烧

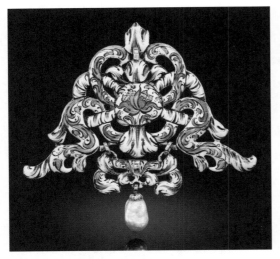

图 4-1-33　饰于三角胸衣的胸针

图 4-1-34　达特·茅丝女伯爵画像局部

制的五彩珐琅技艺，让珠宝色彩绚丽，尤其
适合表现花卉娇艳的美感，让上流社会趋之
若鹜。路易十五在位的18世纪则是洛可可风
格的流行期，它作为巴洛克风格的反映，有
更加阴柔的装饰审美。珠宝汲取着东方装饰
艺术，善用变幻曲线和艳丽色彩等女性元素，
娇艳轻盈、精致细腻。珐琅不再流行，转而
代之以各色彩宝，流光溢彩（图4-1-35）。

图 4-1-35　巴洛克与洛可可时期珠宝

（八）乔治亚时期

到了19世纪，随着工业革命的发展，珠宝制作开始实现机械化生产，珠宝首饰变得更加
普及。同时，各种珠宝展览会的举办也促进了珠宝设计的国际交流。进入20世纪，珠宝设计
经历了多次风格的变革，从艺术新古典主义到现代主义，再到当代的多元化风格，反映了社会
文化的变迁和个人表达的需求。1760年代诞生的正面白银，背面黄金的"金银混镶"成为镶
嵌钻石的标准工艺。此外，宝石多采用平底和三角形刻面的"玫瑰切"。

18世纪初至19世纪的"乔治亚时期"以英国汉诺威（Hanover）君主命名定义，经历四
任乔治君主和一位威廉君主。作为上流社会钟情的精致珠宝，设计随社会变革和思潮日新月
异。早期是华丽俏皮的洛可可风格，后来则更偏向哥特和新古典主义。各式手工锻造的精致珠
宝，用熔炼18K金、银以及合金，镶嵌以玫瑰切钻石、石榴石、祖母绿、翡翠和红宝石等色彩
鲜艳的有色宝石。乔治亚时代珠宝的标志元素，是封闭的宝石底座，有时底部放置箔片。有助
于增强宝石所谓亮度和色泽，营造更为丰富而闪烁的效果。具有精致细节的合金珠宝达到巅

峰。形状多样的花纹以及针织链条的首饰设计，营造出垂挂吊饰般的对称设计，成为此时项链的特点。珠宝设计，也会根据一天当中，不同时段的着装要求而设计和搭配。如日装搭配项链、贝壳浮雕胸针、彩宝戒指和手镯；晚装则搭配玫瑰切割的华丽钻石项链，胸针耳环等珠宝套装，让整个夜晚熠熠生辉。微型画像、发丝珠宝、剪影和"情人眼"组成迷人的"爱情珠宝"。最为独特的"情人眼"珠宝：将肖像眼睛搭配钻石或珍珠，制作为吊坠或者项链，是18世纪晚期，英国社会独特而传神的情感传递方式（图4-1-36、图4-1-37）。

图4-1-36 乔治亚时期珠宝"情人眼"吊坠

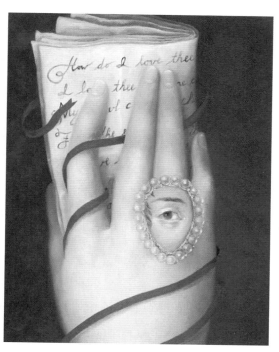

图4-1-37 绘画中的情人眼戒指

（九）拿破仑时期

拿破仑一世与皇后约瑟芬推进了材质的运用和设计风尚的改变，对欧洲珠宝风格有极为重要的影响，于是1804—1815年成为拿破仑珠宝的流行期（图4-1-38）。随着议会建立和经济复苏，奢侈品和珠宝贸易日益昌盛。受拿破仑影响，重要场合全套珠宝再度流行。希腊钥匙、棕叶饰、月桂叶、拱门和鹰形是最流行的装饰风格，镶嵌钻石、红蓝宝石、祖母绿和珍珠等天然宝石，或者精致的贝壳雕刻。此时的珠宝除了项链、耳饰、戒指和胸针，还流行发梳、头冠。以及独特的藏头诗珠宝，用各宝石首字母组合成单词来表达情感。

1810年，18岁的奥地利女大公玛丽·路易丝嫁给拿破仑一世，成为第二任皇后。拿破仑赠予首饰套装，包括一条项链、一个梳形发饰、一对手链和一对耳环。整套珠宝在黄金之上装饰着蓝色琉璃与微砌马赛克镶嵌图案，主题是著名的古罗马建筑和遗迹。上面的精雕金葡萄叶和串串葡萄，在法兰西第一帝国时期是很少见的，从它的设计细节中，隐约可以看到随后到来的浪漫主义风格的影子（图4-1-39）。

图4-1-38　佩戴珠宝的约瑟芬皇后

图4-1-39　玛丽·路易丝的微切马赛克珠宝

（十）维多利亚时期

1837—1901年，标志着英国历史上最为辉煌的维多利亚时代。在此期间，工业革命为科学技术带来了前所未有的巨大变革，经济、文化与艺术领域均实现了繁荣发展。维多利亚女王的时代影响力深远，其早期风格继承了古典样式并进行了重新演绎。在珠宝设计领域，这一时代的灵感多源自文艺复兴时期的精髓与中世纪哥特风格的神秘。设计师们巧妙取材自然，将优雅与高贵融入宫廷设计中，引领了珠宝艺术的华丽篇章。随着时代的推进，贵金属与各类彩色宝石逐渐变得更为亲民，普及至更广泛的社会阶层。同时，技术与工艺的不断革新，如丝网镂空与金属雕刻等精湛技艺的涌现，更是为珠宝设计领域增添了无数令人叹为观止的杰作。

在18世纪60年代，珠宝设计领域见证了自然主义与浪漫主义风格的极致展现。这一时期，珠宝设计融合了颤动的珠宝花束与点状凸起的装饰技艺，巧妙地将纹章图案、建筑风格元素以及精细雕琢的金属卷叶与腕带框架相结合，构成了该时代珠宝的独特风貌。钻石与彩色宝石镶嵌而成的花束、飘带及麦穗状珠宝蔚然成风，这些作品巧妙融入花卉、植物等充满浪漫气息的自然元素，与精细雕刻的金属基底及各色璀璨的天然宝石相得益彰，共同绽放出耀眼的光芒。此外，以神话为灵感的玛瑙、珊瑚、贝壳等材质浮雕首饰亦颇为盛行，这些作品不仅展现了细腻入微的工艺技巧，更透露出对复古美学的崇尚，其造型典雅庄重，洋溢着唯美浪漫的情调。值得注意的是，自维多利亚时代晚期起，珠宝定制逐渐成为风尚，昆虫与星星等主题被巧妙地融入设计之中，搭配以精致的金属蕾丝纹理，镶嵌以精湛切工的钻石与五彩宝石，整体呈现出一种高贵奢华的宫廷气息（图4-1-40）。

图4-1-40 维多利亚时期珠宝

（十一）新艺术风格时期

20世纪到来之初，欧洲在不同艺术风格的影响下，出现新奇另类的美学形式。新艺术风格的珠宝，主要在1890—1910年之间流行。注重金银、象牙及珐琅等材质的精雕细琢，贵重宝石和钻石仅起点缀作用，华丽而婉约。光线透过层叠堆积的透明珐琅，尤其适合表现自然花卉和女性的唯美绚丽。作为新艺术运动的基石，带来奇幻的玻璃质感，精致而神秘。伴随女性意识的崛起，新艺术时期珠宝中常见的图案包括女性形象、唯美花卉、蜻蜓、蝴蝶以及植物花环等。充满诱惑和迷人的魅力。新艺术风格珠宝，将寻常材料精制成不可思议的艺术精品，展示出自然的迷人特质。既现实又梦幻，仿佛回归黄金时代的异域世界（图4-1-41）。

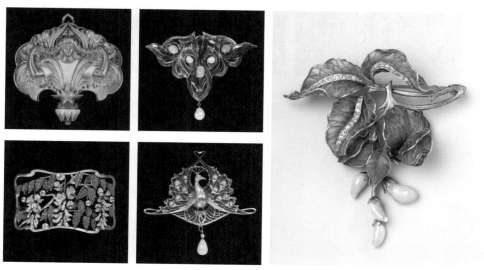

图4-1-41 新艺术时期珠宝

（十二）爱德华时期

1900—1910年，英国国王爱华德七世在位的"爱德华时期"，也被称为"美好时代"。英国社会繁荣富裕，歌舞升平，珠宝未受新艺术运动的影响而革新，而是沿袭传统设计的同时，结合新技术，将奢华镶嵌的大尺度珠宝，变得纤细优雅而浪漫。典型设计是以花朵搭配丝带、蝴蝶结图案制成如花冠般的造型，搭配繁复的蕾丝缇边及珍贵的宝石和金属，展现宫廷式的华丽细致（图4-1-42）。

爱德华时期尤其善用铂金加工工艺，营造精致的蕾丝风格与花环形，将其作为吊坠胸针的基底装饰钻石。冠冕、钻石项链和耳坠同样设计成花环、绸带以及交错带及心形，成为20世纪初期爱德华时期设计风格的典型饰品样式。爱德华时期珠宝设计，也从夸张炫耀的款式转变为优雅精致的风格。黑白组合逐渐成为时尚，铂金搭配钻石、玛瑙和黑色珐琅成为热潮。浓郁而温和的紫水晶、蓝宝和欧泊，搭配珍珠，内敛而低调。

图4-1-42　爱德华时期珠宝

（十三）装饰艺术时期

1910—1930年，兴起了装饰艺术风格，与爱德时代的复古柔美不同，它以时尚、先锋和艺术表现力而闻名。作为文化融合，东方装饰元素也运用到珠宝创作中，最鲜明特点是几何图形的叠加、丰富色彩的对比、极富现代美学的线条和装饰性。装饰艺术时期，珠宝设计诞生了全新的宝石切割方式，包括了梯形、半圆、三角和棱柱形的设计，搭配色彩鲜明的彩宝与钻石，制作出花式几何风格的珠宝。通常搭配不同质地的彩色宝石：玛瑙、水晶、珊瑚、青金与珍贵的刻面宝石，该时期的珠宝具有极富韵律和节奏的设计审美（图4-1-43）。

图 4-1-43　装饰艺术时期的珠宝与手稿

第二节　首饰的分类

　　首饰从广义上讲是指使用各种材料用于个人装饰及相关环境物品装饰的饰品，狭义则是指用典型首饰材料（贵金属材料及天然珠宝玉石材料）制作的工艺精良，并以个人装饰为主要目的，且随身佩戴的饰品。[1]

　　首饰的种类繁多，形式多样。对于使用首饰的大众来说，通常所用到的成品有项链、手链、耳环、戒指、胸花、胸针、发圈、发夹等。首饰设计的形态与当时社会的政治、经济、科技及文化艺术的发展息息相关。随着首饰行业的发展和受到现代社会新潮思想的影响，首饰的功能与内涵也发生巨大转变，产品品类及设计层出不穷，极富个性与美感，以其独特的艺术语言推动着大众审美品位的提升。

一、首饰按照装饰部位分类

（一）头饰

　　头饰指戴在头上的饰物，在人体的各部位中，头部是最重要的，是视觉最集中的地方。人类对于头部的装饰是极为重视的，历史上的统治者都极其重视头部的装饰，将头部的装饰与权力、地位、等级等相联系，规定也极为严格。

　　头部位于人体最高之处，顶上四周开阔，发式多变，这给头饰以很大的展示空间。头饰的装饰性极强，种类和形制相对较多，主要包括冠饰、额饰以及各式发饰（发夹、发簪、发箍、发套、发带、头花、发巾等）（图 4-2-1、图 4-2-2）。

图 4-2-1　盖娅传说 2019 春夏系列头饰　图 4-2-2　兰斐（LAFINE）2024 春夏高级手工系列头饰

（二）面饰

面饰指面部的装饰物，传统的面饰包括中国古代的额黄、花钿、面靥、斜红，欧洲妇女的美人痣或印度妇女的鼻饰。现代的面饰包括面纱、口罩、眼镜、鼻环、唇钉等（图 4-2-3、图 4-2-4）。

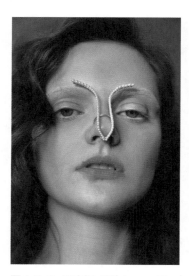 

图 4-2-3　乔安妮·谭（Joanne Tan）的鼻饰作品　图 4-2-4　迪奥 2018 超现实主义神秘面纱

（三）耳饰

耳饰是戴在耳朵上的饰品，耳朵位于面部的两侧，几乎与人的视平线等高，耳饰是面部两侧的点睛之笔，造型灵巧多变，能够起到整体协调和修饰脸部的效果。

耳饰按造型与佩戴方式不同可以分为耳玦、耳珰、耳钉、耳环、耳坠、耳钩、耳线、耳夹等。可以设计成对称样式，少量也出现不对称样式。带有垂坠的耳饰会随头部的转动而摇摆，使面部平添几分情趣与引人注目的生动。造型夸张的耳饰可以很好地烘托面部氛围，与服装造型相呼应（图4-2-5）。

（四）手饰

戴在手及手臂上的装饰品称为手饰。手是人体最灵活的部位，它不仅可以从事劳动，同时还可以表达肢体语言，传递情感。为此，人们对它精心呵护并装饰美化，在对手进行美化时，还要考虑对手的保护和手的功能不受影响，因此手饰最初是集美化与保护作用于一身的，而后保护功能才逐渐隐退，美化功能加强。

手饰的佩戴部位主要在手指、手腕上，种类包括手镯、手链、手表、戒指、扳指、指环、戒指等。根据身体结构特点，手饰多采用圆形、椭圆形的结构，它可以在符合人体工学基础上，通过空间结构和材质的变化来寻求更广阔的构成形式，一般采用金属、玉石、骨制品、宝石及皮革等材质（图4-2-6）。

（五）颈饰

颈饰指佩戴于脖颈的装饰物。脖颈是联系头与躯体的关键部位，起着枢纽的作用，其靠近面部，是人体视线的又一焦点，这里是头饰和耳饰下延的区域，同时又是衣服的开领部位，其特殊之处还在于它与肩部横向和胸部之纵向的连带关系，这使得佩戴在颈部的饰物有较为开阔的展示空间。另外，由于颈部非常灵活，佩戴于此的饰物很容易吸引人们的注意，因此颈部成为首饰展示的重要区域。

颈饰一般是指首饰套件的主体，按造型一般分为项链、项圈、吊坠、璎珞、念珠等。颈饰的造型、材质丰富，可以非常好地起到修饰脸型的作用（图4-2-7、图4-2-8）。

图 4-2-5　王薇薇（Vera Wang）2024 夏天仙女风耳环系列

图 4-2-6　乔治·哈贝克（Georges Hobeika）2017 春夏高定手饰

图 4-2-7 香奈儿（Chanel）2024 秀场
项链

图 4-2-8 华伦天奴（Valentino）2016 春
夏秀场项链

（六）胸饰

胸饰多样而灵活，其既可以是悬于颈部垂而至胸部；也可以是附于衣服之上，如一个精致的胸针；又或是悬挂于纽扣上的一串压襟、吊坠。

女士用的胸针多佩戴于西装或大衣的驳领上，或插于羊毛衫、衬衣、裙装的前胸某一部位。现代胸饰设计，其装饰部位有了更大范围的延伸，和服装的结合也更为紧密，造型精巧别致，以花卉型、动物型、几何型为主。材料多为金、银、铜以及天然宝石、人造宝石、贝壳、羽毛和纺织品等（图4-2-9）。

（七）腰饰

图 4-2-9 布切隆（Boucheron）高级珠宝系列：双回形胸针的变奏

腰部对人体来说至关重要，它是人体的重心所在，是上下身的枢纽，坐、起、蹲、走等动作都要通过此处方能完成。腰部在人体中起着重要的分割比例作用，不仅是服装所要表现的重要部位和区域，同时也是首饰展示的理想地带。

在我国古代，人们非常重视腰饰，带钩、玉佩、腰牌等都挂配于此。腰饰无论是依附于服装出现，还是以独立的形式展示，都有其独特的意义与魅力。腰饰主要有腰带、腰封、带钩、带环、带板、玉佩及其他腰间携挂物。材料一般以皮革、纺织品、贵金属镶宝石或玉石居多。

郭培2017秋冬高定礼服腰间搭配金属枝叶装饰的腰封，制造纤细腰身的同时产生光泽质感的对比，丰富了视觉，飘逸与繁复叠搭、交织，演绎出亦真亦幻的戏剧冲突，完美诠释出精致优雅、富有灵气的女性形象（图4-2-10）。

（八）足饰

足饰主要是用在脚踝、大腿、小腿的装饰。常见的有脚链、脚镯、脚趾戒等多种装饰手段，广义上还可以包括各种具有装饰性的鞋、袜。脚镯一般以金、银、翡翠、玛瑙等材质为主，种类较多，有单环式、双环式、系铃式、螺纹式、绳索式、链式等。华伦天奴2016春夏高定系列，设计师融合了东拜占庭帝国与西方古典风格和现代舞中女性动态的美，搭配金属脚饰有一种油画中赤足仙子的感觉（图4-2-11）。

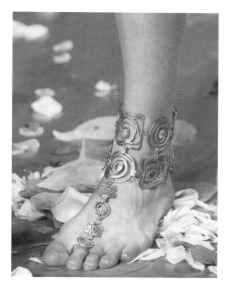

图 4-2-10　郭培 2017 秋冬秀场腰饰　　　　图 4-2-11　华伦天奴 2016 春夏高定系列金属足饰

二、首饰按照佩戴者的性别分类

（一）女性首饰

女性在日常生活中佩戴的首饰，在一定程度上反映着女性社会的生活状态和思维方式，影响着女性对自身社会角色的理解和定位。佩戴精心设计的首饰，可以从多个层面展现女性的精神状态、情感因素、性格趣味和艺术修养。精美的首饰映衬出女性的美好，也能传递情绪，激发人们的审美情感。

女性首饰一般设计柔美，造型精致、美观，色彩丰富绚丽，款式变化灵活，紧随时尚流行而不断推陈出新。优美的饰品使佩戴者充分展现其魅力与个性特点，女性首饰在首饰市场消费中占据主导地位（图4-2-12）。

（二）男性首饰

男性首饰作为首饰类别中不可或缺的重要部分，不仅具有装饰功能，而且是男性财富、权力、身份和地位的象征，在整个艺术领域中具有深层次的社会意义。男性佩戴首饰的目的往往包括：彰显自身财富和身份地位、展示自身的气质和魅力、体现个人品位，并流露出自己丰富的内涵和情感。

尽管男性首饰承载了许多社会性的功能，但是它最基本的审美功能还是不容忽视的，尤其是在与服装搭配的装饰性首饰中，这一功能体现得最为突出，也逐渐成为人们日常消费的一大类，比如男性经常佩戴的有项链、戒指、手环、领带夹、袖扣、手表等。[2]男性首饰一般造型简练大方、线条明朗、富有力度，主要突出材料的特点及价值（图4-2-13）。

图 4-2-12 梵克雅宝（Van Cleef & Arpels）女式项链和戒指 | 图 4-2-13 卡地亚（Cartier）男式首饰

三、首饰按照功用分类

纵观首饰的发展历程，传统首饰如果排除礼仪制度等因素，在其发展中确有实用功能减弱、装饰美化功能增强的特点。首饰发展至现代，与装饰性相关的功能依旧突出，但是人们对美的需求产生了更进一步的划分，从产品设计的角度，将首饰类别分为艺术首饰与商业首饰，前者强调"美的展示与引导"，后者注重"美的实现与获得"。

（一）艺术首饰

艺术首饰是将首饰作为纯粹的艺术品来设计和制作的，以某种思想观念作为先导或切入点，并运用能够充分表现这种思想观念的材质和形式制作而成的首饰，创作目的在于观念的表述与情感的宣泄，具有鲜明的个性色彩和实验性，强调其作为艺术品的审美价值或指向意义。

艺术首饰根植于现代艺术，并得益于手工艺术的回归，通常是由设计师亲自设计并制作完成，通过作品表达设计师对自然、社会、人文等的理解和感受，它存在的意义在于被欣赏的过程，实现对消费者的引导和风格理念的展示。艺术首饰作为艺术品，随着各艺术领域的交流，不断产生各种新锐的设计导向。

（二）商业首饰

商业首饰通常是以商品的形式进入流通领域，人们通过购买、使用的过程来完成对其的体验。此类首饰，从设计到销售以及使用，始终紧紧围绕商业这一中心，以市场需求为导向，以时尚、潮流为风向标，以满足消费者需求为目标，以期达到经济利益的最大化。

商业首饰设计的创意来源于艺术首饰，但不像艺术首饰那般天马行空和毫无约束，而是在此设计理念基础上进行款式上的提炼简化，以便于批量化生产而适应市场。商业首饰的呈现更加注重装饰性与实用性的结合，注重目标群体的消费能力与习惯，注重对消费群体的情感关怀，具备大众消费的亲和力。商业首饰根据目标客群的不同，又可分为大众首饰与定制首饰。

四、首饰按照风格分类

艺术风格是首饰作品整体风貌的呈现，是创作者的艺术素养、审美情趣、思想观念以及生活经历等内在特征的反映，它与创作者的关联是十分紧密的，归纳起来，当代首饰的风格大致有如下几种：

（一）自然风格

首饰最早是基于材质本身的审美特征以及贵重程度来决定其造型形式的，将一件物品修整磨光，是人类最早对自然物进行造型加工的方式之一，除了满足使用需求外，同时也满足审美上的需求。如最早作为首饰的材质往往是贝壳、骨头、羽毛、石头等，随形的打磨和穿孔后便作为具有象征意义的物件穿戴在身上。自然风的饰品将大自然的鬼斧神工和工艺师的精湛工艺完美结合，将材质特色发挥得恰到好处。

兽牙经过打磨和添加金属装饰做成项链吊坠，象征着佩戴者的勇敢与无畏（图4-2-14）。高级珠宝为了突出其主要宝石材料的美丽和贵重，造型的设计都是围绕着宝石主体展开，如翡翠玉石为材质的首饰中，常常会用到随形和俏色的方式，剔除材料的瑕疵部分，最大限度地保留材料完整并突出其贵重性，并在此基础上进行造型处理（图4-2-15）。

（二）仿生风格

大自然包罗万象，创造出了各种生物独特的存在方式与形态，为艺术创作带来取之不尽、用之不竭的灵感。仿生设计学作为人类社会生产活动与自然界的契合点，使人类社会与自然达

图 4-2-14　兽牙装饰饰品　　　　　　　图 4-2-15　黄翡俏色巧雕一鸣惊人翡翠吊坠

到了高度的统一，形态仿生设计学研究的是生物体（包括动物、植物、微生物、人类）和自然界物质存在（如日、月、风、云、山、川、雷、电等）的外部形态及其象征寓意，以及如何通过相应的艺术处理手法将其应用于设计中。[3]仿生风格首饰设计中经常模仿和再现花鸟鱼虫、动物、建筑、人物等客观对象，以具象的形体作为创作元素，手法写实，细致入微。

　　基于人类造物的本能习惯，自古以来的传统与当代并存的古董艺术珠宝品牌——海默尔（Hemmerle），是有着130年历史的德国老牌珠宝商。其Delicious Jewels系列重点介绍了大自然的艺术性，以各种金属、宝石来打造最接近天然蔬菜的颜色变化和纹理，巧妙地模仿蔬菜的色泽和质地（图4-2-16）。西班牙著名画家萨尔瓦多·达利（Salvador Dali）将奇思妙想与超现实主义的因素融入珠宝设计。他的海星胸针借助超现实主义手法展现出极强的生命力，海星断臂可以重生，蝴蝶可以破茧，树枝在春天重生，三者看似无关，却都暗含着"重生"的寓意（图4-2-17）。

（三）抽象风格

　　抽象艺术一般被理解为不直接描绘客观世界的具体形象，反而透过抽象的形状和颜色以主观方式来表达。现代抽象艺术包含两大类型：一类是从自然物象出发的抽象，形成与自然物象保持有一定联系的抽象艺术形式；另一类是不以自然物象为基础的抽象，创作纯粹的形式构成。在这些艺术思潮与流派影响下，有大量的首饰设计师以抽象的眼光来看待和理解我们身边的事物，以基本的视觉语言和形式要素，如点线面、色彩、明暗、质感构成等的非具象的造型，借以表达某种情绪、意念等精神内容或美感体验。

　　维拉斯（Paola Vilas）的珠宝作品不仅是珠宝，更是一种表达女权主义的方式。她的设计灵感来源于女性身体，将女性的力量和美丽转化为抽象的珠宝作品，充满了怪诞的超现实主义

图 4-2-16 海默尔的豌豆胸针

图 4-2-17 萨尔瓦多·达利的海星胸针

风格，象征着女性的自信和坚强（图 4-2-18）。阿古斯蒂娜·罗斯（Agustina Ros）是一位致力于研究金属与玻璃结合的西班牙首饰艺术家。她的灵感主要来自寻找突出玻璃的亮度和反射，这个元素与光和空间的特殊关系，允许无限的欣赏可能性。利用框架、玻璃吹制、冷加工和贵金属（金、银）熏制等技术，创造了独特的、不可复制的设计（图 4-2-19）。

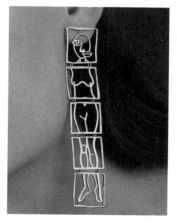

图 4-2-18 维拉斯的抽象
人体耳坠

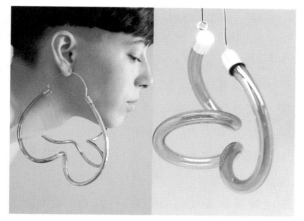

图 4-2-19 阿古斯蒂娜·罗斯的抽象玻璃耳坠

（四）极简风格

作为一种现代艺术流派，极简主义在设计语言上以简单到极致为追求，主张把设计元素减至最少，去除多余的、繁复的表面装饰，批判结构上的形式主义。它的"少"并不意味着盲目的、单纯的简化，而是丰富性的升华，在细节中每一个线条都精心设计，焕发出舒适的视觉审美。极简主义在感官上简约整洁，品味和思想上更为优雅，是去繁求简的高级智慧。这种风格的首饰作品造型简约，着重于简单但有力量感的几何元素以及空间上的设计元素表现，给人以干脆利索、轻松明快的愉悦感。

阳·弗兰克（Young Frankk）是成立于2012年来自美国弗吉尼亚州的饰品品牌，作品设计未来感十足，把极简主义刻在每件饰品的骨子里，金属元素搭配简洁的设计，一眼看去就很干净利落。品牌最经典的款式是链条系列，略粗的链条更显硬朗，还带有朋克的洒脱感。心形拼接的耳坠，线条自由随意摆动，表达了设计师对自由线条艺术的喜爱（图4-2-20）。

图 4-2-20　阳·弗兰克的极简风首饰

（五）雕塑与建筑风格

雕塑、建筑与首饰都是一种可触碰的空间造型艺术，都是用物质材料在三维空间里创造立体的艺术形象。建筑是五光十色的巨大珠宝，首饰则是佩戴在人们身上可以行走的建筑。首饰被称为是"身体的雕塑""佩戴的雕塑""缩小的雕塑"。在设计实践中，强调首饰设计从雕塑入手，有利于设计师建立立体空间的造型观念，排除传统首饰造型形式和实用功能主义的干扰，拓展设计构思空间。当建筑成为首饰艺术家的灵感，它所表达的往往不止于表面的形态，更多时候设计师是在探讨空间、环境与人体的关系。

扎哈·哈迪德（Zaha Hadid）作为伊拉克裔英国女建筑师，她与多个品牌跨界合作的首饰每每成为划时空的新经典。她的设计一向以大胆的造型闻名，基于这种理念的首饰设计，打破传统观念而寻求更加具有新意、宣扬个性、前卫的首饰设计思路。与丹麦银器厂Georg Jensen合作的建筑元素首饰，灵感来自她设计的流线型的建筑轮廓，其擅长的片状结构在这个系列首饰中得到了完美的重现（图4-2-21）。

伦敦建筑珠宝设计师维姬·艾米-史密斯（Vicki Ambery-Smith），

图 4-2-21　扎哈·哈迪德为 Georg Jensen 设计的建筑元素首饰系列

她不仅是一名出名的珠宝规划师,也是一位优异杰出的艺术家。其以精致和华美而出名于珠宝首饰界,构思多来源于欧洲古堡、古罗马建筑,古色古香的城堡,清晰流畅的轮廓,墙上的每一块砖、每一个门孔都极其精细。在观赏了这些古堡之后,依据修建的特征及风格规划出了一些绝无仅有的首饰作品,360° 全方位展示美感,宛若一座微型艺术品,不仅展现了童话城堡的极致唯美,更赋予了黄金珠宝以灵魂(图4-2-22)。

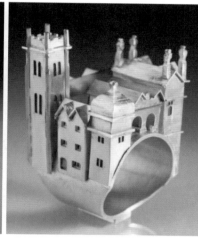

图 4-2-22 维姬·艾米·史密斯的城堡主题戒指

(六)装置艺术风格

装置艺术,是指艺术家在特定的时空环境里,将人类日常生活中的已消费或未消费过的物质文化实体,进行艺术性的有效选择、利用、改造和组合,以令其演绎出新的展示个体或群体丰富的精神文化意蕴的艺术形态。[4]简单地讲,装置艺术,就是"场地+材料+情感"的综合展示艺术。带有装置艺术情趣的珠宝设计有些是很具象、很卡通的,并且十分贴近人的生活,是趣味首饰的一个组成部分。在视觉和触觉上,这类现代的首饰有时能给观者强烈的震撼。

美国的艺术家詹妮弗·克鲁皮(Jennifer Crupi)在 Ornamental Hands 系列中通过重现几个世纪以来艺术作品中常见的优雅手部姿势,强化了长期以来的审美标准。每件作品都包含手指附件,这些附件由链条悬挂并固定在手腕上,定位手牵线木偶式,鼓励佩戴者做出相同的姿态。这些手工制作的互动装置指出了各种手势或姿势及其相关含义,希望佩戴者能够意识到我们的身体如何为我们说话的重要性(图4-2-23)。

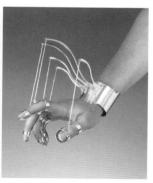

图 4-2-23 詹妮弗·克鲁皮的 Ornamental Hands 系列作品

　　来自韩国的尹德农（Dukno Yoon）是一位现实奇幻主义首饰家，他的一系列运动机械首饰结构精巧，构思奇妙，将机械运动原理融入当代首饰设计中。代表作品为模仿鸟类飞行的戒指，利用手指关节的转动，就可以让戒指上的装置模仿鸟类飞行的姿态，相当惟妙惟肖，仿佛只要戴上这枚戒指，你的手指就化身为一只飞翔的小鸟，这些精密的机械感首饰有着耐人寻味的巧思（图4-2-24）。

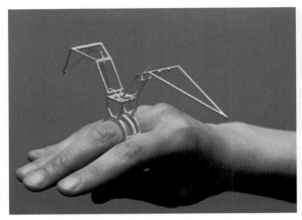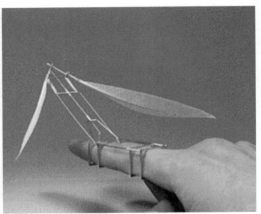

图 4-2-24　尹德农的运动机械首饰

第三节　首饰搭配艺术

　　从首饰诞生以来，其承载了多种意义，但首饰最重要的作用之一便是装饰，装饰与被装饰物的关系最终表现为审美与实用、形式与功能之间的关系。首饰不是一种完全自由的艺术，它被置于装饰物的主体之上或之中。装饰是自我延伸的符号体现，是首饰外在形象与信息的综合体，具有一定的象征性和寓意，人们通过装饰的形态能联想到背后的寓意和以审美的方式刺激人的感官，激发人的想象力。

　　首饰是人体与服装的精神与气质的延伸，是身份与品位的体现。在选购和搭配首饰时，不仅要符合个人爱好，还需要注重饰品与佩戴者的体型、肤色、气质、服装、场合、年龄、职业等的和谐，才能起到协调统一的效果，给人以美的享受。当你选配了合适的首饰，往往能为整个造型画龙点睛。

一、首饰与脸型的搭配

　　良好的整体妆造是向别人展现自己的最鲜明、最简洁的社交方式，适当搭配首饰来彰显自己的美丽与个性会给对方留下更美好的印象。每个人的脸型都有自己的特点，针对不同脸型进行合理的首饰搭配，通过人们对首饰的注意，而分散或改变对脸型形态的感觉，扬长避短，可对脸型起到很好的平衡作用（表4-3-1）。

表4-3-1 首饰与脸型的搭配

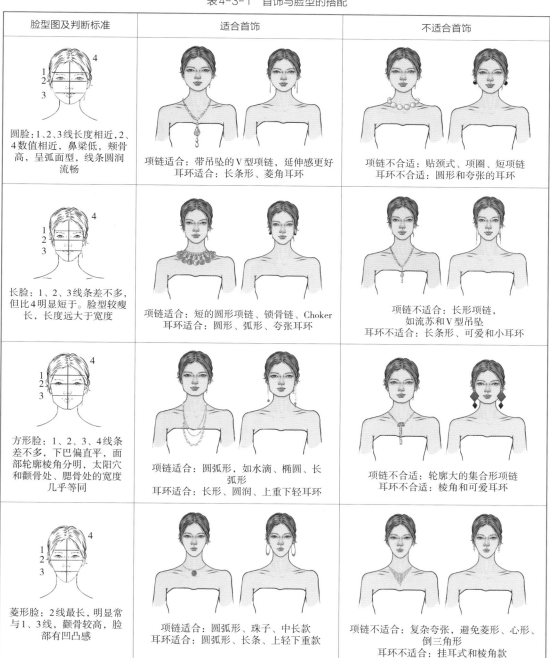

脸型图及判断标准	适合首饰	不适合首饰
圆脸：1、2、3线长度相近，2、4数值相近，鼻梁低，颧骨高，呈弧面型，线条圆润流畅	项链适合：带吊坠的V型项链，延伸感更好 耳环适合：长条形、菱角耳环	项链不合适：贴颈式、项圈、短项链 耳环不合适：圆形和夸张的耳环
长脸：1、2、3线条差不多，但比4明显短于。脸型较瘦长，长度远大于宽度	项链适合：短的圆形项链、锁骨链、Choker 耳环适合：圆形、弧形、夸张耳环	项链不适合：长形项链，如流苏和V型吊坠 耳环不适合：长条形、可爱和小耳环
方形脸：1、2、3、4线条差不多，下巴偏直平，面部轮廓棱角分明，太阳穴和颧骨处、腮骨处的宽度几乎等同	项链适合：圆弧形，如水滴、椭圆、长弧形 耳环适合：长形、圆润、上重下轻耳环	项链不合适：轮廓大的集合形项链 耳环不合适：棱角和可爱耳环
菱形脸：2线最长，明显常与1、3线，颧骨较高，脸部有凹凸感	项链适合：圆弧形、珠子、中长款 耳环适合：圆弧形、长条、上轻下重款	项链不适合：复杂夸张，避免菱形、心形、倒三角形 耳环不适合：挂耳式和棱角款

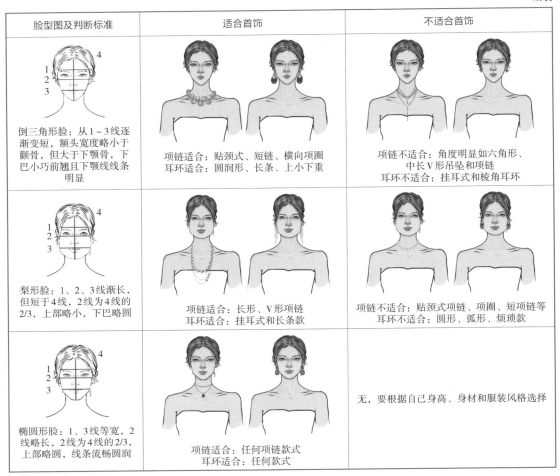

脸型图及判断标准	适合首饰	不适合首饰
倒三角形脸：从1～3线逐渐变短，额头宽度略小于颧骨，但大于下颚骨，下巴小巧前翘且下颚线条线明显	项链适合：贴颈式、短链、横向项圈 耳环适合：圆润形、长条、上小下重	项链不适合：角度明显如六角形、中长V形吊坠和项链 耳环不适合：挂耳式和棱角耳环
梨形脸：1、2、3线渐长，但短于4线，2线为4线的2/3，上部略小，下巴略圆	项链适合：长形、V形项链 耳环适合：挂耳式和长条款	项链不适合：贴颈式项链、项圈、短项链等 耳环不适合：圆形、弧形、烦琐款
椭圆形脸：1、3线等宽，2线略长，2线为4线的2/3，上部略圆，线条流畅圆润	项链适合：任何项链款式 耳环适合：任何款式	无，要根据自己身高、身材和服装风格选择

（一）圆脸

圆脸型给人非常可爱的感觉，在选择首饰时可追求塑造脸部长度增加、宽度减少的视觉效果。圆脸型建议挑选具有竖线条的细长首饰，如一些外形修长或垂式的耳环、长型带挂件的项链、流苏灵动感的饰品等，利用修长的线条能从视觉产生将脸拉长的效果。不要选择夸张醒目的圆形、偏圆形的项链或耳环，它会衬托得脸型越发圆润。同样是为了追求视觉平衡的原理，圆脸也比较适合穿V领的衣服，如果选择圆领或者一字领，项链就最好选择长款，如用中型大小的珍珠制成的长项链。可佩戴长方形、水滴形、V形款式的项链，以拉长脸部线条，展现温婉中的清新与典雅。

（二）方形脸

方脸的脸部线条较硬，难免会缺乏柔美的感觉，为了让佩戴者看起来更具有女性的秀美，就应该相反地选择具有柔和弧形的首饰来缓和脸部棱角，可以选择一些形状比较圆滑的首饰来弱化脸型，这样可以更好地平衡脸部的线条，柔化面部的棱角，突出气场，如长椭圆形、弦月形、新叶形、单片花瓣形等。有坠子的项链或长于锁骨的项链，会在胸前形成 V 字形或优美的弧形，可以平衡较宽的下颚骨线条。而方长脸最需要避免的款式就是直线形、几何形的首饰，可以选择一些形状比较圆滑的珠宝首饰来弱化脸型（如椭圆形的耳环、弧形项链等），这样可以更好地平衡脸部的线条，缓和面部的棱角，让脸有弧度感，佩戴 T 型项链或者简单的珍珠项链均可。

（三）长脸

长脸比较适合佩戴具有"圆效果"的项链，像传统的珍珠、宝石短颈链等。不要选择长款、V 型的长项链，这样会让脸显得更长。建议选择圆形、华丽、较粗而短或具有层叠感的项链，佩戴一些几何图案或花形图案、椭圆形或纽扣型的耳环，可以让脸部产生圆润的弧度，看起来显得更柔美、女性化。耳环的宝石亦可选取一些颜色较鲜艳且晶莹的，会使视线横向扩张，既可拉宽脸部比例，又显得充满青春朝气。

（四）尖脸

瓜子脸就是我们所说的尖脸，特点就是额头较宽，下巴尖瘦。瓜子脸的人轮廓均匀，适合选择线条柔和、造型丰满、夸张大轮廓型的首饰，可以完美地突出脸部轮廓，使脸部更为精致，起到点睛的作用。"下缘大于上缘"的耳环与坠子，如水滴形、葫芦形以及角度不是非常锐利的三角形等，球状或者水滴状等略带体积感的耳饰可以平衡下巴过尖的感觉，让脸部线条看起来比较圆润，同时增添一分霸气。任何戴起来能够产生"圆效果"的项链，都可以增加瓜子脸下巴的分量，让脸部线条看起来比较圆润。

（五）椭圆形脸

椭圆形脸即鹅蛋脸，以其线条柔和以及极富古典韵味而充满女性魅力，被称为最完美和百搭的脸型。这样的脸型在首饰的挑选上几乎是没有禁忌的，任何适合自己脸部皮肤色调、脸型大小、个人风格的首饰都可尽情佩戴。如果是长椭圆形脸，则可以考虑用短的项链来协调。

二、首饰搭配与体型

针对不同体型的人进行首饰搭配也有一定的技巧，通过正确的首饰佩戴来平衡与协调人的身材，通过人们对首饰的注意，而分散或改变人们对体型形态的感觉。

（一）高大型体型

高大型体型者的骨架比较大，体格健壮、体型丰腴，应将关注点集中在手部及脸部，戒指和耳环是比较理想的选择。可选择金属质地的耳环，有厚重感，或质地轻薄但体积夸张的耳饰，不宜佩戴较小的耳钉。胸部较丰满的女性，不宜佩戴大型的悬垂式项链，这样会使醒目的胸部过于出位。可选择木质、金属等质地厚重的手镯，或链条环绕堆积式手链，不适宜选择过细的手镯。

（二）娇小型体型

娇小型体型者的骨架小，脖颈、手臂、手指等都较为小巧。在首饰搭配的时候需要与自身的形象相呼应，适合佩戴小型首饰，但不宜过多。可选择造型细致、精致小巧的耳饰，不宜选择大圆、大扇形等夸张造型。可选择线条较细、吊坠精致的项链或线条简单的长链，不宜选择颈部堆叠形态的项链，以免对身形产生压迫感。

（三）肥胖型体型

肥胖型体型者大多身材短粗，体型臃肿，脖子短小，手臂粗壮，手指短粗，因此在佩戴首饰时要减少身体两侧的视线点，通过压缩视线在视觉上产生收缩的效果。可选择造型简单的直线型耳饰，如链条式耳坠、流苏等，不宜选择圆形、方形等横向扩张的耳环。可不佩戴项链，或佩戴长度略长于锁骨的 V 字形细项链，不宜佩戴串珠项链、一字形项链及复杂烦琐的 U 型项链。可佩戴造型简单的直线造型或纵向流线型造型的手镯，不宜佩戴细小的单链条式手镯。

（四）清瘦型体型

清瘦型体型者的特征是脖子细长，手臂、手指纤细，身材宽度不足，没有明显的腰臀线。在进行首饰搭配的时候可选择较为引人注意的饰品，将人的视线向身体两侧扩移。可选择具有扩张作用的大圆、方形、扇形等造型的耳环，不宜佩戴耳钉或具有纵向效果的链条式耳环。可佩戴链条略粗的一字形项链，可选吊坠造型简单的圆形、横向椭圆形等形状的项链，不佩戴吊坠造型过于复杂的项链，以免产生负重感。

三、首饰与服装的搭配

服装是穿着者整体气质的展现，首饰则是服装的点缀与补充，合理地搭配可以提升整体形象，衬托出个人独特的气质。怎样使人、首饰、服装、场合能够和谐统一，则需要考虑到着装与首饰搭配的整体和谐。如穿着女人味的服装就选偏曲线的饰品，穿着中性化就选直线感的饰品，小量感首饰就搭配柔软、轻薄、极简的衣服，大量感的首饰就搭配有廓型感、设计复杂层叠多的衣服等。

（一）职业装首饰搭配

时尚职场为工作环境较为舒适、对着装没有硬性要求的办公场合，如普通公司、时尚传媒机构等，这些场所的工作氛围较为轻松、随意，因此在着装风格中可以选择优雅、时尚风格的服装。因职业场合为体现工作能力和个人价值的场所，在进行首饰搭配的过程中需要选择有一定价值的金属、钻石材质的项链及耳饰，首饰的风格要简洁、传统、大方，可以选择饱和度较低的彩色首饰，这样的搭配在不失时尚的同时，可给人一种专业、知性的整体印象。

严肃职场为相对较严谨的企业或者职位，如政府、金融机构、会议场合等，这样的场所比较中规中矩，为了体现职业性和权威性，首饰造型不要过于繁杂，颜色应与服装协调，以简洁、干练为主。在首饰搭配时要选择与服装颜色相近、粒度大小中等、线条形状简洁的首饰，营造出一种干练与柔和统一的气氛。如纯金属材质或金属与宝石混合材质的饰品，颜色可选银色、黑色、棕色、淡金色。不宜佩戴颜色过于亮丽的首饰，佩戴的数量也不能过多，最多三项，一般不佩戴手镯，可使用手表代替。

职业装首饰搭配要点：体积不能过大，颜色不能太鲜艳亮丽，色彩饱和度不能过高，材质不能粗糙，造型不能过于夸张。

（二）日常装饰搭配

日常休闲时，人的着装风格是多种多样的，约会、逛街、运动休闲、朋友小聚，根据不同的场合与心情可以进行多种风格的服装搭配，大致可分为浪漫风格、休闲风格、时尚风格三种服饰造型。在非正式场合，首饰的材质、颜色、形状花样繁多，可以形成不同的搭配效果。

浪漫风格的着装可以体现女性的妩媚和女人味，可以选择造型较为别致、曲线感强的首饰，材质可以是金属、宝石、珍珠、金银、合成材料等，形状可选水滴、堆叠、花朵等曲线感强的弧线造型。颜色要鲜艳、亮丽、有光泽、饱和度高。首饰大小可以混搭，如胸前简洁的服装可以佩戴造型宽松的大、中、小号多条项链；造型简单的服装可以搭配造型夸张的耳饰等。

休闲风格的着装可以给人一种轻松愉快的感觉，有助于放松心情、缓解压力。因此在首饰搭配的过程中，要选择自然、田园风格的配饰，材质应为木质、琥珀、石质、合成材质等。这种自然的质感可以给人一种亲和朴素的感觉。适合搭配银色、白色、青色、黑色、淡蓝色、象牙色、浅红、浅黄等饱和度较低的首饰。首饰的形状应大小适中，不能太过小巧或夸张，样式不能有过多棱角，以古朴、松散、宽松、自然的造型为主，如原色的木质项链、藏银耳饰、石头首饰等。

时尚风格着装的首饰搭配是多样化的，可以选择造型、大小较为夸张的首饰作为点缀表现青春、活泼的形象，选择一些装饰性强的首饰以体现自己独特的个性。其颜色的要求相对宽泛，但首饰的形状要与身材、脸型等相配，以突出自我的独特形象。

（三）礼服的首饰搭配

礼服是较隆重的一种服装，种类有晚礼服、日礼服、婚礼服等，有典雅、性感、可爱、个性等多种风格。在进行首饰搭配时，随着礼服款式、颜色的变化，搭配的形式也多种多样。一般来讲，穿礼服的场合都比较隆重，因此首饰的搭配也需要凸显档次，不能使用廉价的饰品，多以价值不菲的珠宝饰品为主。

项链、耳环、手镯、戒指可只佩戴单品，也可以组合佩戴。一般来说，高领礼服的重点在手镯或戒指；一字领礼服的重点可以是耳环、手镯或戒指；V领礼服的重点是耳环、项链、手镯或戒指；低胸礼服的首饰搭配空间较大，对于想要凸显胸型、体现性感的女性来说，搭配重点可以是耳环、手镯，可以不戴项链或佩戴简单链条的珍珠、钻石项链，对于需要体现个性的女性，可以选择造型夸张有分量感的项链或耳坠。

如果场合较为隆重，建议佩戴颜色与服装色彩相近的饰品或钻石类的无色系首饰，以体现优雅稳重，而轻松愉快的场合则可以佩戴色彩对比强或色彩互补的首饰，体现活泼灵动的氛围。

第四节　首饰品牌作品赏析

第五节　首饰的材料与工艺

第四节　首饰品牌
作品赏析

首饰品牌与优秀作品
赏析　教学视频

首饰的材料与制作
教学视频

纵观整个首饰的发展史，我们不难看出，材料和工艺在每一个阶段都起到不可忽视的作用。它们不仅仅是辅助设计实现的物质基础或技术手段，更准确地说，材料和工艺的艺术本身就是一种设计，我们在运用它们的同时也创造了新的风格和理念。每个材料都有其特点，颜色、造型、物理特性、化学特性和触感等，因此需要熟悉材料特性，并不断探究材料的可能性，以更合适的工艺技术服务于作品创作，以期实现完整的概念表达。由此可见，学习首饰的材料与工艺是学习首饰设计中至关重要的部分，首饰的材料与工艺是首饰设计中的重中之重。

一、首饰的材料

材料是首饰实现的物质基础，由于成分和结构等不同，材料呈现出各种不同的形态和色彩，其性能也是千差万别。材料的性能与特征直接关系到作品的功能与审美，同时也决定着相应的技术应用。从古至今，首饰艺术一直作为人们财富和地位的象征。而随着时代和社会的发展进步，在当代首饰艺术中，个性化表达及别出心裁的综合性材料早已从传统首饰艺术材料中脱颖而出，突破了传统贵金属、宝石等材质，带给人们美感和触感上的差异。当代首饰艺术的创作材料已有了更大的拓展，不同的材料以其各自不同的"特征"满足和适应着首饰设计的各种需求，不仅丰富了首饰艺术的表达方式，其不同组合搭配运用的层次感也突破了人们以往对传统首饰的理解。[5]掌握各种材料的特性对于首饰的设计创意和制作会有很大的指导作用。

首饰的材料可以分为金属材料、宝玉石材料、其他常用首饰材料和非常规类首饰材料四大类。

（一）金属材料

金属材料是指金属元素或以金属元素为主构成的具有金属特性的材料的统称。由于各种金属材料具有不同的光泽、延展性、熔点、耐腐蚀性等物理化学性质，可以产生多种不同的肌理及外观效果，使首饰风格千变万化。在首饰行业，一般将可用于首饰加工的金属材料分为贵金属材料和普通金属材料。

贵金属材料主要是金、银和铂族金属（钯、铑、铱、锇、钌、铂）的统称，因在地壳中含量稀少但应用广泛，所以价格相比其他金属更加昂贵，是精品首饰常用的主要基础材料。这些贵金属具有独特的光泽和质感，以及延展性好、耐腐蚀、抗氧化、挥发性小等优良特性而受到首饰设计者及爱好者的青睐。无论是单独制成首饰还是用作金属镶嵌，都具有高雅的美观感。

1. 金（Au）

金是人类发现最早，也是最早开采和使用的一种贵金属，因其金黄的光泽和闪亮的光芒而成为太阳的象征，同时被人们视为财富、身份和地位的标榜。根据金含量的不同，常见的有足金、18K金等。含金量不低于99.9%的金称为千足金，含金量不低于99%的金称为足金。金基合金的含金量通常用K来表示，18K金指的是黄金含量不低于75%的合金，14K金的含金量不低于58.5%。

黄金具有美丽的光泽，极好的延展性和韧性，良好的导电、导热性，密度大，挥发性小等特性。黄金优良的延展性使其非常便于加工，可以拉成很细的丝或敲成极薄的金箔。同时纯金具有很强的抗氧化性和抗腐蚀性，能长久保持明亮的光泽。由于纯金较软，因此在加工使用中，尤其是运用于宝石镶嵌中，通常需要添加银、铜、钯、镍、铁和锌等金属来改变其硬度和强度。添加不同成分和比例的其他金属，不只是为了改变金的硬度、强度和熔点，同时也可根据需要改变它的色彩，丰富其表现力，为设计造型带来更多的可行性。黄金具有非常稳定的化学性能以及良好的机械性能，又具有非常强的保值性，所以黄金首饰在所有首饰中占有重要的地位，象征着富足与华贵（图4-5-1）。

2. 银（Ag）

纯银洁白、质地柔软，明亮且温润。市场上常见的有足银和925银。足银指的是银含量不低于99%的

图4-5-1 周大福花月佳期系列黄金项链

银，通常标识为S990。925银是指含银量92.5%的银质品，由于加入了7.5%的合金，使银具有了理想的硬度、亮度、光泽和抗氧化性，通常标识为S925。

白银是储藏量最大的银白色贵金属，具有金属光泽强烈，光润洁白，密度仅次于黄金，挥发性小，较好的延展性，极强的导电、导热性，可溶于硝酸和硫酸等物理化学性能。在首饰设计制作中，很多首饰设计师喜欢足银，因为足银质软色白，便于制作，但为了增加银的硬度，以防其质地太软发生变形，往往在足银中加入铜、锌、镍等金属以改变其性能，这样的银基合金称为色银。色银改变了纯银的硬度，又保持了较好的韧性和延展性，还可以适当抑制空气对银的氧化作用，具有比纯银更好的性能和表现力，也更适宜制作首饰，其中925银是市场上使用最为普遍的银。银饰相对较为经济，具有质朴、含蓄的材质风格，是高雅、纯洁的象征（图4-5-2）。

图4-5-2　潘多拉（Pandora）银质手镯

3. 铂族金属

铂族金属包括铂、钯、铑、铱、锇、钌6种金属，其中可用于首饰制作的有铂、钯、铑和铱。坚硬、纯净而又珍稀，是铂族金属所共有的特性。

（1）铂（Pt）。铂在自然界中极其稀有，产量仅为黄金的5%，色彩洁白，熔点很高，不易受侵蚀，外表闪亮，又被称为白金。常见的铂金首饰纯度有95%和90%等，通常标识为Pt950、Pt900。铂有良好的强度、韧性和延展性，所以经常用来镶嵌钻石，镶口更加牢固可靠。其无瑕纯净的色泽与钻石的光芒交相辉映，因此铂金镶钻成为最好的婚戒材料。铂金密度高，具有很强的耐强酸强碱、耐高温的能力，不易褪色变色，稳定性好，是非常理想的制作首饰的金属材料（图4-5-3）。

图4-5-3　铂金戒指

（2）钯（Pd）。钯为银白色，硬度高，耐磨损，化学性质稳定，抗腐蚀性较强。钯比铂的产量大，价格也相对低廉，因此在首饰加工中，钯常被用作铂的代用品。钯还可与铂或黄金一起炼制铂钯合金或白色K金。

（3）铑（Rh）。铑为银白色，和钯一样，硬度高，耐磨损，化学性质稳定，抗腐蚀性较强。在首饰制作中，铑常用于银或铂钯合金首饰的表面电镀。

4.普通金属材料

普通金属材料是指除了金、银、铂等贵金属之外，其他的所有金属材料，如铁、铜、镍、铝、铅、锌、锡、钨等。普通金属材料设计制作的首饰款式相对比较前卫，可结合不同的后期整理工艺形成丰富的色彩效果，或可以多种金属材料混合使用，根据各种金属含量的不同配制出各种各样的色彩，其多变性给了首饰设计师很大的创意空间，可产生极其前卫的高科技的设计感。开发普通金属材料在首饰业中的应用，可以帮助我们合理利用贵金属资源，并达到资源的平衡使用。

（1）铜。（Cu）。纯铜又称紫铜、红铜，具有良好的稳定性和延展性。其延展性比标准银和镍银更好，易于锻打。由于纯铜的强度不高，因此也要通过加入其他金属来改善其性能。根据加入其他金属比例的不同，铜合金可分为黄铜、青铜和白铜等。黄铜是铜和锌的合金，锌含量在5%～40%，其硬度比纯铜大，但延展性稍差。青铜是铜和锡的合金，锡含量在5%～20%，其硬度大，熔点低，可塑性好，适宜铸造。由于纯铜与它的合金在空气中都易被氧化而变暗，为避免这一现象，通常会在这些材料做成的器物表面做电镀处理（图4-5-4）。

（2）钛。（Ti）。钛为银灰色，具有金属光泽。钛金属相比金银材料密度小，所以质地轻盈；强度大，所以非常牢固；耐腐蚀性强，常温下可以永葆银亮的色彩；自身熔点较高，通常采用铆接工艺进行加工。钛金属由于其自身金属性质具备可着色性，通过电解可以呈现出不同的颜色，并且不同颜色的生成人为可控，也可与其他贵金属材料混合使用，表现出极其前卫高科技的设计风格，给了首饰设计师很大的创意空间。钛金属安全性高，不易过敏，因此也常被应用于医学领域。

（3）锡（Sn）。锡金属具有银白色光泽，熔点低、质地软、延展性强。在空气中不易变化，易获取，经济成本低，多用于镀铁、焊接金属或制造合金。多通过剪裁、弯曲、拼接等方法进行当代首饰的创作。

（4）不锈钢。钢是铁和碳的合金，含碳量低于1.7%，并含有少量的锰、硅、硫、磷等元素。纯铁材料质软，价格昂贵；铸铁材料价格便宜，但性脆而不能拉伸，多用于铸造物。钢比铁具有更高的力学性能，可淬火、锻造、轧制等。不锈钢这种不同于普通钢铁的新材料具有表面美观简洁，光洁度高，强度高，耐腐蚀性能好，常温加工时可塑性强、焊接性能好等特点，深受国内外首饰设计师的喜爱（图4-5-5）。

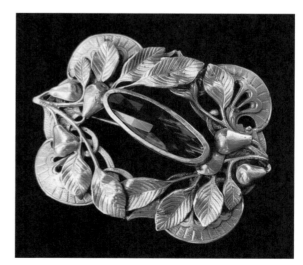

图4-5-4　黄铜胸针

图 4-5-5　不锈钢首饰

（二）宝玉石材料

宝玉石材料指的是那些美观、耐久、具有工艺价值，经过琢磨、雕刻后可以成为首饰或工艺品的材料，分为宝石类与玉石类。宝玉石材料是精品首饰业中主要的常用材料，包括钻石、红宝石、蓝宝石、祖母绿、金绿宝石猫眼、变石、翡翠、软玉、珊瑚、珍珠、水晶、琥珀等。珠宝的颜色、透明度、纯净度、光泽等是其品质鉴定的重要指标，美丽绝伦的不同珠宝，凸显着其独有的特色与身价，它们色彩瑰丽、晶莹剔透，深受人们的喜爱。而贵金属和宝玉石类材料的结合在传统首饰创作中最为常见。

1. 钻石

钻石是经过琢磨，且在大小、颜色、净度等方面达到宝石学要求的金刚石，被称为"宝石之王"，位居高档宝石之首。钻石是世界上最硬的物质，是宝石中唯一由单元素构成的晶体，所以，钻石被视为永恒、力量和忠贞不渝的象征。

钻石具有透明金刚光泽，但由于有其他微量元素混入，会呈现不同的颜色，分为无色至浅黄色系列和彩色系列。彩色系列一般包括黄、褐、红、粉红、蓝、绿、紫罗兰等色，其中无色透明和红钻、蓝钻价值最高。大多数彩钻颜色发暗，颜色艳丽的彩钻极为罕见。钻石从被发现时起，就一直作为身份、权力、财富、地位的象征。钻石的等级评定以4C为标准，即颜色（Colour）、净度（Clarity）、切工（Cut）和克拉（Carat）。钻石4C品质越高，钻石越大，颜色越白，越干净，越闪，价格也会越高（图4-5-6）。

2. 红、蓝宝石

红、蓝宝石属于同一族矿物"刚玉"，指那些宝石级的刚玉。刚玉是自然界产出的矿物，纯净时无色，含杂质而致色，含铬（Cr）呈红色，含铁（Fe）和钛（Ti）呈蓝色，含钒（V）呈黄色等。红、蓝宝石与钻石齐名，名列"世界五大宝石"之列。

红、蓝宝石的硬度仅次于钻石，其华贵、高雅的气质一直是皇室贵族追求的对象，千百年来为世人所喜爱。红、蓝宝石常用产地表示商业品级。如缅甸红宝石代表最优质的红宝石，即属"鸽血红"级、透明、颜色均匀、无或极少裂纹和瑕疵；其次为锡兰或斯里兰卡红宝石，

美国宝石学院（GIA）在1953年提出钻石4C分级〔净度（Clarity）、颜色（Color）、切工（Cut）、克拉（Carat），统称4C〕，如今已成为评估世界各地任何钻石质量的通用方法

图 4-5-6　钻石的 4C 标准与各色彩钻

遥罗或泰国红宝石，非洲红宝石。蓝宝石有克什米尔蓝宝石，缅甸或东方蓝宝石，锡兰或斯里兰卡蓝宝石，泰国或遥罗蓝宝石，蒙大拿蓝宝石，非洲蓝宝石和澳大利亚蓝宝石（图4-5-7）。

3. 祖母绿

祖母绿自古就是珍贵宝石之一，是矿物绿柱石家族中最出色的成员，属于铍铝硅酸盐矿物，其独一无二的翠绿色是由铬元素以及钒元素致

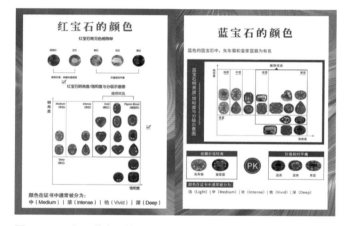

图 4-5-7　红、蓝宝石的分级示意图

色，被称作"绿宝石之王"，五大名贵宝石之一。在绿柱石家族中除祖母绿外还有著名的海蓝宝石、绿柱石、金黄绿柱石等其他宝石品种，它们虽然属于中档宝石，但也有个别成为历史上的无价之宝。祖母绿是宝石级的绿色绿柱石，其要达到中等、浓艳的绿色调，即色的浓度要饱和。

祖母绿的主要产地有哥伦比亚、赞比亚、阿富汗、巴基斯坦、巴西等。祖母绿净度级别依次为，全净体：肉眼全净，内部有轻微瑕疵，这种品质稀少且溢价较高；玻璃体：少量包裹体，整体观感不受影响；奶油体：有很严重的包裹体，像奶油一样，朦胧模糊（图4-5-8）。

4. 翡翠

翡翠是以硬玉为主的由多种细小矿物组成的矿物集合体，主要组成矿物是钠铝硅酸盐。翡

翠属单斜晶系，常呈粒状、纤维状、毡状致密集合体，晶形为柱状，硬度位居玉石之首。翡翠色彩丰富，是人们认识翡翠的一种标志。

翡翠的品种主要是根据颜色、透明度来进行划分的。黄金有价玉无价，优质的翡翠更是价值不菲。翡翠的评价通常采用享有"翡翠皇后"之美誉的欧阳秋眉提出的4C+2T+1V的评价标准，包括

图4-5-8　祖母绿宝石

颜色、净度、克拉大小、工艺、种、质及体积这些指标综合反映着翡翠的质量。翡翠的颜色以"浓、正、阳、和"为评价标准。"浓"指色彩饱满浑厚；"正"指颜色纯正，以主色和次色的比例来看，纯正绿色最佳；"阳"指绿色要鲜艳、明亮、大方；"和"则指绿色要均匀柔和。如果一块翡翠的颜色和透明度都很好，其档次就较高。

翡翠的种水，行话称为水头，就是指透明度，是由晶粒结构的大小和晶粒之间的交织结构决定的。晶粒大小分为微粒、细粒、中粒、中粒—粗粒、粗粒5个级别，对应的翡翠透明度级别是透明、亚透明、半透明、微透明和不透明，可见晶粒越大透明度越差，水头也就越差。内行看种，外行看色，晶粒结构的整体外观被称为底子，翡翠的种就是依据底子和水头（透明度）进行的种属划分，种水是结合翡翠的透明度、晶粒粗细程度、结晶结构三者大致划分的。常见的种分为玻璃种、冰种、糯冰种、糯种、豆种等（图4-5-9）。

（三）其他常用首饰材料

随着科学技术发展以及审美需求日益多样化，用于首饰设计创作的材料也在不断变化和扩展。首饰艺术家们常用的材料还包括塑料树脂类、陶瓷、木材、玻璃、树脂、硅胶、金属丝、皮革、纺织品、羽毛等。复合材料的加入，使设计百变，富有新意，极大地丰富了首饰创作表达的多种可能性，给予了首饰设计师极大的创作空间。材料是艺术家表现思想与观念最直接的媒介，每一种综合材质的特殊触感、肌理、色彩等，都能在创作中给人以特殊的设计体验。

1. 塑料树脂类

塑料的主要成分是树脂，是采用化学手段人工合成的。由于塑料来源广泛，品种繁多，性能优越，价格低廉，塑形性强，所以在首饰饰品行业使用率较高。用其制作的首饰还具有耐用、防水、质轻、抗腐蚀能力强，不与酸、碱产生化学反应等特点。塑料饰品设计受服饰流行趋势的影响较大，颇具年轻活力感，设计空间较大。

塑料获取便捷，包容性、可塑性强，易于掌控，能变化出各种形态。塑料加工一般采用压塑、挤塑、注塑、吹塑、压延等成型工艺。通过温度的升高使其变软，然后采用不同手法控制塑形，3～5分钟后即可冷却稳定。塑料在生活中随处可见，灵动可人，色彩丰富，能做出许多独具一格的首饰，塑料作为材料大类在首饰设计中变得越来越常见，使人感受到现代文明的气息。

法比安娜·加达诺（Fabiana Gadano）是一位来自阿根廷的首饰艺术家和教师，她关于回收不可生物降解废物的最新研究，如从废弃瓶子中回收PET塑料，以及随后在当代珠宝中的应用，引起了人们极大的兴趣。这组设计是用PET矿泉水塑料瓶做成的，

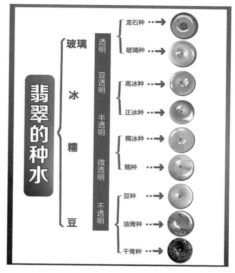

图4-5-9　翡翠的种水

形态生动，色彩清新自然，不敢想象原本要被丢弃的塑料竟然摇身一变成了一件美丽的首饰（图4-5-10）。

图4-5-10　法比安娜·加达诺的 PET 塑料瓶再造首饰

首饰创作中常用的树脂为环氧树脂，呈半透明状，具备生物安全性、可降解性，无毒无害。树脂是一种晶莹又奇特的材料，能与各种材料结合甚至可以化腐朽为神奇，液态、固态可以随温度变化在空气中灵活转化，和色彩搭档能演绎出独一无二的缤纷，清新又冷冽。操作时仅需将基本材料按照一定的比例均匀搅拌后倒入准备好的模具中，经6～12小时便可自然固化定型。染色便捷，附着力强，与多种不同的材料都具有优良的粘接性能。来自德国的艺术家伊莎贝尔·克里夫哈贝尔（Isabell Kiefhaber）用透明树脂制作的每一枚戒指中都嵌入了一个微缩场景，讲述生活中的小故事，这使得每一枚戒指都有了特别的意义，在其设计的首饰当中我们看到了一个个微缩的场景，有的在滑雪、有的在跑步、有的在打球等，非常生动有趣（图4-5-11）。

图 4-5-11　伊莎贝尔·克里夫哈贝尔的树脂戒指

2. 木材

木材拥有特有的外表颜色、肌理效果以及光泽，其温润的特质和独特的纹理，有着其他材质无法替代的天然质朴之感，给人带来或温暖柔软或粗犷自然的亲切之感。木制首饰由来已久，在古代也作为主流的设计材料之一被使用。木质首饰这种完全采用天然材料制作的首饰既美观大方，又迎合了人们追求环保、追求个性的心理，受到了很多消费者的喜爱。

现代木质首饰有两大形势，一类是以木材本身独一无二的纹理美学为主导的饰物，另一类是探究木质材质与其他材质搭配结合所带来的新的造型风格。[6]木质材料有天然的色彩、纹理、光泽及香味，这些天然形成的特质让设计师们倍加珍视。木材的特点是较常使用雕刻工艺。首饰中常用的木质材料有黄花梨、紫檀木、红木、楠木、核桃木、椴木等（图 4-5-12）。

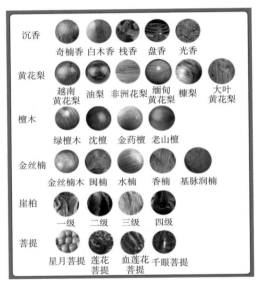

图 4-5-12　常见木质材料

木艺珠宝（Wood Art Jewelry）系列出自设计师古斯塔夫·雷那德（Gustav Yeyes）之手，是一位来自芝加哥的小众首饰设计师，其主营的首饰材质是木材。在设计师眼中，木材作为自然的代表，将其用创新思维和特殊的方式制作便成了富有艺术气息的首饰。这个系列的首饰采用再回收木材，运用一种冷却弯曲的技术让首饰成型，并为成品打上天然蜂蜡，以保留住木材本身的天然纹理，因此，虽然这个系列的首饰弯曲的弧度很大，其也不会轻易断掉（图 4-5-13）。

不术木作是国内原创木作品牌，主理人杨凡遵循"以木为媒，以手传心，以艺载道"，擅长从自然和传统文化中汲取灵感，作品注重"写意"感，有着水墨画般的韵味。其"巫"系列首饰灵感源于古代巫傩崇拜和神怪传说，表达出一种厚重的东方神秘感。运用的材质主要为紫光檀和鹿角，黑色木质的厚重沉稳与鹿角做旧后的古朴质感相结合，增添了视觉上的神秘气息，全手工的雕刻赋予了作品以温度和情怀，故意保留的粗犷刻痕因为后期精细的打磨丝毫不显粗糙，反而在粗与细的对比中衬托出一种岁月积淀的沧桑感（图 4-5-14）。

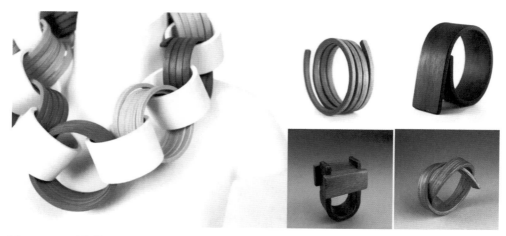

图 4-5-13　古斯塔夫·雷那德的 Wood Art Jewelry 系列首饰

图 4-5-14　不术木作"巫"系列首饰

3. 硅胶

硅胶，拥有着独特的性质与触感，它的外观呈现透明或乳白色。耐高温、耐腐蚀、耐老化的特性使其常被用于工业、医学或电子产品中，而除了工业化的一面，硅胶凭借着自由、流动的性质在艺术的世界里变幻出了更多的形态，其佩戴于皮肤或被手触摸的独特感受也为首饰艺术家们带来了不一样的创作灵感。硅胶和树脂在操作方法上基本类似，化学性质稳定，凝固后呈白色，是一种高活性吸附材料。

英国设计师珍妮·卢埃林（Jenny Llewellyn）在伦敦拥有自己的工作室，她使用半透明的硅胶材料制作的首饰却具有高档珠宝的质感。其灵感来自发光的深海生物，珍妮将它们的颜色、形状和动态融入设计，使用贵金属与活跃的硅树脂，结合 LED 技术，不断探索材料的可行性，既强调色彩与形式感，又注重细节与触觉品质（图4-5-15）。

图 4-5-15　珍妮·卢埃林的硅胶首饰系列

首饰艺术家首尔权（Seulgi Kwon）的首饰作品由硅胶、线、颜料和纸制成，最终使硅胶呈现出玻璃一样的半透明和丰富的色彩和图案。她的灵感来自大自然无限的创造可能性和微观有机体的有机形式。硅胶结构将虚构的微观生物转化为项链、胸针和戒指，颜色复杂且有图案的硅胶轻盈，捕捉玻璃的半透明性，玻璃状的硅胶被五颜六色的线、颜料和纸包围，模仿微生物的外观。"在创作的每个阶段，细胞通过生长、分裂和灭绝来改变形态，在自然中创造秩序与和谐。"她这样描述自己的作品（图4-5-16）。

图4-5-16　首尔权的首饰作品

4.皮革、纺织品

皮革与纺织品都属于面料类材料，其特有的柔软质感与金属可以形成极大的对比。由于运用动物真皮不利于环保，所以更多的设计师们选择用人造合成革代替动物皮革原材料。天然皮革按其种类来分主要有猪皮革、牛皮革、羊皮革、马皮革、驴皮革等，价格较高，常用来做高档制品或精品首饰。人造合成革是采用聚氨酯涂覆并通过特殊发泡处理制成的，在手感上酷似真皮，但透气性、耐磨性、耐寒性都不如真皮。纺织品材料常见的有羊毛、化纤、毛线、布料等，可以通过编织、染色、剪裁、叠加、填充等多种工艺进行造型和表面肌理的创作，其因材料多样、可塑性极强的特点，受到首饰设计师们的喜爱。

皮革与纺织品作为一种有着强烈审美特征、较好的可加工性，同时又具有价格优势的材料，成为现代首饰设计的理想材料之一。[7]设计师在选择皮革、纺织品材料时，会更加关注其表面质感、光泽感、纹理等是否与其想要表现的主题相吻合，也经常将其与其他材质搭配使用，设计出具有丰富质感与造型的首饰艺术作品。

日本艺术家草本麻里子（Mariko Kusumoto）将自己的创意以及独特的美感融入传统工艺，利用布料色彩丰富、柔软又有透明感的特质，使布料层层叠叠，创作出柔美又虚幻，同时融合优雅、超现实与仿生感的饰品。将透明的纱做成立体形态的首饰，看起来精致又纤细，仿佛海洋生物般奇异特别，效果十分惊艳（图4-5-17）。

意大利饰品设计师朱莉娅·博卡福格利（Giulia Boccafogli）是建筑设计毕业的翘楚，其使用精致的意大利皮革，制作植根于意大利制造精神的皮革珠宝。她秉承着对材料探索的赤子之心以

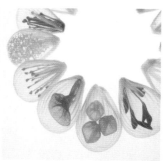

图 4-5-17 草本麻里子的纤维首饰

及对"意大利制造"的由衷推崇,在时尚圈孜孜不倦地追求着、塑造着饰品"主角"的梦想,她执着于用意大利所产的小羊皮作为原料,用全手工精制的一针一线、富有民族风情的细长流苏以及三维空间感极强的层层波浪雕饰出一件件具有独特风格且蕴含建筑学严谨造型感的著作(图 4-5-18)。

图 4-5-18 朱莉娅·博卡福格利的皮革珠宝

5. 陶瓷

陶瓷是陶器和瓷器的总称。传统的陶瓷以陶土为主,其主要成分是高岭土、蒙脱土、长石、石英等天然材料,呈白色或黄褐色,经粉碎、成型、烧结工艺而成。陶器烧制温度为 700~900℃,而瓷器的烧成温度需 1200℃ 以上。陶瓷因具有极高的实用性和艺术性而备受关注,在首饰设计领域有着极大的发展空间。

新型陶瓷是采用人工合成的高纯度无机化合物为原料,在严格控制的条件下经成型、烧结、采用其他处理方式制成具有微细结晶组织的无机非金属材料。新型陶瓷一般具有某些特殊性能,以适应各种需要:具有一系列优越的物理、化学和生物性能,其应用范围是传统陶瓷远远不能相比的；兼有金属材料和高分子材料的共同优点，在不断改性的过程中，其易碎性得到很大的改善。

香奈儿是第一个将高科技精密陶瓷融入高级珠宝的品牌，其ULTRA系列将这种特殊材质与钻石搭配，呈现了香奈儿最具代表性的黑白配色。其佩戴方式千变万化，可以选择将几枚戒指错落叠戴，或是根据自己的穿着挑选亮色的白陶瓷戒指或低调的黑色戒指，随心叠加，自由混搭，"多""少"有致，风格恰好。同一件作品历经演绎，不断推陈出新。黑与白构成强烈反差，赋予ULTRA高级珠宝系列独一无二的韵味。这一系列完全采用香奈儿其标志性的陶瓷材质制作，以纯粹的对比给人以深刻印象（图4-5-19）。

国内珠宝艺术家陈世英自小便对陶瓷心生向往，陶瓷于他而言象征着一切美好的东西。从20多岁起，陈世英开始收藏陶瓷工艺品，勇于创新的他于2011年着手研发崭新的材料。历经7年，"世英陶瓷"终于问世，它不仅色彩浓艳、光彩明丽，更坚硬无比，比钢铁还要硬5倍，饶富当代精神。这款名为"宇宙新生"的戒指便是"世英陶瓷"的代表作，用3颗蓝宝石代表3颗超新星，表达超越一个世纪的活力和光，陶瓷的亮白与看似柔软的质感正好表现了不定型和持续变化的状态。这款戒指看上去恰似一颗兰豆，兰豆由于豆内有豆有着"百子千孙"的寓意，常被人用来赠予新婚女子。陈世英借此表达了对中国文化的记忆，也恰巧迎合了"宇宙新生"的命名（图4-5-20）。

图4-5-19 香奈儿Ultra系列18K金陶瓷戒指

图4-5-20 "世英切割"世英陶瓷代表作："宇宙新生"戒指（蓝宝石、海蓝宝石、钻石、世英陶瓷以及钛金属）

（四）非常规类首饰材料

除了以上列举的常规性材料，在当代首饰创作中也有很多非常规性材料的应用，与传统材料相比，非常规性材料的表现形式更具创意性，能够通过多样化的表达方式完美诠释设计师的设计意图。对各种创新材料的运用体现的是艺术家"勇于实验""善于发现"的精神，不同材料的质感、肌理、结构等方面都具有鲜明的特性，从而产生新的视觉体验，提升和丰富审美体验，打破了原有首饰设计的框架而呈现出多种多样的表现形式。

1.纸质材料

纸给人的感觉是轻薄、柔弱而底蕴深厚，将其作为创意材料制作成首饰，会带来眼前一亮的效果。纸质材料相对来说价格便宜，且易于使用，在一些实验性的开发创作中，纸质材料可以更方便地改造使用。纸质材料包括来自软木纸浆的纤维质纤维，或者合成纤维。不同属性的纸张在质感以及肌理上会有差别，在此基础上进行创意表现可以展现自然界中不被人注意的个体形态，同时增强其他人的视觉体验感。比如，纸张可以弯折、修剪、切割、揉搓、撕裂、灼烧、染色等，通过不同的手法尝试对材料表面色彩以及质感等进行二次处理，可以获得丰富的设计形态（图4-5-21）。

图4-5-21　捷克珠宝设计师露西·豪克（Lucie Houdkova）的"Deep"系列纸片首饰

2. 生物材料

在可持续成为全球化的时代中，生物材料的开发成为重中之重。随着首饰设计师对材料创作的探索，食物材料也逐渐被开发出来。生物材料包括食物材料和细菌等，比如糖、盐、蛋壳、面粉、巧克力等。其中糖与盐结合金属材质在过度饱和的状态下可以结晶，形成不规则晶状体，但形状并不可控，而且整体的结构和颜色会随着温度不断变化直到熔化。而这种临时性的特殊变化也是形成个性化独特纹理的关键。

肯卓森·纳潘（Khajornsak Nakpan）是来自泰国的"创新身体装饰"珠宝艺术家，在装饰艺术领域拥有广阔的视野，他对材料的处理方式极具创新性、创造性和启发性。肯卓森广为人知的作品是"扩孔面体（Amplituhedron）"：用于创造零浪费的身体装饰材料——从土壤细菌中合成的生物黑色素纤维。该生物纤维是由土壤细菌合成的，设计过程从整体上考虑了整个生产周期，确保没有浪费，最终材料含有与人体肤色相似的黑色素，其色相与泰国目标人群的色相相当。除此之外，它的目标是在与自然和谐相处的基础上，最大限度地发挥自然资源的价值，以应对气候变化（图4-5-22）。

图4-5-22　肯卓森·纳潘的 Amplituhedron 系列首饰

3. 旧物及废品再利用

旧物通常与人之间有着特殊的情感经历与故事，所以通常被创作为叙事性首饰艺术，表达以个人情感为主题的珠宝。废弃材料运用在首饰设计中的意义，从环保角度讲，通过艺术设计的巧思和艺术手法的改变，使废弃物焕发新生机；从商业角度讲，废弃物的二次开发使用可以带来新的附加值。旧物、废物和动植物收集等常针对环保题材，牵连到资源的循环利用问题，故而创作出的作品通常用于表达人与自然、人与环境、人与未来的主题。

阿泰·翰（Attai Chen），1979年出生于以色列耶路撒冷，是以色列当代著名首饰设计师。在阿泰的观点中，珠宝并非必须华丽闪耀，带有天然纹理、色泽及味道的自然之物打造出的首饰更具生命的印记。阿泰的设计非常多元化，不拘泥于材料，他循环使用废弃物品、木雕、层层纸张、银器、颜料和石墨来表达其创作目的明确、以物质为基础的美学，打造出美轮美奂的艺术型首饰，其艺术底蕴具有博物馆级收藏价值（图4-5-23）。

图4-5-23　阿泰·翰的复合馏分（compounding fractions）碎片之星系列首饰

瑞典珠宝设计艺术家卡琳·罗伊·安德森（Karin Roy Andersson）将回收塑料作为创作素材，在创作中一次又一次有系统且果断地重复相同的动作，将一片片小单元件慢慢地缝在一起，直到形成一大片量体，在有变化的图腾中找到了和谐与平衡。她从大自然中获得了许多灵感，如鱼、鸟、植物和风景等，这些形状和图案不断出现在她的作品中，但是是以一种非具象的方式，这为她的诠释提供了很大的空间。她赋予回收塑料新的价值——精心打磨的回收塑料整齐排布，似湖面波光粼粼、似烟丘层峦叠嶂、似羽翼楚楚有致，充满秩序美（图4-5-24）。

图4-5-24　卡琳·罗伊·安德森的回收塑料拼接首饰

4. 雕塑、建筑材料

首饰常被称为"微型雕塑"，所以在当代首饰艺术中也时常会用到雕塑或建筑材料。当然也有部分雕塑艺术家跨界进行当代首饰创作，这部分艺术家对于雕塑材料的使用便再熟悉不过了。建筑材料不仅包括传统意义上的砖石、水泥、木材等，还包括墙绘喷漆材料、五金材料、防水材料等。[8]如膨胀泡沫就属于传统建筑材料中填缝剂的一种，喷出凝固后表面及内部局部呈蜂窝状，质地轻盈，便于黏结、切割、打磨等工艺。由于这类材料具有一定的可保存性与可塑性，在珠宝设计中比较常见，很多时候，首饰就是一个小型可佩戴的雕塑。

墨西哥当代首饰艺术家桑德拉·波斯托（Sandra Bostock）做的综合性人工材料作品，用到的主要材料有纯银、铁、石膏、树脂、混凝土等。作者的创作灵感来源于其居住的墨西哥城中的混凝土、无色墙壁间社区的差异，希望通过作品的概念性而不是美观性来表达个人观点（图4-5-25）。

图4-5-25　桑德拉·波斯托的建筑材料首饰

5.3D打印材料

在首饰行业，许多企业大量引入3D打印技术来满足越来越强劲的大众消费者对个性化定制首饰的需求。而且，3D打印技术突破了传统首饰设计的局限，降低了制造产品的门槛，给设计带来了无限可能性，备受设计师的青睐。3D打印的首饰更具有几何感，与人体形成艺术整体，也是目前首饰艺术的新方向。借助3D打印技术，省去了繁复的手工步骤，加快了蜡型制作速度，一般打印珠宝蜡模铸造流程为：三维模型设计—3D打印机批量打印—翻模—蜡模失蜡铸造成贵金属—表面处理镶嵌珠宝。

珍妮吴（Jenny Wu）的3D打印珠宝曾出现在《福布斯》《建筑师》杂志、《华尔街日报》等出版物中。吴使用复杂的环环相扣的元素在身体周围进行大胆的宣言，无论是颈部还是手指，都采用最新3D打印技术和材料制成的复杂细致的设计组成。3D打印的穿戴饰品——LACE项链，其繁复的设计是由很多互锁件连在一起组成的，是斯特塔西（Stratasys）公司的Fortus 400mc FDM 3D打印机用柔性尼龙材料制作的（图4-5-26）。

这是一款创下世界纪录的戒指——戒指中含有最多的钻石，在花形环的后面，打印了一个树脂模具，在其中浇注了贵金属黄金。虽然它本身不是3D打印的珠宝，但如果没有3D打印技术，此戒指永远不会呈现出如此复杂的形状。它由七个不同的部分组成，包括六朵花和一枚戒指，每朵花都叠放在另一朵花上，形成一枚镶有7801颗钻石的戒指（图4-5-27）。

图 4-5-26　珍妮吴的 3D 打印项链

图 4-5-27　科蒂·斯里坎特的 3D 打印戒指

哲家学乔治·桑塔亚那（George Santayana）对于"材料美"的方面曾经说过："不管构成衣服和建筑的材料感官美是如何次要，但具有感官美的材料是不可缺少的。"人们对于任何事物的通感体验是一种本能。因为通感体验的本质是建立在我们的日常生活实践当中，复合材料自身天然带有的"通感体验"，可以使首饰设计无论从视觉上还是内涵上都有一个新的突破，拉近与欣赏者的距离。

随着社会经济的发展和科学技术的进步，人工性新材料层出不穷，给了人们首饰材质选择更多的可能性。人们也不再偏执于昂贵的传统材料，尤其在当代首饰的应用中，人工材料中如塑料、合金、玻璃、人造宝石对比相对稀缺性的自然材料不仅更容易获取，且价格低廉，审美效果上也与自然材料并无明显差别。于是，人工材料与自然材料在首饰应用中开始平分秋色，其丰富的表现力也赋予了当代首饰作品更丰富的内涵和更多元化的艺术影响效果。

二、首饰的制作工艺

首饰创作中，设计与制作是密不可分的，设计的完善往往寓于制作过程之中，一位称职的设计师也应该是一名技术娴熟的精工巧匠，一件精美的首饰艺术成品在制作的过程中凝结着制作者的情感和辛勤劳动。对工艺技法的熟练掌握和运用，能充分发挥首饰材质特有的美感，把材料自身的生命力更加丰富多彩地展示出来。加工工艺也是支撑首饰成品效果呈现的条件之一，在首饰工艺中，除了对于首饰肌理、形状的制作，相应地也会涉及色彩方面的加工和表现。

（一）首饰镶嵌工艺

镶嵌工艺是首饰设计中常见并且运用很广泛的工艺，种类丰富，技艺成熟，精湛的珠宝镶嵌工艺令首饰高档华丽，精美绝伦。常见的镶嵌方式有爪镶、包镶、卡镶、轨道镶、绕镶、插镶、飞边镶、光圈镶、微镶、组合镶等。对于镶嵌首饰的质量检验有着严格的标准，如镶石是否牢固服帖，宝石是否松动；镶齿是否对称，镶口是否周正；俯视宝石是否不露底托；表面是否有清晰的敲伤、刮伤金属的痕迹等，这些都影响着镶嵌首饰的质量。

首饰的镶嵌工艺包含诸多细节，而每一个步骤都需要设计师和工艺师的独具匠心，镶嵌工艺既是美的元素，也关乎首饰的牢固性。镶嵌工艺一般流程为：设计图纸—手工雕蜡起版（电脑起版）—倒模—执模—配石—镶嵌宝石—抛光—电镀—质检。

花丝镶嵌又叫细金工艺，是一门传承久远的中国传统手工技艺，为"花丝"和"镶嵌"两种制作技艺的结合。花丝以金、银、铜为原料，采用掐、填、攒、焊、编、织、堆垒等传统技法；镶嵌以挫、锼、锤、闷、打、崩、挤、镶等技法，将金属片做成托和瓜子形凹槽，再镶以宝石、珍珠等。此外，还常用点翠工艺，获得金碧辉煌的效果。

（二）珐琅工艺

珐琅又称景泰蓝，与陶瓷釉、琉璃、玻璃（料）同属硼酸盐类物质。以矿物质的硅、铅丹、硼砂、长石、石英等原材料按照适当的比例混合，分别加入各种呈色的金属氧化物，经焙烧磨碎制成粉末状的材料后，再依珐琅工艺的不同做法，填嵌或绘制于以金属做胎的器体上，经烘烧而成为珐琅制品。在中国古代，将附着在陶或瓷胎表面的称"釉"，附着在建筑瓦件上的称"琉璃"，而附着在金属表面上的则称为"珐琅"。

有色而存，伴色而美，提到珐琅工艺就不能不提到它那绝美的色彩表现。珐琅工艺颜色丰富，色彩搭配组合多样，可以说是首饰工艺中最具色彩表现的类型。珐琅根据加工工艺的不同可分为錾胎珐琅、掐丝珐琅、锤胎珐琅、透明珐琅、七宝烧、画珐琅等。其中，掐丝珐琅、錾胎珐琅和锤胎珐琅等工艺是首饰制作中常用的技艺。

珐琅工艺不需要通过宝石的固有的颜色来表现，所以它跳脱出了一种固有的色彩搭配，甚至可弥补宝石色彩层次的部分缺憾，珐琅工艺是一种温度与色彩的融合体，是工艺里面最具特点的，可以通过控制温度来得到想要的色彩，相应的可以感受到不同温度下烧制成的珐琅颜色的色感，还可以在制作的时候加入一定的辅助色，改变其明度、纯度，达到想要的结果，为首饰提供更好的表现效果。[9]强对比、过渡色、高级灰、明度对比色等都是珐琅工艺可以实现的。

（三）首饰织绣工艺

首饰织绣工艺是一门独特并且相对小众的首饰工艺类型，简单来说就是利用编织工艺和刺绣工艺将布料元素融入首饰中。织绣工艺也是首饰设计工艺类型中最容易达到想要的色彩表现的工艺之一，织绣工艺的色彩表现特点主要通过布料染色来呈现不同的效果，再加上针织的纹理、图案来表达主题，在当代首饰门类中运用很广。织绣工艺首饰以水墨画或者山水花卉为题材的创作多一些。

（四）首饰蜡雕工艺

在工业化生产中，蜡雕技术使首饰加工更加便利，成为艺术家宣泄情感、表达创意较为直接的手段，深受首饰艺术家与制作者的喜爱。蜡雕，是指以蜡为媒介，通过在蜡材上进行雕、刻、塑从而完成首饰艺术造型的一种方法。它可以细致地表现细节，方便制作一些造型复杂、图案细腻、立体感较强的首饰艺术品。

蜡雕的制作工艺很多，如锯、割、刻、刮、锉、焊、钻、车、磨等作业方式。工厂中娴熟的蜡雕师傅可以在一块小小的蜡上雕刻出千姿百态的造型，这需要其有很强的雕塑造型基本功和造型立体空间概念。影响蜡雕首饰的因素与雕塑相似，如量感、触感、节奏、光影、力度、色彩、材质等，作为一种三维实体艺术，富有意境与动感、生命感的空间体积是蜡雕工艺最基本的要素。蜡雕技艺的开创，使得首饰制作如虎添翼，轻松自如。

（五）首饰铸造工艺

铸造是将液体金属浇铸到与零件形状相适应的铸造空腔中，待其冷却凝固后，获得零件或毛坯的方法。中国商代中晚期便有的"失蜡法"铸造原理，也称"熔模法"，在首饰制造中可以满足批量生产的需求。失蜡铸造工艺是目前国际贵金属加工行业中最为常用的工艺，做法是用蜂蜡做成铸件的模型，再用耐火材料如泥土填充泥芯和敷成外范。加热烘烤后，蜡模全部熔化消失，使整个铸件模型变成空壳，再往内浇灌溶液，铸成器物。以失蜡法铸造的器物可以玲珑剔透，有镂空的效果。

失蜡法铸造制作的流程是：制作首饰原型（即首版）—压制胶膜—开胶膜—注蜡模—修整蜡模—种蜡树—灌石膏筒—石膏抽真空自然凝固—烘焙石膏—熔金浇铸—炸石膏—冲洗酸洗清洗—剪毛坯—滚光。失蜡铸造工艺可以大批量生产品种多样、造型美观复杂的首饰。其中首版在首饰批量化制作工序中是最为重要的，一个具有优秀造型功底和艺术设计底蕴的起版师能够很好地理解设计师的意图，结合娴熟的工艺技术，可将设计图纸中的感觉活灵活现地制作出来。

（六）首饰陶瓷工艺

陶瓷是一种古老而新颖的材料，陶瓷首饰给人以粗犷、温和、厚实、质朴的心理感觉，属于温润型质感。陶瓷材料可塑性强、釉色丰富，并具有环保、节能的特点，成为时尚消费者的新宠。制作陶瓷首饰可分为原材料加工、泥坯塑制、施釉及焙烧四大工序。原材料配制后，可以采用许多不同的方法来成型，如手工捏制成型、泥条成型、泥板成型、翻模成型、拉坯法、削制打磨法、镂空雕刻法等。

高温煅烧下，神秘的釉色是陶瓷艺术区别于其他艺术形式的独特语言。常用的陶瓷首饰装饰方法主要有施色釉、彩绘，可选用着色剂制成色泥或运用不同的肌理效果来增色。陶瓷首饰施釉的方法很多，有通体施釉、局部施釉、喷釉、蘸釉、刷釉、多种色釉结合、釉水流动、人为缩釉等。[10]在坯体表面雕刻出图案、纹饰或用釉色绘制图案，从而达到人们需要的效果。

第六节 首饰制作实例

从灵感创意到实物呈现，从琳琅满目的原材料变身成各具特色的首饰成品，离不开能工巧匠的精湛工艺。我们看到各种珠宝经过镶嵌后诞生的光耀闪亮，各种各样的造型、款式，完美演绎出美丽、时尚和经典。每一件首饰的完成都要经过诸多过程，设计、制作、打磨、抛光等等，每一个步骤都要精细地操作。创意源于生活，细节决定品质。

青花瓷系列之胸针
制作 教学视频

一、首饰作品制作实例——青花瓷系列

（一）主题和设计说明

《七绝·青花》："雨过天青云破开，鬼谷下山入梦来。远尘淡墨调烟雨，一见倾心镌画台。"描写的就是青花瓷。青花瓷（Blue and white porcelain），又称白地青花瓷，常简称青花，是中国瓷器的主流品种之一，属釉下彩瓷，具有着色力强、发色鲜艳、烧成率高、呈色稳定的特点。青花瓷的纹样，除了美观还有寓意，可谓"图必有意，意必吉祥"。白地衬以蓝色纹饰给人以清新素雅的美感。

本系列以青花瓷结合传统手工刺绣呈现整组配饰，造型上以青花瓷的外观形态和几何金属配件进行融合，既突破了传统花瓶样式，又保留了青花瓷文化的本质，在制作耳环时，取其色彩，结合不同材质探索创新，独具东方艺术魅力（图4-6-1）。

图4-6-1 青花瓷灵感源

（二）材料与工具

基础材料以及工具：绣绷、真丝欧根纱、加捻真丝线、金属线、法式钩针、绣针、高温水消笔。

本系列所需其他搭配配件：印度硬丝、淡水珍珠、棉线、不规则镀铜装饰片、镀铜金属枝干装饰配件、不同材质质感的装饰珠饰、胶水、贵和安全别针、贵和连接环以及贵和耳环勾（图4-6-2）。

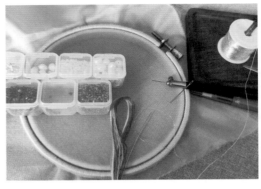

图4-6-2　青花瓷系列材料与工具

（三）制作步骤和要点（表4-6-1）

表4-6-1　制作步骤

图例	步骤
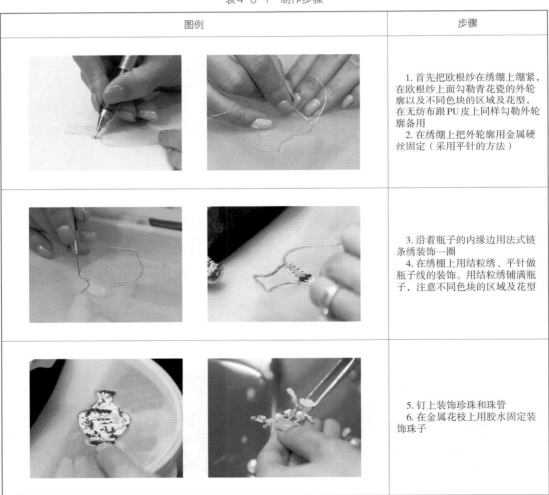	1. 首先把欧根纱在绣绷上绷紧，在欧根纱上面勾勒青花瓷的外轮廓以及不同色块的区域及花型，在无纺布跟PU皮上同样勾勒外轮廓备用 2. 在绣绷上把外轮廓用金属硬丝固定（采用平针的方法）
	3. 沿着瓶子的内缘边用法式链条绣装饰一圈 4. 在绣棚上用结粒绣、平针做瓶子线的装饰。用结粒绣铺满瓶子，注意不同色块的区域及花型
	5. 钉上装饰珍珠和珠管 6. 在金属花枝上用胶水固定装饰珠子

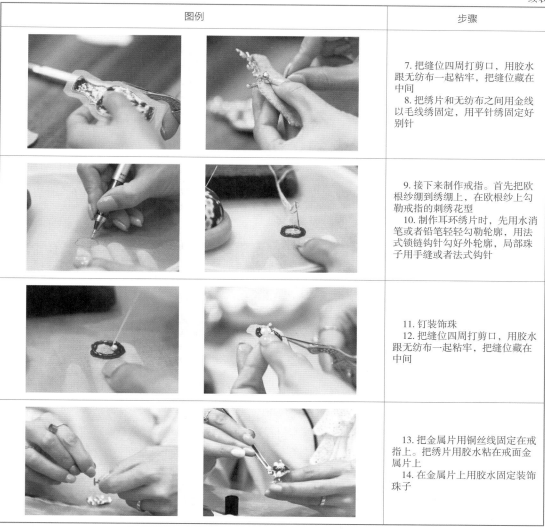

图例	步骤
	7. 把缝位四周打剪口，用胶水跟无纺布一起粘牢，把缝位藏在中间 8. 把绣片和无纺布之间用金线以毛线绣固定，用平针绣固定好别针
	9. 接下来制作戒指。首先把欧根纱绷到绣绷上，在欧根纱上勾勒戒指的刺绣花型 10. 制作耳环绣片时，先用水消笔或者铅笔轻轻勾勒轮廓，用法式锁链钩针勾好外轮廓，局部珠子用手缝或者法式钩针
	11. 钉装饰珠 12. 把缝位四周打剪口，用胶水跟无纺布一起粘牢，把缝位藏在中间
	13. 把金属片用铜丝线固定在戒指上。把绣片用胶水粘在戒面金属片上 14. 在金属片上用胶水固定装饰珠子

（四）系列成品展示（图4-6-3）

图4-6-3 青花瓷系列成品展示

二、首饰作品制作实例——《枫硕》编结系列

（一）主题和设计说明

编结（Macrame）最早记载于巴比伦人和亚述人的雕刻中，流苏状的编结用来装饰服装、配饰、壁挂、桌布、窗帘等，在维多利亚时代最为流行。本系列首饰设计以Macrame技法编制出自然元素风格的项链、手链、耳坠。主要材质为青金石，外形参考枫叶的轮廓，用斜卷结和雀头结制作而成。以枫叶点缀青金石，又似岩石上蓬勃生长的植物，富有生机。配色则用枫叶的黄咖色与青蓝色对比搭配，主色为麻色，使对比色减淡、调和，有秋意暖阳之感。手链为对称的枫叶造型，为突出主石，耳坠加入了链条和水滴形珠，更加精巧灵动，橙色的水滴珠又似丰硕的果实，寓意丰收和美好（图4-6-4）。

图4-6-4　《枫硕》编结系列灵感源图片

（二）材料与工具（图4-6-5）

材料：水滴形青金石、925银套管弹簧扣、包金珠、深蓝色米兰线成品绳、麻色南美蜡线、黄咖色南美蜡线。

工具：剪刀、卷尺、打火机、珠针、小头钩针、垫板、编绳架、珠宝胶水。

图 4-6-5　编结项链材料与工具

（三）制作步骤和要点（表4-6-2）

表4-6-2　制作步骤

图例	步骤
	1. 取两根60cm的麻色线作为轴线，对齐，预留20cm不编。固定于编绳架，卡槽间距略大于石头的厚度 2. 取一根220cm的麻色线作为编线，预留20cm，在此处弯折并置于左轴线。将双线穿入环中，收紧
	3. 编线在右轴线上编一个雀头结。雀头结：编线先从上向下绕于轴线，收紧，再从下向上，并从环中穿出，收紧，即一个雀头结 4. 编线继续在左轴线上编一个雀头结。左右交替编制雀头结，直至形成包网。包网宽度不变，以能包住石头
	5. 用软尺量出石头的周长，包网长度为周长减去0.5~1cm 6. 将包网弯折，用上方的两根轴线编一个斜卷结闭合。斜卷结：编线在轴线下方，向上绕轴线一圈，收紧，再绕一圈收紧，即一个斜卷结
	7. 包住石头，用背面的轴线编一个斜卷结闭合。分为左右两侧，包网的左编线在左轴线上编一个斜卷结（右向） 8. 将编线拉至左侧，再编一个左向斜卷结。右侧同步骤，方向相反。最后两根轴线编一个斜卷结闭合

图例	步骤
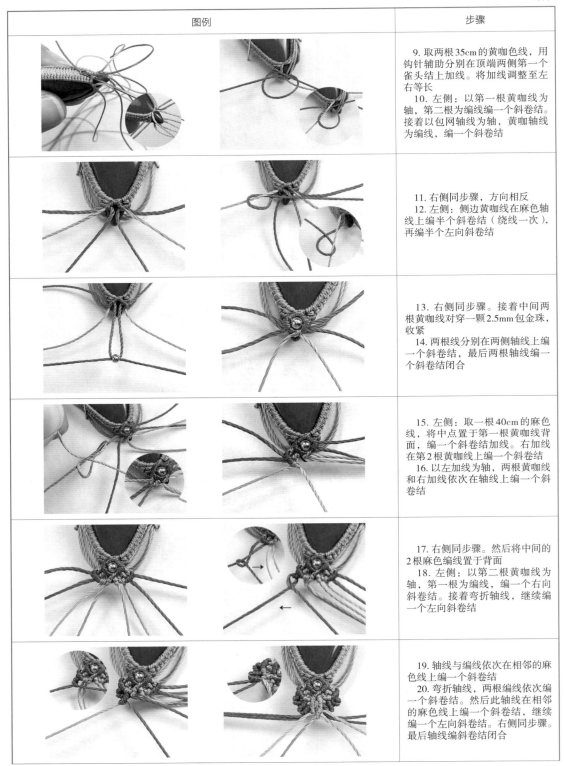	9. 取两根35cm的黄咖色线，用钩针辅助分别在顶端两侧第一个雀头结上加线。将加线调整至左右等长 10. 左侧：以第一根黄咖线为轴，第二根为编线编一个斜卷结。接着以包网轴线为轴，黄咖轴线为编线，编一个斜卷结
	11. 右侧同步骤，方向相反 12. 左侧：侧边黄咖线在麻色轴线上编半个斜卷结（绕线一次），再编半个左向斜卷结
	13. 右侧同步骤。接着中间两根黄咖线对穿一颗2.5mm包金珠，收紧 14. 两根线分别在两侧轴线上编一个斜卷结，最后两根轴线编一个斜卷结闭合
	15. 左侧：取一根40cm的麻色线，将中点置于第一根黄咖线背面，编一个斜卷结加线。右加线在第2根黄咖线上编一个斜卷结 16. 以左加线为轴，两根黄咖线和右加线依次在轴线上编一个斜卷结
	17. 右侧同步骤。然后将中间的2根麻色编线置于背面 18. 左侧：以第二根黄咖线为轴，第一根为编线，编一个右向斜卷结。接着弯折轴线，继续编一个左向斜卷结
	19. 轴线与编线依次在相邻的麻色线上编一个斜卷结 20. 弯折轴线，两根编线依次编一个斜卷结。然后此轴线在相邻的麻色线上编一个斜卷结，继续编一个左向斜卷结。右侧同步骤。最后轴线编斜卷结闭合

续表

图例	步骤
	21. 左侧：编线在轴线上编一个右向斜卷结，再编一个左向斜卷结。右侧同步骤。最后轴线编斜卷结闭合。继续编2~3个闭合环 22. 背面：置于背面的麻色线在轴线上编一个斜卷结固定，再分别编半个右向和左向斜卷结，将留下的线编入
	23. 最后剪掉余线，烧熔固定。正面要看不到烧粘痕迹 24. 将成品绳两端烧粘搓细，穿入吊坠环，用珠宝胶水固定弹簧扣套管。项链完成

（四）系列成品展示（图4-6-6）

图 4-6-6　《枫硕》编结系列展示

作者：沈美妍，2016 年毕业于温州大学美术与设计学院，服装设计专业。编绳设计师、轻柚手工工作室主理人。

三、首饰作品制作实例——《梅意》木艺发簪

（一）主题和设计说明

《梅意》作品的设计灵感来源于水墨画中对写意梅花的表达，"写意"注重以形写神，是对意相的概括与凝练，突出其神韵，通过虚与实、粗与细、浓与淡等的对比来呈现一种韵律感，即气韵。

白石老人的花鸟画中常见"写意花卉"配以"工笔虫蝶"，这也是一种"虚与实"的对比。

在《梅意》的设计中，亦借鉴此手法，梅花的雕刻相对写实、精细，并通过茶染手法形成水墨晕染般的自然感，而枝干的处理相对"写意"，以刀痕来模拟笔触，粗中有细，体现其苍劲、不屈的韵味（图4-6-7）。

图4-6-7　《梅意》发簪灵感源

（二）材料与工具（图4-6-8）

材料：微凹黄檀、驼鹿角、银配件、铜条。

工具：手持雕刻机（牙机）、带锯、台磨机、砂纸等。

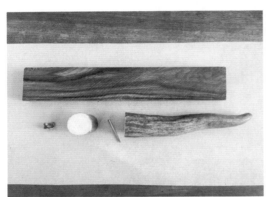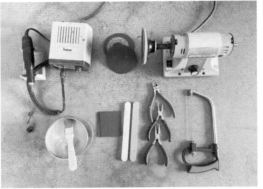

图4-6-8　木艺发簪材料与工具

（三）制作步骤与要点（表4-6-3）

表4-6-3　制作步骤

图例	步骤
	1. 选料必须保证木纹直顺，以保证发簪使用时最佳的受力性。根据木纹走向，将发簪的簪体轮廓描到木料上，并据此切出大型 2. 用台磨机粗修大型，根据设计逐步雕刻出大概的树干瘤疤结构，并慢慢细化细节
	3. 用雕刻机慢慢雕刻树干的纹理，注意刀痕的错落感，通过刀痕的深浅、大小来表达水墨的笔触感 4. 雕刻出镶嵌花朵的预留孔

续表

图例	步骤
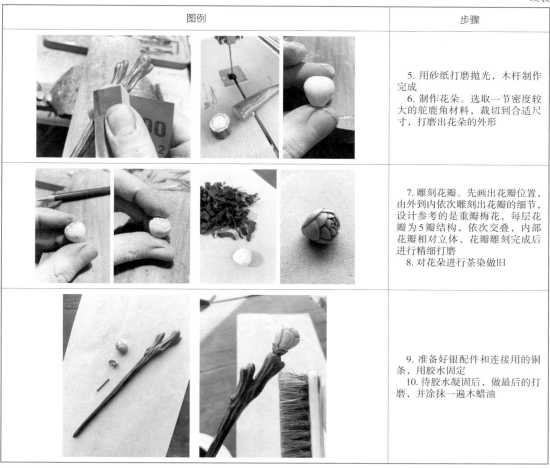	5. 用砂纸打磨抛光，木杆制作完成 6. 制作花朵。选取一节密度较大的驼鹿角材料，裁切到合适尺寸，打磨出花朵的外形 7. 雕刻花瓣。先画出花瓣位置，由外到内依次雕刻出花瓣的细节，设计参考的是重瓣梅花，每层花瓣为 5 瓣结构，依次交叠，内部花瓣相对立体，花瓣雕刻完成后进行精细打磨 8. 对花朵进行茶染做旧 9. 准备好银配件和连接用的铜条，用胶水固定 10. 待胶水凝固后，做最后的打磨，并涂抹一遍木蜡油

（四）成品展示（图4-6-9）

图4-6-9　《梅意》发簪成品展示

作者：杨凡，2012 年毕业于温州大学美术与设计学院，服装设计专业。2017 年成立不术木作工作室，从事原创手工木艺饰品的设计与制作，2017 年受杭州《每日商报》采访、2020 年受《匠意》杂志专访，2020 年受邀录制浙江电视台《匠心中国》访谈栏目。

四、首饰作品制作实例——镂空图案戒指

（一）主题和设计说明

手工制作是一种很享受的体验。从零到有，一个精美的小东西从你的手中诞生，这是一场非常奇妙的旅程。本作品灵感来源于传统文化中的书法，将书法拆解重组后得到设计稿图，再通过金工的工艺呈现，最终呈现出一个夸张有趣的概念书法首饰作品。

（二）材料和工具（图4-6-10）

材料：银片、银条、银丝。
工具：熔焊机、打磨机、锯弓、锉刀等。

图4-6-10　镂空图案戒指材料和工具

（三）制作步骤和要点（表4-6-4）

表4-6-4　制作步骤

图例	步骤
	1. 首先把图案粘贴到银片上面，然后再打孔 2. 把锯条穿入孔后，再将锯条固定到锯弓上，沿着画好的线切割，要注意：锯的时候锯丝和银片要保持垂直

续表

图例	步骤
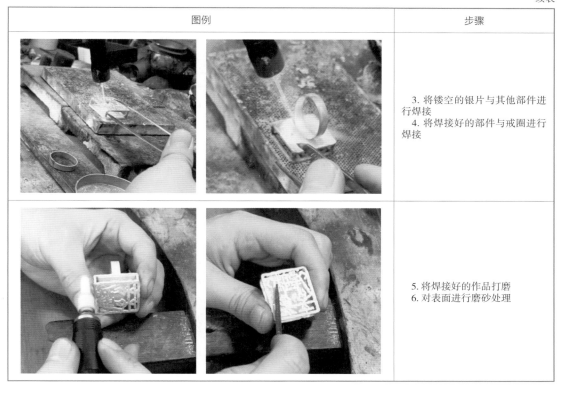	3. 将镂空的银片与其他部件进行焊接 4. 将焊接好的部件与戒圈进行焊接
	5. 将焊接好的作品打磨 6. 对表面进行磨砂处理

（四）成品展示（图4-6-11）

图4-6-11　镂空图案戒指成品展示

　　作者：张智皓，毕业于中国美术学院，首饰设计艺术专业。2016年获紫金奖银奖，创立皓的手作工作室，2018—2021年连续4年获得扬州十佳新锐人物，2020年作品收录于权威书籍《中国当代首饰设计》中。

课后思考与练习

　　1. 分析总结首饰的分类方法以及佩戴艺术，制作精华笔记。

2. 收集20款首饰造型，对其设计构思进行分析。

3. 确定一个主题，设计并完成3款以创意为主的系列首饰彩色效果图（包括项饰、手饰、耳饰、腰饰等，一套3件），并注明设计理念、主要制作工艺、材料等。

4. 选择一种制作工艺，制作一套系列首饰，制作作品册（包括设计灵感、色彩版、效果图、设计说明、成品照片）。

参考文献

[1] 解文捷.交融与新生——跨界首饰设计初探[D].北京：北京服装学院，2011.

[2] 许国蕤.男性首饰设计的影响因素及未来形态探索[D].北京：北京服装学院，2016.

[3] 刘玉寒.从形态仿生设计谈产品创新[J].广西轻工业，2010（1）：59-60.

[4] 庞彦.浅谈中国当代装置艺术与环境保护[J].大众文艺，2010（21）：198-199.

[5] 于妮.当代首饰设计中材料的应用与研究[D].天津：天津美术学院，2020.

[6] 董钰.当代木质首饰设计的传承与发展[J].文艺生活（中旬刊），2019（5）：25，27.

[7] 吴芳，万宗瑜.谈皮革在现代首饰设计中的运用[J].皮革科学与工程，2008（1）：67-69.

[8] 于妮.当代首饰设计中材料的应用与研究[D].天津：天津美术学院，2020.

[9] 刘子豪.不同色感体验对首饰设计的启示[D].武汉：中国地质大学，2019.

[10] 董钰.当代木质首饰设计的传承与发展[J].文艺生活·中旬刊，2019（5）：20-25.

第五章 包罗万象——包袋设计艺术

教学目标： 从包袋的历史和分类特点出发，以审美角度去分析研究其设计、材料、搭配、品牌等知识点，并着重研究包袋的设计制作方法。

教学内容： 1. 中外包袋的历史演变

2. 包袋的类别

3. 包袋的搭配艺术

4. 包袋品牌作品赏析

5. 包袋结构与工艺

6. 包袋制作实例

教学学时： 8学时

教学重点难点： 1. 让学生了解包袋的历史与沿革

2. 让学生了解包袋的设计规律、制作工艺、制作要点

3. 掌握包袋搭配技巧与品牌认识

课前准备： 1. 预习本章内容，学习中西服饰史中包袋历史

2. 收集优秀创新应用实例，包括包袋设计材料与制作工艺等

包罗万象出自《黄帝宅经》卷上："其象者，乾坤、寒暑、雌雄、昼夜、阴阳等，所以包罗万象，举一千从，运变无形，而能化物大矣。"全球不同文化中，包的起源和发展各有特色，包的品种和工艺各异。

第一节　中外包袋的历史演变

一、中国包袋概述

在中国古代，衣服少有外袋，部分服装有内贴袋，但容量较小。古人出行，包袋不可或缺。中国古代包袋主要有囊、袋、套、包、盒、褡裢以及包袱等（表5-1-1）。根据用途不同，包袋还包括携带零星细物、证明身份地位和装饰美化等多重功能。佩囊、荷包等小型包袋常常被用于携带一些零星细物，如香料、钱币、文具等，这些包袋可以挂在腰间或作为饰品佩戴，以方便随时取用。鱼袋等高级包袋常常被用于存放鱼符、印章等物品，以证明持有者的身份和地位，这些包袋的材质和装饰都非常精美，具有很高的艺术价值和象征意义。扇袋、荷包等包袋常常作为服饰的点缀和补充，可以增添整体的美感和装饰效果，这些包袋的形状、材质和图案都非常丰富，可以根据不同的服饰风格和个人喜好进行选择。

表5-1-1　中国古代包袋的主要类型与称谓

类型	称谓
囊	佩囊、鞶囊、箭囊、弓囊、香囊、薰囊、笏囊、縢囊
袋	鱼袋、绯鱼袋、金鱼袋、针线袋、帕袋、茄袋、撒袋、槟榔袋、
套	扳指套、鼻烟壶套、扇套、火镰套、剪子套、表套
包	荷包、包袱、缎袱
盒	眼镜盒、粉盒
其他	囊、囊鞬、容臭、紫荷、褡裢、针毡、针衣

古代皇室节庆时会制备成套的包袋作为御赐礼品，这类小型包袋在清代被统称为"活计"，每逢节令，内务府都要大量制备，作为皇帝、皇后、皇太后赏赐宗室、近臣的礼物。清朝皇室特别喜爱在腰带或领襟之间的纽扣上佩挂各类日常随手可用的小杂品，传世至今有丰富的包袋，包括荷包、扇套、表套、扳指套、香囊、眼镜盒、褡裢、槟榔袋、钥匙袋、靴掖等。这些活计既很实用，装饰性也很强，并往往根据节庆时令的变化而纹样形制不同。故宫藏明黄色缎地平金银彩绣五毒活计套件是用于端午节庆的包袋，一共九件，其中荷包三件、烟荷包一件、

表套一件、扇套一件、镜子一件、粉盒一件、名姓片套一件。由明黄色缎面制作，以金线、银线和五彩丝线绣五毒和"大吉"葫芦纹。"五毒"为蛇、蟾蜍、蝎子、壁虎和蜈蚣五种有毒动物，是端午节的典型纹样，配以"大吉"字样，和葫芦纹样相组合，寓意以毒攻毒，以恶镇恶，驱邪免灾，寄托了佩挂者借此避邪趋吉的美好愿望（图5-1-1）。

图5-1-1　清　活计　故宫博物院藏

（一）囊

囊是历史最为久远的一种包袋，用于存放随身物品。因佩戴在身上称为"佩囊"，也称"鞶囊"或"傍囊"。佩囊的名称来源于它的佩戴方式——常被挂在腰间或系在手臂上，根据囊装载的物件不同，又有特指，如官员装笏的袋子叫"笏囊"，装香料除臭的称为"香囊"，用于装弓箭的有"弓囊"和"箭囊"。囊的制作材料有皮革、布帛、树皮等。先秦时期，有橐和囊两类，形制区别记载不一，一说是有无底的区别，另一说是大小的区别，后世逐渐统称为囊（图5-1-2、图5-1-3）。

《晋书》载："鞶，古制也。汉世著鞶囊者，侧在腰间，或谓之傍囊，或谓之绶囊。然则以紫囊盛绶也，或盛或散，各有其时。"可见"鞶囊"是中国古代随身佩戴的包袋，它始于商周，至唐代被广泛使用。春秋时期文献便记载了"鞶囊"，新疆鄯善苏巴什古墓群M7墓出土了先秦时代的囊，用皮革缝制，一只较大呈方形，另两只较小，小口大腹状。

图5-1-2　杏黄色缎绣回纹钉料珠"弹囊"　故宫博物院藏

图5-1-3　蓝色缎平金绣牡丹纹钉广片"镳囊"　故宫博物院藏

皮制的鞶囊多为男子使用，女子用的袋以丝帛制，见《礼记·内则》记载："男鞶革，女鞶丝。"郑玄作注："鞶，小囊，盛帨巾者，男用韦，女用缯，有饰缘之。"鞶囊男女皆用，但在材质上有所不同。鞶囊的款式多样，有马蹄形、半圆形、圆形、椭圆形、长条形、云头形等。以兽状为头又称为"兽头鞶囊"，若是虎头则称"虎头鞶囊"，见《隋书·礼仪志》："鞶囊，二品以上

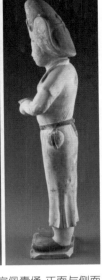

图 5-1-4 唐 墓室佩囊俑 正面与侧面
来源：张红玲《唐代鞶囊使用考论》

金缕，三品金银缕，四品银缕，五品、六品彩缕，七八九品彩缕，兽爪鞶囊。官无印绶者，并不合佩鞶囊及爪。"到了隋唐时期，官员佩囊成为服制规定，根据品级不同，佩囊形制、用料有所区分（图5-1-4）。

汉代有一种"縢囊"，董卓迁都时东汉国家藏书的封面，被取下后将大块的布制成帷盖，小块的则做成縢囊（据《后汉书》所述："其缣帛图书，大则连为帷盖，小乃制为縢囊。"）唐代，官员上朝手执笏，便出现了盛放笏的袋子，叫作"笏囊"，等级高的用紫色，称为"紫荷"。唐代还有另一种象征身份的包，称为"鱼袋"，用来装表明官员身份的符契，凡五品以上官吏穿章服时佩鱼袋，中央指派到地方，需用鱼袋里的符契作为凭证。符契又称鱼符，据《新唐书·舆服志》："随身鱼符者，以明贵贱，应召命……皆盛以鱼袋，三品以上饰以金，五品以上饰以银。"所以三品以上的鱼袋又称金鱼袋。低品级的官员出使其他国家时，需要借用高级的紫荷和金鱼袋，称为"借紫"。宋代时鱼袋成为一种礼制符号，鱼符已不真正使用，仅在包上绣鱼纹。

香囊，也称"薰囊""香袋""容臭"（图5-1-5、图5-1-6）。香囊内盛香料，《礼记·内则》："男女未冠笄者……皆佩容臭。"汉魏时期，香囊已经作为定情信物使用，见魏繁钦《定情诗》："何以致区区，耳中双明珠。何以致叩叩，香囊系肘后。"湖南长沙马王堆出土了四支盛有香料的香囊，新疆古墓出土有汉代刺绣香囊。

朝贡中亦有敬献锦囊的记载，如故宫藏有乾隆年间班禅进贡的西竺铅弹火药锦囊，锦囊外部以腰带串着三个囊袋，囊袋以红色丝绒、金丝为底，缀米珠、红宝石等，为印度莫卧儿时期的风格。烘药器长20cm，锦囊带长约153cm（图5-1-7）。

图 5-1-5 汉 刺绣香囊
中国国家博物馆藏

图 5-1-6 清 彩色
钉绫绣鞍马形香囊
故宫博物院藏

图 5-1-7 清 鱼式烘药器与锦囊 故宫博物院藏

（二）袋

囊鞬，也称作撒袋，是用来装弓和箭的两种袋子的合称。"囊"装箭，"鞬"盛弓，两个袋子往往以绦带相接，联合使用（图5-1-8）。囊为软壶状，以皮革制成，有底。鞬为半弓形，其面皆缀以环，用来悬挂绦带。文献中，明代便记载有大量撒袋，清朝宫廷撒袋传世数量尤其多，用料上亦十分讲究。按清代《皇朝礼器图式》"武备二"，清帝行围囊鞬有专门形制："谨按，本朝定制：皇帝行围囊鞬，皆以黄革

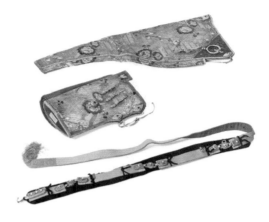

图5-1-8　清　金银丝花纹缎囊鞬　故宫博物院藏

为之，绿革缘。囊面缀金环，系明黄绦。鞬布金钉十九，皆杂饰金花，衔绿松石，盛铍箭七、哨箭三，悬以明黄带，系素金钩，缀于革版，钩孔三。左右及后圆版各一，左、右、旁加版衔环各一，皆以黑革，饰绿松石。行围躬佩之。"清帝行围所用囊鞬还有另一种样式，按《光绪会典图》"武备五"，皇帝随侍囊鞬："其一囊鞬皆用朱革，结金丝花。"行围启跸与回銮都用它。

（三）套

古代的套多是根据某一器物定制一个专门的包袋，如扳指套、鼻烟壶套、扇套、火镰套、剪子套等（图5-1-9）。火镰套，又称火镰包，原是盛装火镰、火石及火引的套盒。古代点火用火镰，是一种古老的取火器物，打造时形状被做成镰刀状，与火石撞击能产生火星。火镰盒、包是男子出门时的随身之物，尤其是北方游牧民族的成年男子有系带火镰的生活习俗，用于骑射。清代将佩带火镰盒、包规制化，火镰套成为清代官服中必备的装饰物。

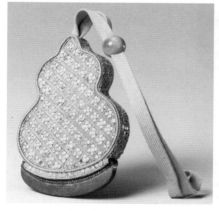

（a）葫芦式火镰套

（b）荷包式火镰套

图5-1-9

（c）祝寿纹眼镜套　　　　　　（d）蟾宫折桂纹镜套　　　　　（e）狮子滚绣球纹扳指套

图 5-1-9　清　各式活计套　故宫博物院藏

（四）包

　　荷包是一种小型的包袋，环佩于腰部。荷包广见于明代，在明代前多是指一种用荷叶包裹食物的烹饪手法，到了明代特指一种包袋的称谓。据史籍记载，自明代开始荷包已经与香囊等同，是一种缀在腰侧的小型包袋，可以装许多小物件，明代荷包可装的就有文书、草药、烟草、银钱等。荷包的材质不限于布料，也有金和玉质。明代万历年间的《类聚三台万用正宗》是余象斗所编的民间日用类书，其中衣冠类中收录有荷包，并注等同于香囊。《名义考》则称荷包是以前的囊："尚书则荷紫，谓之生紫，为袷囊缀之服外。加于左肩乃负荷之荷，非荷蒉也。今谓囊曰荷包。"荷包在明清时期还作为皇权赏赐之物，据《贵州通志》记载："赏给人，参四两缂丝蟒袍、一件大卷八丝缎、袍褂料各一匹、大卷江绸袍挂料各一匹、大荷包一对、小荷包四个"（图5-1-10）。

图 5-1-10　清　各式荷包　王金华藏

（五）褡裢

　　褡裢最初是一种行囊背包，形制为长条状布带，两端各有一口袋，使用时挂在人肩上，或搭在马和驴背上。褡裢多见于农牧时使用，北方许多民族自古就有应用。维吾尔族称褡裢为"胡尔庆"（hurjun），据记载，公元10世纪时，于阗国王带着大批"胡尔庆"和"西锦"前往唐朝中原进行贸易。明清时期，褡裢已经成为一种小型的更具有装饰性的包袋，大小长短有所变化，主要保留了两个口袋的特征，使用时挂在腰带之上（图5-1-11、图5-1-12）。

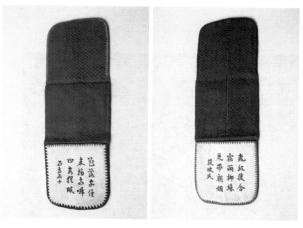

图 5-1-11　近代　白绸绣筱坡氏诗文褡裢　双面　中国丝绸博物馆藏

图 5-1-12　近代　平金绣花蝶鸟褡裢　中国丝绸博物馆藏

（六）针衣

针衣，也称为针黹袋、针毡、针囊等，是用于储存针线等缝纫工具的小包。孙机在《汉代物质文化资料图说》一书中认为，针衣以蒧帘为骨，外敷丝织物，将针插在里层中部，不用时可卷起收藏。汉唐时期便有针衣，据出土实物看，针衣的样式主要有单口袋、对折式、三折式、无袋式等，面料有丝、毛、丝毛混合等，针衣虽体积小，但工艺多样，在面料上可见织纹、刺绣等装饰，外部一般带有用于捆扎的细绳（图5-1-13、图5-1-14）。

（七）带

"鞢韄带"是古代男子普遍使用的腰带，腰带上会垂挂许多包袋。鞢韄带多用于系袍服，从官员到庶民均可佩戴，以材质不同区别身份。带铸是镶嵌在带鞓上的牌饰，是腰带等级区别的标志。《新唐书·车服志》："一品、二品铸以金，六品以上以犀，九品以

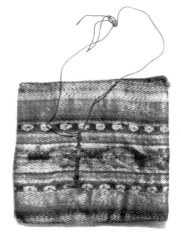

图 5-1-13　唐　晕繝锦针黹袋原件　新疆维吾尔自治区博物馆

图 5-1-14　唐　丝带编结针衣　新疆维吾尔自治区博物馆

上以银，庶人以铁。"腰带一般由带鞓、带銙、带头、带尾四部分组成。带鞓是带的主体，悬垂着许多包袋。内蒙古出土的唐代突厥金钿鞢带，带上缀饰有金银珠宝，用黄金捶揲制成，有长方形带銙，带扣，铊带五瓣花饰、花瓣形古眼及包革镶边等组饰件，均鱼子地纹，饰卷草、带銙、带扣，铊尾上饰人鸟狩猎纹，小饰件饰兽纹（图5-1-15）。《契丹国志》记载，宋朝辽契丹遣使者朝见时，赏赐大使的物品有"金涂银冠、帛、罗、毡冠、衣八件，金钿鞢带、乌皮靴、银器二百两、彩帛二百匹"。

图 5-1-15　唐　突厥金钿鞢带　内蒙古出土

二、世界其他国家的包袋概述

在欧洲包袋史中，有一种装饰华丽的包袋有着重要的权利象征，它的功能类似中国古代的鱼袋。这种包袋用来放置君主大印，由专人负责保管，后来这项保管任务被纳入大法官的职责，用于在重要的国家文件上盖章，是权威的终极象征。这种印玺袋的历史可以追溯到13世纪末，到16世纪末已经演变成了装饰精美的包袋饰品。装饰图案主要包括围绕着皇家徽章的狮子和独角兽，面料多由深红色天鹅绒制成。在包袋表面装饰有刺绣纹样、金银珠宝亮片以及四角有流苏吊坠（图5-1-16）。此外，15世纪末也有带徽章的口金包（图5-1-17）。

在中世纪时期，欧洲女性一直使用小型的钱袋和手

图5-1-16　1760—1801年　英国乔治三世的御用大法官包袋

图 5-1-17　15世纪末　红色天鹅绒织锦搭扣手袋

提包，后来这种包袋成为一种装饰配件。欧洲女性服饰也大多不缝口袋，16—19世纪，包袋在欧洲被广泛使用，用来装钱等零碎物品，从最初包袋的样式看，分为有金属边框的包袋、皮质包袋、带绳包袋，此时包袋同样多系在腰间。16世纪，欧洲贵族女性流行使用一种名为"链子（Chatelaine）"的金属搭扣，其形制类似清代的压襟，分别用金属链子挂着配饰，也挂有小型包袋（图5-1-18）。

图 5-1-18　16 世纪　Chatelaine 及其配饰

18世纪末欧洲女性服饰进入巴斯尔时期，带臀垫的裙撑大肆流行，此时包袋有的缝合在裙子侧面，或在腰部侧面挂一包袋（图5-1-19、图5-1-20）。此时庞贝古城被重新挖掘，古希腊古罗马文化重新进入大众视野，女装一改过去硬质的巨大裙撑，开始追求古典自然的帝政风格，袒胸式修米兹（Chemise）连衣裙，是将腰线提升至胸部以下的垂质长裙，天气冷时加上披肩肖尔（Shawl）。此时由于服装样式的变化，包袋无法佩戴在腰间，手提包被广泛使用。

图 5-1-19　18 世纪末　巴斯尔时期佩戴在腰间的包袋　　图 5-1-20　1750—1775 年　一对亚麻袋

19世纪初，流行一种珠绣包，这类手袋尺寸较小，在表面满布珠绣，以各色珠子组成装饰纹样，包口开合通常用金属制作而成，通过丝绒带或金属绳手提，也有的摒弃手提袋，拿在手上使用。美国克利夫兰艺术博物馆藏品代表了这一时期美式串珠袋的典型乡村风格，通常通过各色玻璃珠组成田园花卉图案装饰（图5-1-21、图5-1-22）。

图5-1-21　19世纪　美国　花卉图案串珠袋　美国克利夫兰艺术博物馆藏

图5-1-22　19世纪　美国　农场风景图案串珠袋　美国克利夫兰艺术博物馆藏

20世纪初，在世界大战与工业革命的推动下，不论男性还是女性都走上社会工业生产，这一时期更具有实用性的军用包、邮差包等包袋进入大众视野，并通过两次世界大战迅速地传播进千家万户。头盔包（Helmet bag）是美军早期为飞行员配发的装载头盔与个人物品的包袋，最初以帆布或皮革制作，"二战"后采用尼龙等材质，包身呈方形，配有左右两个拉链袋，美军使用的头盔包内侧还有聚酯棉等材料填充用于减震缓冲。标准色是橄榄绿色，也有黑色、蓝色、沙色、迷彩等（图5-1-23）。"二战"期间瑞士军方推出了"胡椒盐"系列军包，包身主体用亚麻和苧麻纤维混合而成的面料，由于这种面料绿中掺杂着白色，又被称为"胡椒盐"。"胡椒盐"军包在肩带和底部拼接有特厚牛皮，工艺仿制了马鞍的缝合方式，这成为"胡椒盐"军包的工艺特点（图5-1-24）。旅行箱成为20世纪前后欧洲贵族广泛使用的箱包。路易·威登（Louis Vuitton）

图5-1-23　美军公发的头盔包

图5-1-24　"二战"时期瑞士军包被称为"胡椒盐"系列军包

生于19世纪末法国南部的小村庄，16岁时旅行至巴黎成为行李箱学徒，后凭借出色的手艺成为当时法国皇后的私人箱包制作师。

第二节　包袋的类别

包袋的分类　教学视频

从最早的包袱、口袋、囊、褡裢、背包到现在常用的手提包、公文包、书包、钱包等，包袋已形成一个专门的配饰体系。所谓"包治百病"，女人爱包已经是一种趋于全民化的社会级现象，其实很多男性也不例外。包袋能够给人带来一种愉悦和满足的心理感受，有些奢侈品包袋更是被大家当作身份和地位的象征。除了品牌，包袋的款式外形、材质也是大家选购时比较看重的，还要看是否符合自己的实际使用用途。包袋是一种实用性和装饰性都很强的随身用品，种类繁多。根据包袋的使用者类别、结构设计、材料及工艺、廓型风格等不同，包袋会有详细的分类。

一、按使用者类型分类

按使用者类型分类，可分为男士包、女士包，儿童包。

（一）男士包

男士包的外观装饰比较少，色彩以深色和中性色为主，注重品质感和内部的实用功能。

（二）女士包

女士包是限于女性审美观的包的统称，也是女士随身装饰品之一。它主要用于盛装女性通常随身携带的物品，如口红、饰品等，或者雨伞、墨镜等物品。

（三）儿童包

儿童包一般由幼儿园和中小学生为主要年龄段的人群使用。在设计上色彩靓丽，图案可爱大方，如常见的动漫卡通图像等，款式变化多样。

二、按携带方式分类

按携带方式分类，可分为单肩包、双肩包、手拿包、斜挎包、手提包、腰包、胸包、拉杆包等。

图 5-2-1　单肩包

图 5-2-2　蔻驰双肩包

图 5-2-3　手拿包

图 5-2-4　手提包

（一）单肩包

单肩包通常只有一根肩带，穿戴时单边肩膀受力，包型整洁大方，简约自然，是社交场合常用包。流行款式有简约链条包、菱格迷你包、腋下包等，既时尚又复古（图5-2-1）。

（二）双肩包

双肩包有两条肩带，形状材质多变。各个品牌都有双肩包，从路易·威登（Louis Vuitton）到北极狐（Fjallraven）Kanken双肩包，还有特别流行的蔻驰（Coach）双肩包，实用又好看（图5-2-2）。

（三）手拿包

手拿包就是手袋，一般会有腕带，所以也可以挂在手腕上。手拿包的尺寸一般都比较小，通常出席宴会等场合时使用较多（图5-2-3）。

（四）斜挎包

斜挎包方便又大方，背法更安全。斜挎包可以随意调节肩带长短，可垂挂或斜挎，是比较方便且安全的包袋款式。

（五）手提包

手提包，也称手提袋。外形变化丰富，多由皮革、纺织材料等制成。手提包在不同场合都比较实用，广泛流行（图5-2-4）。

（六）腰包

腰包，是背在腰上收纳钥匙、手机等物品的包袋，具有轻便、舒适、防滑、耐用等特点，适合爱运动人士、专业运动员使用。材质多为锦纶或涤纶材料，具有轻便、透气、吸汗等特点。

（七）胸包

胸包是年轻男士的最爱，方便拿取物品，年轻时尚。腰包在材料上通常选用皮革、合成纤维、印花牛仔面料等制作，外出旅游或日常生活均可使用。

三、按款式外形分类

（一）链条包

在包袋设计中，有金属链条进行装饰或者设计为用于背、挎功能的背带的统称为链条包。既可以拿在手里，也可以随意搭在肩上，造型更加随意自然，能给人便于辨认的经典感（图5-2-5）。

图 5-2-5　链条包

（二）菱格包

简约的菱形格纹，打造出满满的层次美感，具有极强的立体效果。通常采用绗缝及填充的工艺体现凹凸不平的肌理美（图5-2-6）。

图 5-2-6　菱格包

（三）枕头包

枕头包整体设计带有法式的优雅风格，复古又浪漫，胖胖的"身型"温柔又不失可爱（图5-2-7）。

（四）水桶包

水桶包整体造型圆润可爱，其外形与水桶很像，故称为水桶包。单肩、斜跨是水桶包最常见的背法，可以使水桶包看起来不那么臃肿，增加时尚和休闲感。

图 5-2-7　枕头包

（五）剑桥包

剑桥包属于学院风很重的皮质背包，沉稳大气，更显端庄优雅气质。

（六）邮差包

邮差包也称信使包，呈长方形，特点是单肩且有翻盖，比较牢靠。材料除帆布外还有皮革，皮革的邮差包比较适合正式场合，更加干练。

（七）托特包

托特包最大的特点是大容量、形状方正，拱形提手是托特包最经典的设计，可以作为购物袋、健身包、沙滩包、旅行包，甚至是手提电脑包使用（图5-2-8）。

图 5-2-8　托特包

四、按用途分类

（一）钱包

钱包材质多采用头层牛皮，柔软耐磨。款式变化丰富，其中短款钱包更便于携带，但容量比较小；长款钱包容量大，但是携带不方便，适用于经常携带包袋的人。

（二）旅行包

户外旅行包款式多样，材质也各有不同。帆布旅行包比较耐磨，但缺点是容易受潮，而且包身比较重，只适合短途旅行。尼龙布面料和涤纶面料则较轻，不会吸湿、发霉，而且干燥得很快，强度也不错，适合长途旅行。皮革旅行包美观大方，坚硬耐磨，但自重较重（图5-2-9）。

图 5-2-9　旅行包

（三）公文包

公文包的颜色与款式比较沉稳大气，在款式及功能上均适合职场工作环境的需要。款式建议偏瘦的人群选择横款公文包，偏胖的人群则可以选择竖款。

（四）运动包

根据不同运动项目，运动包的设计有所区别，如健身包、游泳包、训练包、足球包、篮球包等，统称为运动包。由于运动的特殊性，运动包背面需附有两种结构，一是通风结构，二是透气结构，以使汗液可以很容易地吸入其中，随空气排走，保证背部的干爽。可以选择一些有附加功能的，如腰带上设计有可储存手机、相机类小样品的小插口。

（五）电脑包

电脑包通常选用高密度的材质，以充分保护笔记本，防潮防摔。另外，设计上要注意细节的展示，以及电脑包内部的小零钱袋、钥匙钩、插笔袋、文件袋、电脑隔层的口袋等设计的合理性。

（六）摄影包

摄影包的造型及结构会根据摄像机等器材的结构进行设计。双肩包款式的摄影包装载空间大；一机一镜用户可选择内胆包，更为轻便，还可以随意搭配。材质多以尼龙布为主，坚韧耐磨，轻便舒适。

（七）钥匙包

钥匙包一般选择真皮材质，表面平整光滑，色彩均匀，款式丰富，其中带拉链款的钥匙包更安全，还可以放点小零钱、门禁卡之类的小东西，满足日常需求。

（八）手机包

手机包通常款式小巧可爱，简洁大方，方便使用。可以选择挂脖款或者手腕佩戴款。材质有柔软的皮革、棉麻织物、毛绒材质等。风格多样，有卡通可爱、运动潮酷、沉稳雅致等多种风格。

（九）卡包

卡包主要功能是保护卡片，更加注重质感，设计上注重缝线、走线、边缘包边等外观设计。材质多采用真皮，具有防潮功能，能够更好地保护卡片。磁铁闭合方式的卡包虽然方便，但容易使卡片消磁，且安全系数低，在设计上应尽量避免。

（十）证件包

证件包多采用分层设计、防水牛津布、透视蜂窝网兜的独特结构组成。手提式设计提拿方便，有效对证件、票据进行分类整理，一目了然。

五、按材质分类

（一）天然皮革包

天然皮革包材质由动物的皮制作加工而成，分为头层皮、二层皮、合成皮，价格依次递减。其优点是韧性强、耐磨、透气性好。缺点是重量较重，成分是蛋白质，吸水容易膨胀、变形。

（二）合成皮革包

合成皮革包的材质主要采用高弹力纤维复合而成，具有与真皮相似的特点。其优点是价格便宜，色彩丰富，质地轻柔，韧性强，有良好的透气性，可防水，吸水不易膨胀变形，环保。缺点是容易变脆，阳光暴晒容易出现褶皱裂痕。

（三）帆布包

帆布包是指用粗麻布料制作的包袋。其优点是结实耐用，可以和任何服饰搭配，容量大，材料环保。缺点是不防水，不耐脏。帆布手提包采用巧妙设计，展现出轻松优雅的运动风格（图5-2-10）。

（四）牛津布包

牛津布包材质是一种功能多样、用途广泛的新型面料，目前市场上主要有套格、全弹、锦纶、提格等品种。其优点是质地轻薄、手感柔软、防水性好、耐用性好。[1]缺点是质量差的牛津布手感不好。

（五）丝绒包

丝绒包材质为割绒丝织物，表面有绒毛，大都是由专门的经丝被割断后所构成。[2]其优点是表面光滑，质感柔顺，有优良的耐皱性、弹性和稳定性，绝缘性能好，防潮，易清洗。缺点是容易掉色、掉毛、起球。香奈儿2021早春度假系列，除了经典的黑白配色，还有闪闪的丝绒珊瑚橘链条包。

图 5-2-10　帆布包

（六）漆皮包

漆皮包材质是在真皮或者PU皮等材料上进行亮面涂层装饰。其优点是色泽光亮、自然，防水、防潮，不易变形，容易清洁打理。缺点是在温度较高时会发生化学反应，产生染色现象。

（七）绒面革包

绒面革包材质主要是由动物皮的底面制成，比外层皮更柔软、更坚韧。其优点是哑光含蓄、柔软、自然、轻薄。缺点是由于其纹理性质和开放的毛孔，易变脏，不易保洁。kilikili原创设计品牌包袋，包身浓郁的复古摩登气质一秒将人带回20世纪的摩登年代，可手提肩挎等多种功能，酷酷的还很好搭（图5-2-11）。

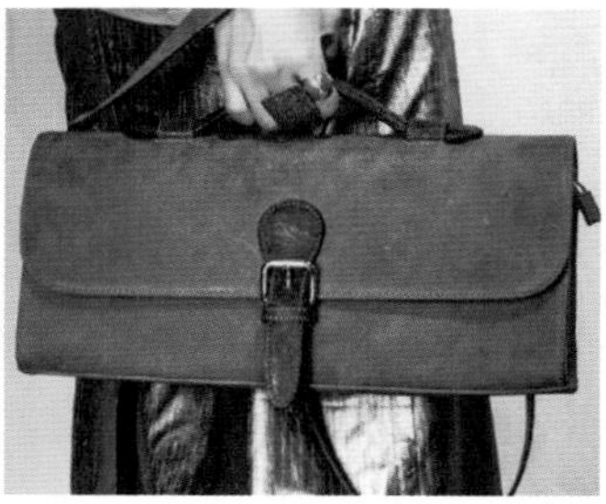

图 5-2-11　绒面革包

（八）草编包

草编包是用草、藤、麻、皮革等天然植物制成的包袋。其优点是时尚、轻巧、防盗性好。[3]缺点是不能负重过重，不能水洗和长时间暴晒（图5-2-12）。

图 5-2-12　草编包

第三节　包袋的搭配艺术

　　都说包袋是女人的另一半世界，盛满了女人的秘密与底气。得体的服装，搭配上适合的包袋，会收到相得益彰的效果。作为日常生活中最不能离手的配饰之一，包袋搭配好了便是穿搭的点睛之笔，不仅能展现服装与包袋的艺术价值，还能烘托出穿着者的内在气质。

包袋搭配艺术
教学视频

一、根据色彩关系搭配包袋

　　常有人感叹："我的包几乎都是黑色的，好想买个彩色的，可就是不知道有了色彩后该如何搭配衣服。"事实上，只要掌握以下三条色彩基本搭配法则，想不出"彩"都难！

　　（一）同色呼应法

　　同色呼应法是指让包袋与服饰中的某一颜色"同色呼应"，达到自然融入的视觉感受，浑然一体，让人感觉舒服、和谐。同色系是万能穿搭术，绝不会出错，如果实在不知道如何选择一款包袋，最简单的方式是根据穿搭的颜色来选择。别以为同色呼应没什么技术含量，实则内含小心思，要想增加穿搭的时髦感，获得富有时尚和质感的效果，最好在包袋与衣服之间搭出层次感，色调上最好有深浅的区别，即使色调一致也要在材质上有所区分。采用同色搭配法时，可以让包袋和上衣同色，使包袋成为上半身的延续；也可以与下装同色，视觉上产生对称、呼应感；而选择与鞋子同色的包袋，则能让整体活泼又不杂乱；如果想要成就强大的气场，也可以选择与全身服饰同色的包袋（图5-3-1）。

　　（二）近色相成法

　　我们将深浅、明暗不一的同色系颜色搭配，或者在色谱中相近的两种颜色搭配，称为近色搭配，或顺色搭配。顺色搭配利用"同色系但有色差"的原理，打破沉闷，但又不扎眼，是一种高级而优雅的搭配方式（图5-3-2）。

　　在配色上，可以白色顺米色、浅黄色、浅褐色、浅粉；海蓝色顺浅蓝、灰色、藏青、浅紫；裸色顺白色、粉红、浅橙、咖啡色等。

图 5-3-1　同色呼应法

图 5-3-2　近色相成法

（三）撞色点缀法

撞色点缀法极富冒险精神，且独具个性魅力。两种亮色搭配在一起，效果惊艳，用看似水火不相容的两种颜色，证明出挑的有趣性。首先，需要注意的是撞色搭配对服饰质感要求会更高，所以务必风格匹配。包袋种类繁多，材质各异，但要时刻谨记，无论多么漂亮的包袋都是为整体造型服务的，尤其在撞色搭配时，更要让包袋的材质、元素、风格与服饰和谐匹配。此外，在色彩的比例分割上可以采用"二八法则"。比如撞色的包袋在体积、量感上可以尝试从小包开始，色彩比重占服饰整体比重的20%左右（图5-3-3）。

图 5-3-3　撞色点缀法

二、根据人体量感选包袋

当谈论时尚搭配时，量感并不是一个常被提及的词汇，但却是形象中非常重要的因素。量感是指通过人体骨骼的量与比例，来读取的人的整体感的特征。[4]如果身形的骨架比较大，那么量感特征就表现为重量感，相反，小骨架就表现为轻量感。在根据体形特征选包袋时，可以遵循"让包的形状与体型互补，包的大小与体型相辅"的基本原则。接下来从体型特征入手来进行讲解（图5-3-4）。

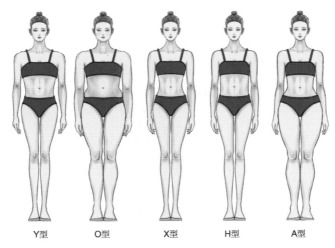

Y型　　O型　　X型　　H型　　A型

图 5-3-4　体型特征

（一）O型身材

O型身材又称苹果型身材，是指视觉上肩围以及胸围明显宽于臀围，肩围和胸围两者都大于臀围5%以上。O型身材最好不要搭配肩带长度仅及腋下，或只可以挟在腋下的包，那样会夸大身材的缺陷，显得更胖。可以将包拎在手上，有型立体的手提包是个不错的选择。

O型身材腰臀部圆润。其量感存在于身体的中段部位，所以类似于手包、短肩带的单肩包及双肩包，这些都是容易导致上半身视觉更加宽厚的原因，需要避免。远离中段臃肿部位，背带在臀部及以下位置的包袋可弱化O型身材的臃肿感；而包袋的廓型则要选择线条硬朗的矩形手提包，以达到平衡体型、弱化肉感的视觉感受（图5-3-5）。

（二）A型身材

A型身材又称梨型身材，是指视觉上臀围明显宽于上半身，臀围大于肩围和胸围5%以上。A型身材的人上半身纤瘦，腰、臀部则较为丰满，且宽度比肩膀宽。这种身材的人，下半身的量感较大，所以在弱化臀部的视觉感时，需要增加上半身的焦点。包袋的位置最好能往上移。注意选择柔软的短带大包，包带较短，包包的上缘及腋，且包的大小要精确，包身应与臀部保持距离，才会显得更加轻盈敏捷。比如流行的单肩斜拎于胸前的小包就很不错。如果可以，选择色彩鲜明、装饰性强的设计，能有效地将视觉焦点往上半身转移（图5-3-6）。

（三）X型身材

X型身材又称沙漏型身材，是指肩围臀围尺寸相当，胸围和肩围相差小于5%，腰围和其他围度相差25%或以上，如果差距没达到这么大，但是视觉上腰围和其他围度还是有差异，则也是小X型身材。

X型身材的人，一般拥有性感的S形曲线，十分具有女人味，用各种手袋都好看。但在日常搭配中，需要根据着装做出调整，保持原本匀称的体型平衡。穿量感大的廓型上衣，就把包的位置尽量放到下半身做平衡。如今职场女性较多，不少女性会在商务活动中选择不夸大女性特质的包款，方正的箱型拎包成为职场中沙漏体型女性的上佳之选（图5-3-7）。

（四）H型身材

H型身材的人没有明显的腰部线条。为了缓和平直的身体曲线，可以选择有曲线的"抽绳

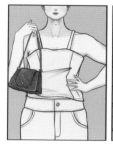
错误　　　　　　　正确

图5-3-5　O型身材搭配

错误　　　　　　　正确

图5-3-6　A型身材搭配

错误　　　　　　　正确

图5-3-7　X型身材搭配

桶包"等。而为了增强腰部曲线，肩带的长度如果可以让包袋落在腰部，则最为合适（图5-3-8）。

（五）Y型身材

与A型相反，Y型身材的人肩部宽，量感重心在肩部，且肩部明显大于臀部。包袋搭配的重点在于弱化肩部线条，突出下半身来平衡体型，所以包的位置在臀部及臀部以下较为合适。手提包是弥补这种身材缺点的法宝。如果你有肩带较短的单肩包，也可以挎在手肘上，使包身垂在臀部以下的位置，增强下半身量感。此外，包包的形状遵循互补原则，Y型身材选择带有曲线的包袋，如圆形包、马鞍包等（图5-3-9）。

三、根据季节搭配包袋

包包的季节搭配主要是颜色方面的协调。比如夏季的包包应以浅色或是淡纯色为主；这样不会让人感觉与环境不协调，否则会让人产生扎眼的感觉，夏晚时分外出，根据环境深色的也是可以，只要搭配得当；而冬季则应选择略深的颜色包袋，要与季节产生协调感。春秋两季，要多注意和服饰穿着之间的搭配。

对于炎热的夏天来说，最流行的穿搭风格，往往是轻薄而舒适的。大型的包包，会衬得整个人的身型更加小巧玲珑，简单又大方，很有日杂风的感觉。大手提包的款式选择的重点是清爽，即纯色款式。最好不要有印花或是复杂的配色，不然会很像行李包，显得花哨又不精致（图5-3-10）。

四、根据场合搭配包袋

不同的场合穿不同的衣服，其实包包也是一样，比如去面试新工作，你挎着很松散的包包，

错误　　　　　　　　正确

图5-3-8　H型身材搭配

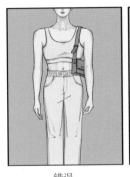

错误　　　　　　　　正确

图5-3-9　Y型身材搭配

图5-3-10　季节包袋搭配

在胸前一放，给人很不简洁的感觉。这时应该携带皮质略硬、不花哨的包包。假如要去爬山，就挎上比较休闲的包包，显得不拘谨。出差时，根据客户的不同，选择不同的包包和衣服搭配。场合的搭配很重要，这不是你挎着什么样的名牌就可以的（图5-3-11）。

图 5-3-11　场合包袋搭配

五、根据年龄搭配包袋

不同年龄段的人群，对时尚的观点也不一样。如"80后"与"90后"有很大区别，包包的款式搭配应该首先和自己的年龄段吻合，使人不会产生搭配不协调的感觉。即使包包的款式不错，选购时也应先考虑适不适合自己的年龄。另外，还要考虑包包颜色与年龄是不是协调。款式方面主要体现在年龄段上的要求，这一点，大多数人都应该有体会。

比如双肩包。对于学生阶段来说，双肩包是一个非常实用的包，上课下课，带饭带书带零食，什么东西都能放在书包里，背起来也舒适方便，不会很重。一些人想要显得更加有活力会选择背双肩包。

六、根据职业搭配包袋

不同的职业对包包的选择也有区别，上班族可以选择简洁一些的款式，这样可以突出自己的品位。经常外出，可以选择休闲一些的包包，显得比较有活力。如需经常面见客户或须携带一些资料，可以选择实用型包包。

第四节　包袋品牌作品赏析

第五节　包袋结构与工艺

第四节　包袋品牌
作品赏析

包袋的结构与工艺相结合，是将平面效果图转化为立体的产品设计。需要设计师根据不同的结构与工艺需求，采用不同肌理与质感的材料，结合特殊的加工工艺来实现。不同的加工工艺会影响包袋的最终效果。因此，设计师应对常用的包袋结构及装饰工艺手法有所了解，才能根据需要选择合适的工艺方式。

一、包袋的基本结构

（一）外部结构

包袋的外部基本结构主要包括前后幅、侧围、底围、手挽、背袋等。前后幅主要是手袋前后主体的部件。侧围是组成大身围的侧面部件，它们的驳口可以在侧面，也可以延伸至底部。底围是指组成大身围的底部部件，可以只是底部部分，也可以延伸至侧围。[9]手挽是各种手袋的单提带或双提带，通常是塑胶和五金制品。背带是指各种手袋的肩带，有固定的、活动的和可调节的各种形式（图5-5-1）。

（二）内部结构

包袋的内部基本结构较为简单，一般由里布和内袋两部分组成，较为复杂的结构还包括不同结构的隔层设计，以放置不同类型的物品。包袋的里布主要是为了保护包袋所放物品表面不被摩擦刮伤，另外也增强了美观性与牢固度，材料一般为较柔软的纺织面料。包袋的内袋与隔层的设计主要是根据使用需求而设计。如拉链内袋可以放置较为贵重的物品，不同的隔层设计，可以将包内物品分类放置，方便拿取（图5-5-2）。

图 5-5-1　外部结构

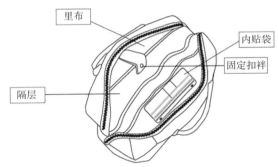

图 5-5-2　内部结构

二、包袋的工艺

包袋的工艺复杂多样，包括刺绣、印染、编织、镂空、压花、雕刻、拼接等工艺手法，另外在包袋上结合适合的结构进行立体花、缎带花边、金属钉、金属片、珠子、珠片、羽毛、标牌等进行装饰，也是包袋设计常用的工艺手法。下面分别介绍不同工艺的特点和其通常适用的包型结构。

（一）刺绣包袋

刺绣，又名"针绣"，俗称"绣花"。[10]以绣针引彩线，按设计的纹样在织物上刺缀运针，将绣线组合成各种图案和色彩的一种技艺。刺绣也是包袋装饰设计中通常采用的一种手法。男女式包都可用刺绣图案装饰。男士包通常只刺绣标志图案，而女士包的刺绣图案形式则可以很丰富。刺绣分手工绣和机绣两类，在机械化普及的今天，大多数都采用机绣的方式来装饰包袋，但也没有完全排除手工绣，因为手工绣的风格较机绣朴实、多样、灵活，在追求回归自然的时尚引导下，很多手工刺绣的包袋极具装饰性，分彩绣、包梗绣、雕绣、贴布绣、钉线绣、十字绣、抽纱绣、丝带绣、戳纱绣等。

1. 彩绣

彩绣泛指以各种彩色绣线编制花纹图案的刺绣技艺。[11]其作品具有绣面平服、针法丰富、线迹精细、色彩鲜明，变化丰富等特点。它以布为宣，以线代笔，通过多种彩色绣线的重叠、并置、交错产生华而不俗的色彩效果。尤其以套针针法来表现图案色彩的细微变化最有特色，色彩深浅融汇，具有国画的渲染效果（图5-5-3）。

2. 包梗绣

包梗绣是中国刺绣传统针法之一。其花纹秀丽雅致，富有立体感，装饰性强，又称高绣，在苏绣中则称凸绣。[12]特点是先用较粗的线打底或用棉花垫底，使花纹隆起，然后用绣线进行刺绣，在工艺上较烦琐，一般采用平绣针法。包梗绣一般用单色线绣制，适宜绣制块面较小的花纹与狭瓣花卉，如菊花、梅花等（图5-5-4）。

3. 雕绣

雕绣又称镂空绣，制作工艺较为复杂，但其绣品高雅、精致。雕绣的特点是在绣制过程中，按花纹需要修剪出孔洞，并在剪出的孔洞里以不同方法绣出多种图案组合，使绣面上既有真真切切的实地花，又有若隐若现的镂空花，虚实相衬，变化丰富。

4. 贴布绣

贴布绣也称补花绣，是一种采用丝线将其他布料剪贴绣缝在布面上的刺绣形式。其绣法是将贴花布按图案要求剪好，贴在绣面上，也可在贴花布与绣面之间衬垫棉花等物，使图案隆起而有立体感。[13]贴好后，再用各种针法锁边。贴布绣绣法简单，图案以块面为主，风格别致大方（图5-5-5）。

5. 钉线绣

钉线绣又称盘梗绣或贴线绣，是把各种丝带、线绳按一定图案钉绣在包袋上的一种刺绣方法。常用的钉线方法有明钉和暗钉两种，前者针迹暴露在线梗上，后者则隐藏于线梗中。钉线绣绣法简单，历史悠久，装饰风格典雅大方。

6. 十字绣

十字绣是一种古老的民族刺绣，具有悠久的历史。[14]十字绣是用专用的绣线和十字格布，

图 5-5-3　清代彩绣南瓜小包

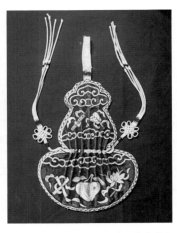
图 5-5-4　清代包梗绣暗八仙纹荷包

图 5-5-5　贴布绣手袋

利用经纬交织的搭十字的方法，对照专用的坐标图案进行刺绣，制作相对简单，易学易懂，用途广泛。十字绣包袋作品风格各异，无论是绣线、面料的颜色还是材质、图案，都别具匠心（图5-5-6）。

7. 抽纱绣

抽纱绣也称"花边绣"。主要是依据设计图稿，将底布的经线或纬线酌情抽去，然后加以连缀、形成透空的装饰花纹。或在棉麻布料上绣花、补花、雕嵌。抽纱绣巧妙地运用多种针法工艺和繁复精致的设计布局，变化出千姿百态、栩栩如生的图案。[15]其作品做工精细，花纹典雅，多用于包袋的装饰设计中。

8. 丝带绣

丝带绣是用色彩丰富、宽窄不同、质感细腻的缎带为原材料，在棉麻布上，配用一些简单的针法进行的一种刺绣。丝带绣的刺绣针法与普通丝线绣的针法相同，但其效果又与丝线绣不同，丝带绣的效果粗犷，具有立体感强，色泽华贵，图案层次丰富等特点（图5-5-7）。

9. 戳纱绣

戳纱绣又称"穿纱"。以素纱为绣底，用彩丝绣满纹样，四周留有纱地。[16]用色依花样顺序进行，内深外浅或外深内浅均可。戳绣纱是一种苏绣的传统针法，在满是细小网格的纱绢或筛绢上，依照图案要求，在网格上点出格数后按格出针，用长短不一的线条绣出各种图案花纹。和苏绣的其他针法相比，戳纱绣具有立体感强、装饰效果明显的特点（图5-5-8）。

（二）立体花包袋

立体花饰作为一种立体装饰手法，其作品造型极具表现力，手法多变，运用广泛。在包袋的装饰设计中，可以通过各类可服用材料仿照真花造型制作立体花饰来强化包袋的立体效果，让包袋设计给人以视觉的层次感。

通常在女士包中应用较多，如沙滩包、宴会包、化妆包上的装饰设计。立体花的材料可以

图 5-5-6　十字绣装饰手袋　　　　图 5-5-7　丝带绣装饰手袋　　　　图 5-5-8　戳纱绣装饰手袋

与包的材料一致，也可以不一致（图5-5-9、图5-5-10）。

图 5-5-9　香奈儿立体山茶花包　　　　　　　　图 5-5-10　大花朵斜挎包

（三）拼接包袋

拼接设计，顾名思义是指通过拼接与连接的方式，将不同肌理、不同色彩的面料进行组合，通过独特的技法将其连接在一起的艺术手法。拼接是包袋设计中不可或缺的一种表现手法，通过拼接使设计产生更丰富的分割与造型，对包袋结构设计产生重要影响。

在现代时尚包袋设计中，设计师们更是大胆地将拼接艺术结合创新的设计理念，推陈出新。可以运用亮面裂纹皮革与绒面皮革的拼接，体现一种复古的设计风格；相同质感，不同色彩的拼接包袋设计，主要运用高饱和度的亮色进行不规则的几何拼接，给包身增添了很强的立体感；不同色彩的规则性几何拼接包袋设计，也给人一种很强的整体感；镂空式拼接包袋，以仿生设计为灵感来源，体现皮革的廓型感（图5-5-11、图5-5-12）。

（四）编织包袋

编织是人类最古老的手工艺之一，主要种类有竹编、藤编、草编、麻编、绳编、皮编、布编等。编织包袋在原料、色彩、编织技法等方面形成了天然、朴素、清新、简练的艺术特色。编织工艺以经纬为基础，按一定规律互相连续挑上（纬在经上）、压下（纬在经下），构

图 5-5-11　MOSSI 几何彩色拼接包　　　　　图 5-5-12　镂空拼接包

成花纹。[17]它采用疏密对比、经纬交叉、穿插掩压、粗细对比等手法，使编织平面上形成凹凸、起伏、隐现、虚实的浮雕般的艺术效果，并且增添了色彩层次，显示出精巧的手工技艺（图 5-5-13 ~ 图 5-5-15）。

图 5-5-13　藤编包　　　　图 5-5-14　皮革编织包　　　　图 5-5-15　粗麻编织包

（五）印染包袋

印染工艺是包袋常常采用的装饰手法，其图案清晰、色彩艳丽、题材丰富、快捷便利。一般印染的材质有纺织面料与皮革材料。常见纺织材料的印染方法有热转印、水印、凹版印染等。采用传统的凹版印刷工艺将图文印至薄膜上，再采用覆膜工艺将印有图案的薄膜复合在帆布上。一般大面积彩色图案印刷的帆布袋均采用这种工艺。其特点是印刷精美，全程采用机器生产，生产周期短（但制板时间较长）。常见皮革材料的印染方法有，皮革染料印染、皮革喷墨印染、皮革涂料印染、皮革转移印染等。涂料印染，顾名思义，是通过图形样板在皮革上分层刷涂料。这是传统皮革印花中量最大的一类印花，因为涂料印花对金银色的还原度比较好，在涂料上进行烫膜，对皮革伤害较小（图 5-5-16、图 5-5-17）。

（六）雕刻包袋

雕刻装饰工艺在包袋设计中比较常见的有手工雕刻和激光雕刻。手工雕刻技艺是以皮革为基底，辅以旋转刻刀及印花工具，在植鞣革上运用刻画、敲击、推拉、挤压等手法形成的一种独特的雕刻艺术形式。在古埃及时期人们便开始在皮革上以刻画的形式进行记录，这也是皮雕

图 5-5-16　帆布印染包

图 5-5-17　古驰皮革印染包

的雏形。文艺复兴时期的欧洲，出现了制作精良、工艺复杂的皮雕工艺品。皮雕既是一项技术，也是一门古老的艺术。其作品风格独具匠心，造型手法丰富多样，具有或深或浅、或明或暗、或远或近、层次鲜明等视觉效果。在皮革表层呈现出凹凸纹理和虚实空间的立体图案，给人以层次上的美感和视觉上的享受，是一门兼具实用价值和欣赏价值的艺术形式。传统唐草纹样在皮革表面进行手工雕刻，呈现复古的时尚感（图5-5-18）。

　　激光刻花是利用激光雕刻机在包袋表面进行打孔、勾线或者切割形成图案。激光刻花表现的图案线条精确，细节丰富，适合表现精美细致的图案，为包袋增添精巧与新颖的感

图 5-5-18　手工雕刻包

觉。精湛的激光镂空雕刻工艺打破包包的封闭设计，将各种元素的包包融入光影变幻之中，折射出时尚大气、唯美浪漫、文艺复古的感觉，演绎出绚烂多彩的包包世界（图5-5-19）。

　　激光镂空工艺作为目前最为流行的加工技术之一，已经广泛应用于箱包行业的设计之中。激光镂空的原理是利用激光的高能量密度特性，照射到皮革、布料、毛毡等包包材料表面，使其切穿并产生一定镂空图案的加工工艺，与传统的加工工艺相比，激光镂空的质量更好、设计的图案更丰富、加工的工序更简单、生产的周期更短（图5-5-20、图5-5-21）。

图 5-5-19　激光雕刻包

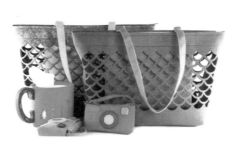

图 5-5-20　毛毡雕刻包

图 5-5-21　镂空雕刻包

第六节　包袋制作实例

布条线钩针包制作
教学视频

一、布条线钩针包

（一）主题和设计说明

手工钩编是将线、绳、带等通过钩针编织形成疏密、凹凸等织物质感的一种技艺，是自成一格的手工艺，其花纹清晰优美，立体感强，制作简便，且能任意设计出不同花型。

本作品对锁针、短针、中长针、引拔针等针法的综合应用，采用布条线进行制作，长短针相互交织，突出立体的纹理，采用红色更加凸显金色扣件的装饰效果。

（二）材料与工具

本作品主要用到的材料及工具有布条线、金属扣、金属链、6号钩针、螺丝刀、缝合针、记号扣以及剪刀等。

（三）制作步骤和要点

1. 钩针针法

本作品主要用到的针法有锁针、短针、中长针、引拔针（表5-6-1）。

表5-6-1　钩针针法

针法	图示
锁针	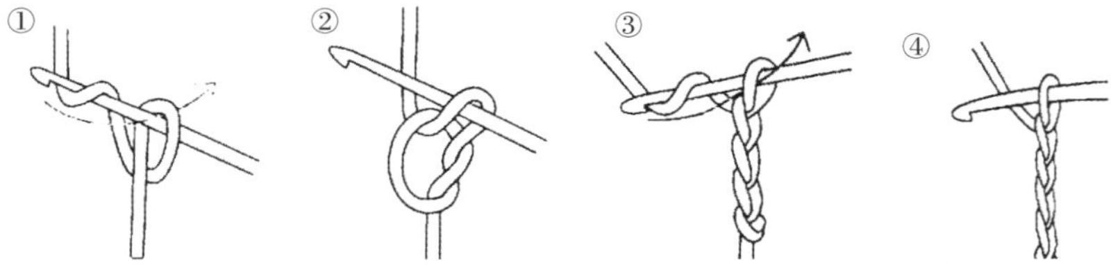 ① ② ③ ④
短针	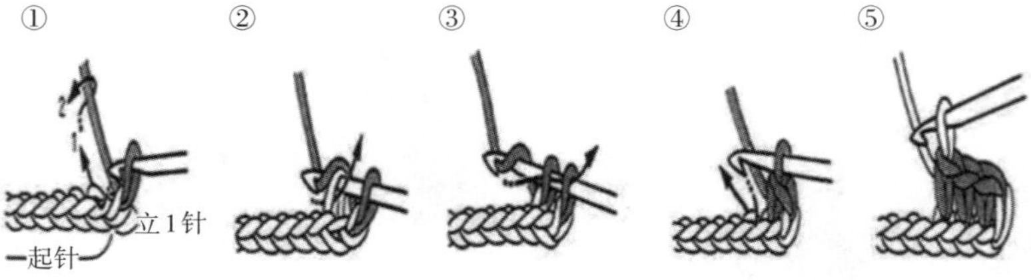 ① ② ③ ④ ⑤ 立1针 起针

针法	图示
中长针	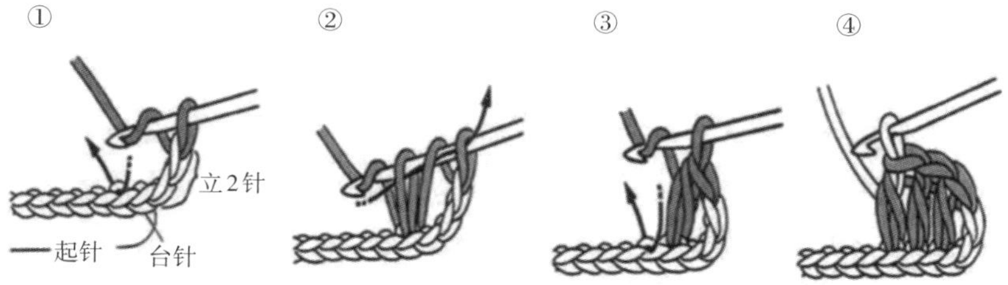 　①　②　③　④ 立2针　起针　台针
引拔针	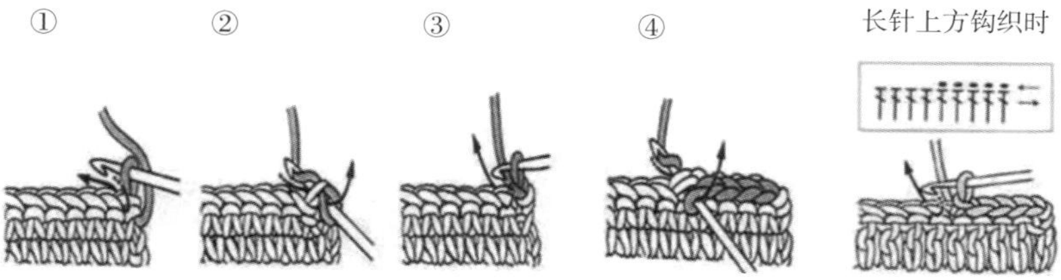 　①　②　③　④　长针上方钩织时

2. 制作步骤（表5-6-2）

表5-6-2　制作步骤

图片示意	文字说明
	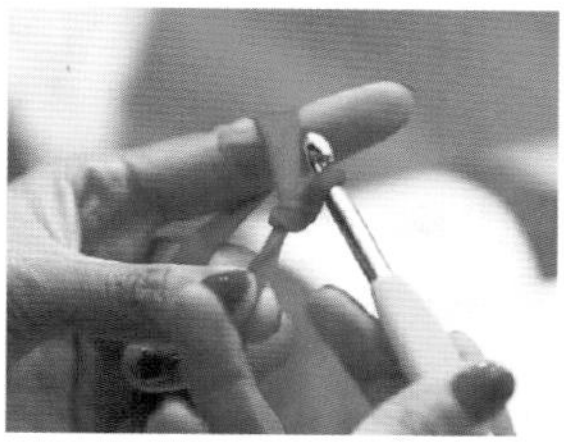  1. 起针：从团线的中心取出布条线线头，摆好钩针的手势，左手执线，右手执针。起一个活扣 2. 锁针：连续钩锁针即辫子针16针，在第16针上挂记号扣
	 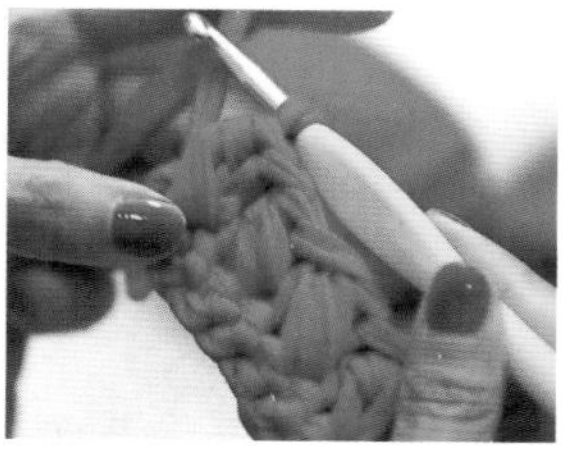 3. 短针：起立一针锁针，织物翻转折回"S"状往回钩，在辫子针上一一对应钩16针短针 4. 中长针：起立两针锁针，然后织片翻过来，第一针不钩，在第二针里钩1个中长针，然后在第一针里钩2个未完成的中长针
	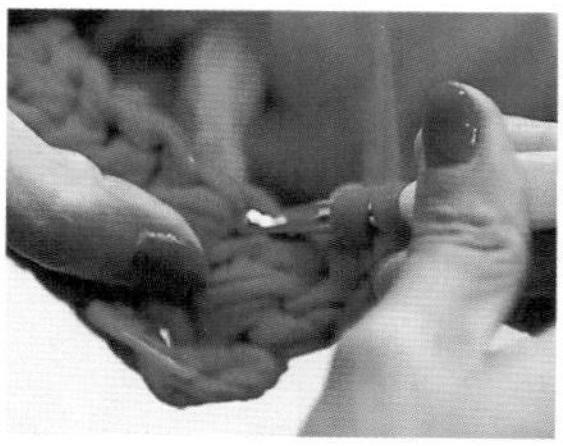 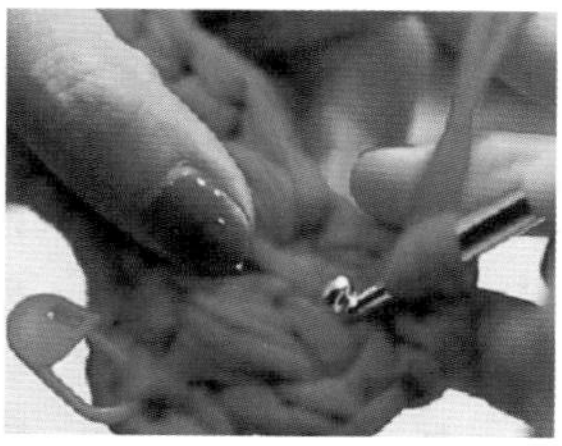 5. 中长针及未完成的中长针：一排共8组，在最后一个短针里加钩1个中长针，一排完成 6. 花型第二排：起立两针锁针，按照步骤4和步骤5的方法，用中长针及未完成的中长针，完成花型的第二排

图片示意	文字说明
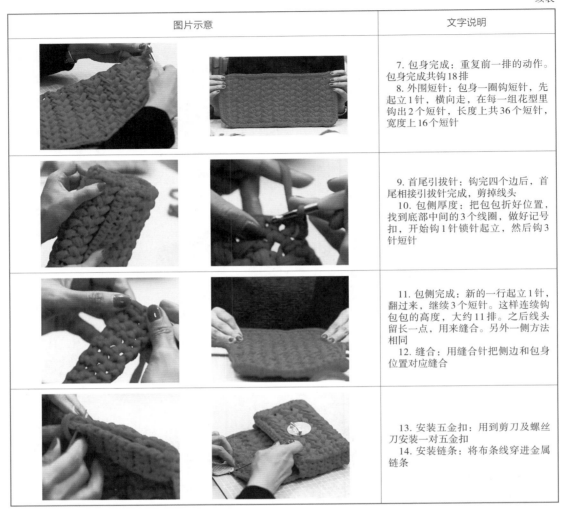	7. 包身完成：重复前一排的动作。包身完成共钩18排 8. 外围短针：包身一圈钩短针，先起立1针，横向走，在每一组花型里钩出2个短针，长度上共36个短针，宽度上16个短针
	9. 首尾引拔针：钩完四个边后，首尾相接引拔针完成，剪掉线头 10. 包侧厚度：把包包折好位置，找到底部中间的3个线圈，做好记号扣，开始钩1针锁针起立，然后钩3针短针
	11. 包侧完成：新的一行起立1针，翻过来，继续3个短针。这样连续钩包包的高度，大约11排。之后线头留长一点，用来缝合。另外一侧方法相同 12. 缝合：用缝合针把侧边和包身位置对应缝合
	13. 安装五金扣：用到剪刀及螺丝刀安装一对五金扣 14. 安装链条：将布条线穿进金属链条

（四）成品展示（图5-6-1）

图 5-6-1　成品展示（作者：陈莹）

二、水洗牛皮纸单肩包制作

水洗牛皮纸单肩包
制作　教学视频

（一）主题和设计说明

水洗牛皮纸是一种新型材料，可水洗、印刷、压花，是一种新型的低碳环保材质。本作品灵感主要取自帆布袋的廓型，结合水洗牛皮纸的质感以及抽象简洁的纹样，配以皮革肩带，款式简单大方，时尚美观，手感舒适。

（二）材料与工具

本作品主要用到的材料有水洗牛皮纸、里布（蓝色条纹棉布）、牛皮肩带。工具及设备包括家用多功能缝纫机、蒸汽熨斗和折叠烫台，以及纱线剪、手缝针、棉线、大头针、水消笔等基本制作工具。

（三）制作步骤和要点（表5-6-3）

表5-6-3　制作步骤

图片示意		文字说明
		1. 包身的制作，牛皮纸本身是展平的，为了呈现褶皱的效果，可以先将其揉皱，使其变得柔软舒展。让表布与里布正正相对，在包上口部位进行缝合，缝份都为1cm 2. 将缝合好的包上口进行熨烫，需注意的是要里外均匀，0.2cm左右
		3. 对齐缝合位置，再缝合包身，分别将面布与里布的包身进行缝合。在里布的一侧要预留15～20cm不缝合 4. 为了使包体更加立体，可以在表布包底缝合三角形，根据个人喜好可以自愿选择。一般包底的厚度约5cm左右
		5. 在里布包底缝合三角形 6. 将包体翻到正面，整理包体，然后将里布预留位置进行缝合，0.1cm
		7. 装肩带，首先测量好需要固定肩带的位置，再用大头针固定，然后用手缝针缝合肩带 8. 完成成品：肩带安装完毕，这款水洗牛皮纸单肩包就做好了

（四）成品展示（图5-6-2）

图 5-6-2　水洗牛皮纸单肩包（作者：马俊淑）

三、绳结包

绳结包制作　教学视频

（一）主题和设计说明

绳结有着十分古老的历史，在文字出现以前，"结"曾被人们用来记事，这种神圣的记事功能也赋予了绳结神秘的魅力，历经几千年传统文化的洗礼，绳结蕴含了极其丰富的文化内涵和吉祥的寓意。绳结是一种集实用功能和装饰功能于一身的艺术。本作品采用定位结、斜卷结、双向平结进行编织，以简洁的本白色为主色，配以木质手柄以及棕色皮带进行点缀，简约大方、充满文艺气息。

（二）材料与工具

本作品主要用到的材料及工具包括辫子绳、木环、皮带、胶水、剪刀等。

（三）制作步骤和要点（表5-6-4）

表5-6-4 制作步骤

图片示意	文字说明
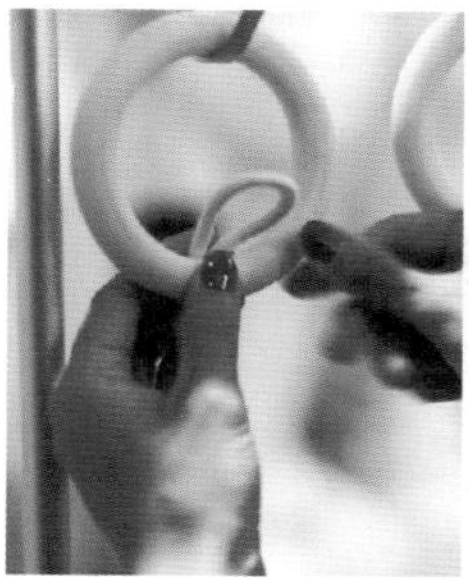 	1. 吊挂木环：准备支架和挂钩，把两个木环手柄吊挂起来 2. 定位结：取2m棉绳对折，调整好长短，对折处从后往前搭过木环，再将尾线穿过，挂在木环把手上
 	3. 定位完成：在木环上编定位结，共需要12条，第一条和最后一条使用2m绳，其他的使用1.8m绳，两个木环相同
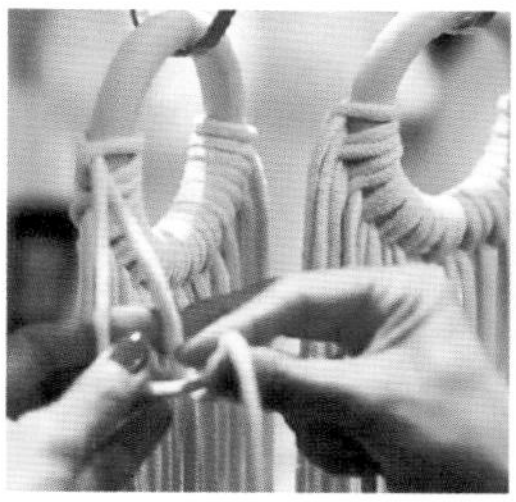 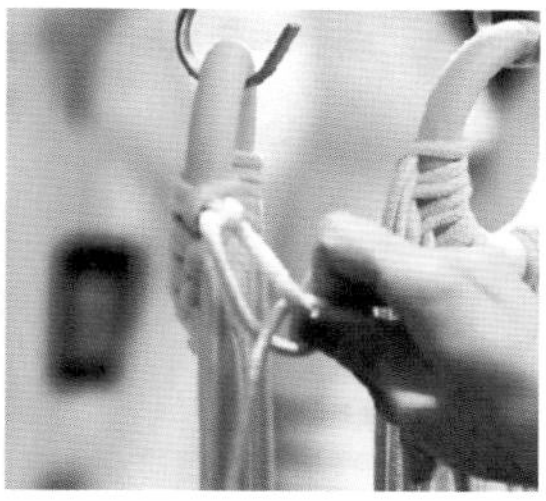	4. 斜卷结：最左侧绳子拉起到上面作为梁，从第二根绳子开始编，由上到下在左边绕，在右边再绕一次，收紧完成。每一条线都需要绕两次，完成一个斜卷结
	5. 斜卷结完成：沿着木环的形状，依次将23个斜卷结编完形成半圆形，两个木环相同
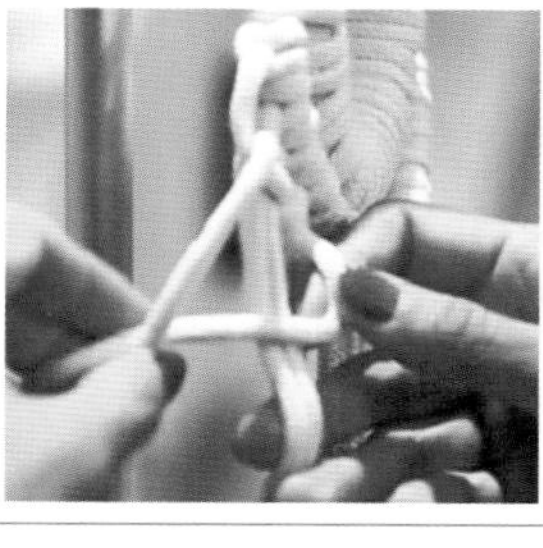 	6. 双向平结：从最左侧开始取四根绳，中间两根当梁，先用左绳在上面，右压左，再从后面穿出来，拉紧，这只是一个半结；之后右线在上，左压右再从后面穿出来，收紧完成

图片示意	文字说明
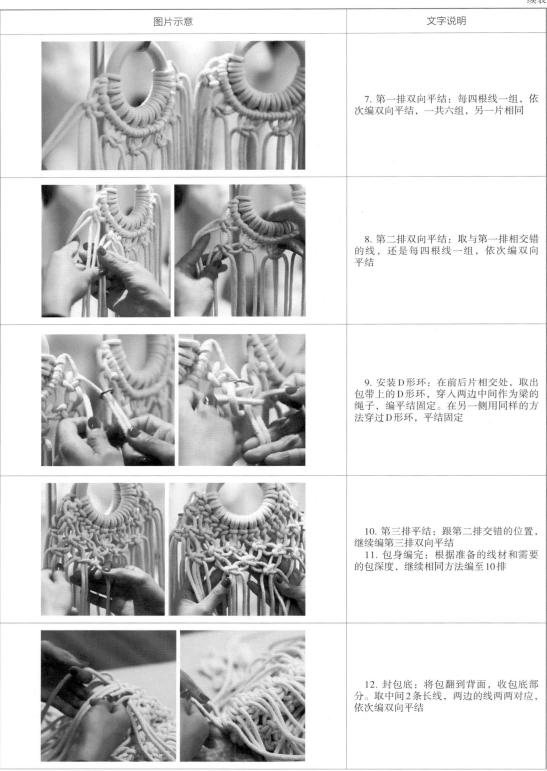	7. 第一排双向平结：每四根线一组，依次编双向平结，一共六组，另一片相同
	8. 第二排双向平结：取与第一排相交错的线，还是每四根线一组，依次编双向平结
	9. 安装D形环：在前后片相交处，取出包带上的D形环，穿入两边中间作为梁的绳子，编平结固定。在另一侧用同样的方法穿过D形环，平结固定
	10. 第三排平结：跟第二排交错的位置，继续编第三排双向平结 11. 包身编完：根据准备的线材和需要的包深度，继续相同方法编至10排
	12. 封包底：将包翻到背面，收包底部分。取中间2条长线，两边的线两两对应，依次编双向平结

图片示意	文字说明
	13. 完成：剪掉两边多余的线头，用胶水把线头粘好，等待胶水干。把包包翻回正面，扣上包带，制作完成

（四）成品展示（图5-6-3）

图 5-6-3　绳结包（作者：陈莹）

四、金丝绒复古口金包制作

（一）主题和设计说明

金丝绒复古口金包制作　教学视频

口金包泛指那些开合方式由金属开口配件组成的包包或是收纳盒。口金一般为金属制成，安装于包上，起到打开、收起包口的作用，但开合方式更为方便。医生口金、弹片口金等都属于口金。口金包的材料种类多样，有棉布、丝绒、绸缎、皮革等。表布的装饰手法也有很多，可以素布，也可以印花、刺绣、拼接等手法结合使用。另外，还可以结合平面及立体的造型手法，风格上也有复古、现代、时尚、可爱等。口金包的造型丰富多彩，适合各类人群的需求。本作品是一款金丝绒复古口金包，主要采用丝绒面料，结合金色珠片刺绣，体现一种优雅复古的设计风格。

（二）材料与工具

本作品主要用到多功能家用缝纫机、熨斗和烫台。工具有纱线剪、手缝针、棉线、大头针、水消笔、螺丝刀、丝绒面料、纯棉里料等基本制作工具。主要材料包括黑色金丝绒表布、黑色棉布里布、铺棉、黏合衬，螺丝、包底板革、包底钉四颗，链条和口金。最后还有装饰的绣片，可以根据需要自行准备。

（三）制作步骤和要点（表5-6-5）

表5-6-5　制作步骤

图片示意	文字说明
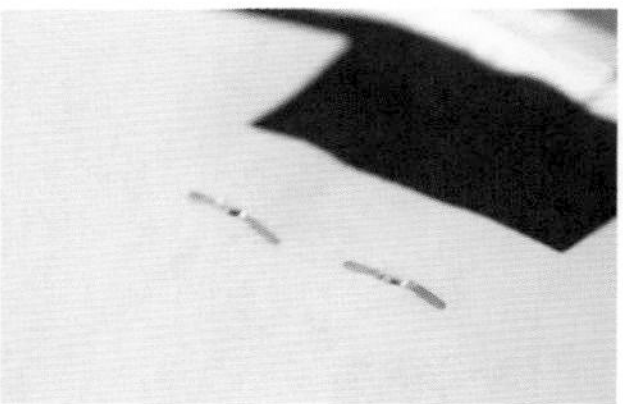 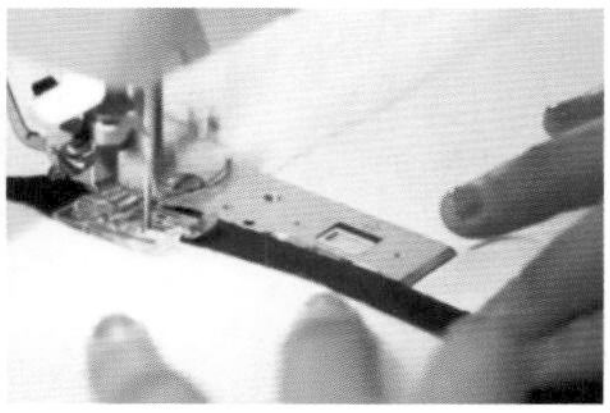	1. 装包底钉。根据已经确定好的位置在表布上固定包底钉 2. 开始表布和里布的制作，首先将表布正面上下相对缝合左右侧缝，需注意的是头尾必须打回针固定。缝份都为1cm
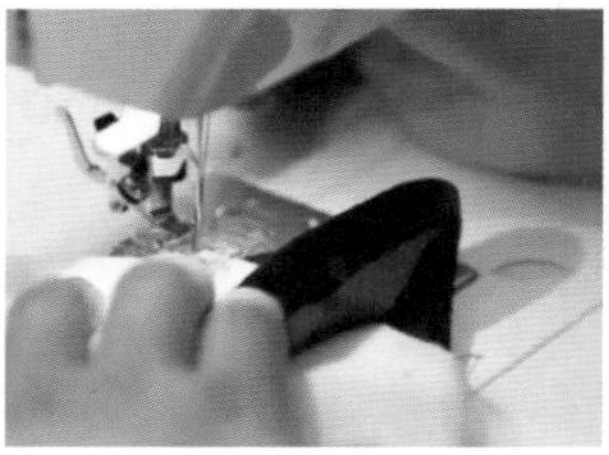 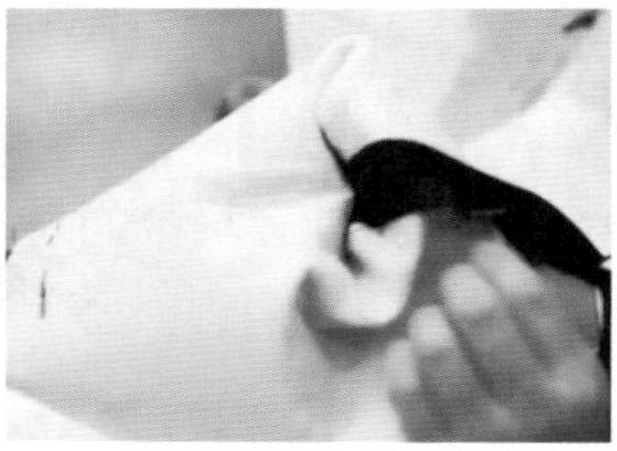	3. 然后缝合包底部的三角位置。这里注意要将底部中心线对准角中线 4. 将表袋缝好以后翻到正面，将包底板放在表袋里面，四角对好位置 5. 在表布上进行绣片的装饰，根据需要用大头针固定，然后用透明线固定
 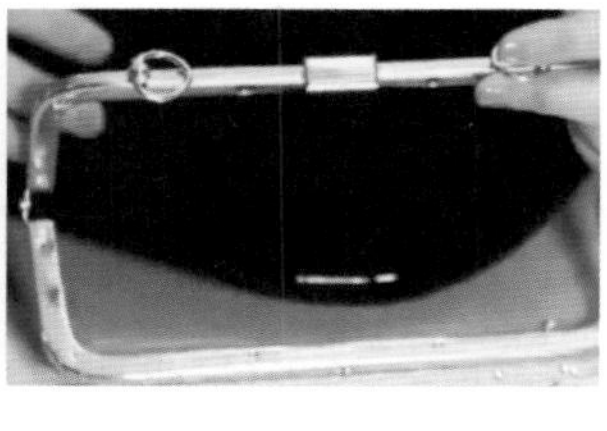	6. 接下来缝合里布，方法同表布制作方法一样。里袋缝完不用翻到正面，直接装到表袋里面 7. 缝合袋口：将表布和里布多余的缝份分别按照辅棉和粘合衬的位置折进去，用手缝针进行平针缝合 8. 装口金和链条：取出口金，将袋口塞进凹槽，用螺丝钉对袋口两侧进行加固。需要注意的是口金与袋口的中心要对齐

（四）成品展示（图5-6-4）

图 5-6-4　丝绒口金包　（作者：马俊淑）

课后思考与练习

1. 收集20款包袋造型，对其分类方法、设计构思、设计风格、制作工艺进行分析，制作精华笔记。

2. 确定一个主题，设计并完成3款以上创意为主的包袋效果图，并注明设计理念、主要制作工艺、材料等。

3. 根据上个章节的首饰系列进行设计与制作包袋，运用刺绣针法，设计制作完成一款时尚配套手袋。

参考文献

[1] 聂启蒙.体验价值维度下的箱包产品设计研究[D].鞍山：辽宁科技大学，2021.

[2] 徐芸雅.当代旗袍创新设计探索[D].上海：东华大学，2019.

[3] 贺岭.传统草编在河南旅游纪念品包袋设计中的应用研究[D].郑州：中原工学院，2013.

[4] 郭依宁.个性化三维人体模型快速建模方法的研究[D].上海：东华大学，2019.

[5] 朱采霖.个人权力感威胁对奢侈品品牌标识显著度偏好的影响[D].广州：暨南大学，2021.

[6] 李云峥.如何塑造高端品牌——解读世界级皮具企业的品牌炼金术[J].北京：中国皮革，2005（2）：32–36.

[7] 王婷婷.家用纺织品中的议题性装饰网格研究[D].青岛：青岛大学，2013.

[8] 魏新辉.服装终端策划与品牌文化之间的关系研究[D].青岛：青岛大学，2009.

[9] 刘雪姿.论皮革手袋的出格工作要领[J].西部皮革，2009，12（31）：39–42.

[10] 许平山，吕慧，余琴.中国传统刺绣发展流变考析[J].郑州航空工业管理学院学报（社会科学版），2016（4）：149-152.

[11] 王会娟.秦腔传统剧目旦角服饰研究[D].西安：西安工程大学，2016.

[12] 余珊.传统刺绣在现代服饰设计中的应用[D].天津：天津工业大学，2009.

[13] 韩云霞.服装材料再造的研究应用[D].苏州：苏州大学，2010.

[14] 周文文.探析女红艺术在室内装饰设计中的魅力[D].青岛：青岛理工大学，2011.

[15] 蔡涵，方秋瑾.潮绣等潮汕传统手工艺在潮派工艺服装上的运用[J].轻纺工业与技术，2012（2）：5-10.

[16] 王雨馨.民族学审美下西安清真寺建筑装饰艺术的特征及运用研究[D].西安：西安工程大学，2018.

[17] 马阳.基于偶发性色彩的EDC包袋产品设计研究[D].杭州：浙江理工大学，2021.

第六章　履仁蹈义——鞋靴设计艺术

教学目标： 从鞋靴的历史和分类特点出发，以审美角度去分析研究其设计、材料、搭配、品牌等知识点，并着重研究鞋靴的设计制作方法。

教学内容： 1. 中外鞋靴的历史演变

2. 鞋靴的类别

3. 鞋靴的搭配艺术

4. 鞋靴品牌作品赏析

5. 鞋靴结构与工艺

6. 鞋靴制作实例

教学学时： 4学时

教学重点难点： 1. 让学生了解鞋靴的历史与沿革

2. 鞋靴的设计规律、制作工艺、制作要点

3. 掌握鞋靴搭配技巧与品牌认识

课前准备： 1. 预习本章内容，学习中西鞋靴历史

2. 收集优秀创新应用实例，包括鞋靴设计材料与制作工艺等

三国·魏·应璩《荐和虑则笺》："质性纯粹，体度贞正，履仁蹈义，动循轨礼。"中国自古为仁义之邦，在古代，冠袍带履都有着独特的象征意义。鞋履设计哲学中，赋予了鞋履独特的历史感和文化底蕴。传统工艺的传承是不可或缺的一部分。品牌以精湛的手工工艺为基础，将传统的制鞋工艺注入现代设计中。

第一节　中外鞋靴的历史演变

一、中国鞋靴概述

先秦时期，"屦"为鞋的统称，汉代后以"履"居多。在舆服制度中，祭服穿复底的舄，男子为赤舄，女子为青舄。朝服穿履，有絇屦和云履等。[1]穿长袍时配鞋头翘起的履，称为歧头，这是为了将袍服下摆兜住，便于行走。雨雪天需要穿木制的屐，最初人们在鞋下加带齿的木板通过绳子捆绑固定，到了明清时期则用钉将鞋与木底固定。草鞋是历史最为悠久的鞋类之一，多为劳动人民穿着，根据草料材质不同主要有麻鞋、蒲鞋、芒鞋、芦花鞋等。靴来自北方，通过胡服骑射等服制变革传入中原，在元代和清代的北方游牧民族政权推动下，民间尤为盛行。便服的鞋则以女子的绣花鞋、弓鞋、高底鞋等最具代表性（表6-1-1）。

表6-1-1　中国古代鞋靴的主要类型与称谓

类型	称谓
舄	赤舄、青舄
履（屦）	絇屦、云履、翘头履、歧头履、革履、蒲履、菅履
屐	木屐（木套）、漆屐
草鞋	屩、靸、扉、麻鞋、蒲鞋、芒鞋、芦花鞋
锦绣鞋	锦鞋、绣鞋、绣花鞋、宫样鞋
弓鞋	金莲、香钩
旗鞋	靰鞡、皂鞋、夹鞋、元宝底鞋、花盆底鞋
靴	络鞮、皮靴、皂靴
袜	锦袜、棉袜

（一）舄：赤舄与青舄

舄是等级最高的鞋，其中男子冕服配赤舄，女子翟衣配青舄，历代的舄有所变化，总的来看鞋型均为鞋头翘起，呈现歧头式，这种鞋型的出现最初是由于郊外祭祀，为行走时适应山石崎岖的道路而制，后又在鞋头缝缀有珠宝和绣缋纹饰。舄区别于履，底有两层，最下层为木底（图6-1-1）。宋代皇后礼服所穿的舄可以从皇后像的脚部看到鞋头的样式，《大金集礼》描述："舄，以青罗制，白绫里，如意头，明金，黄罗准，上用玉鼻仁珍珠装缀。"《中兴礼书》记载的舄则为金鼻，根据宋代皇后坐像露出的舄则可见这两种样式，鞋底和两侧有金色纹饰（图6-1-2）。

（a）唐　阎立本绘　历代帝王图之隋文帝　　　　　（b）日本天平胜宝四年（752）圣武天皇穿
　　　杨坚　波士顿美术馆藏　　　　　　　　　　　　　赤舄　日本正仓院藏

图6-1-1　赤舄

（a）宋徽宗皇后的舄　台北故宫博物院藏（b）宋真宗皇后的舄　台北故宫博物院藏（c）宋钦宗皇后的舄　台北故宫博物院藏
图6-1-2　青舄

（二）履：絇屦、云履、翘头履、歧头履

《后汉书》描述："二年春正月辛未，宗祀光武皇帝于明堂，帝及公卿列侯始服冠冕、衣

裳、玉佩、绚屦以行事。"云履是指鞋头镶有如意云头纹的履，又称作"镶鞋""云鞋""云舄""朝鞋"，明代朝服配云履，后民间也多见有使用，以相对简易的如意云装饰。东晋墓出土了富且昌宜侯王天延命长织锦履、新疆出土的变体宝相花纹云头锦履、棕色绣花高墙履、高墙蓝绢履（图6-1-3）。

（a）西汉 青丝歧头履——长沙马王堆墓

（b）唐 翘头履——新疆维吾尔自治区博物馆藏

（c）黄绢翘头履——新疆维吾尔自治区博物馆

（d）明 云履——孔子博物馆藏

图6-1-3 履

（三）屐：木屐（木套）、漆屐

在四千多年前的新石器时代已有屐。屐以木制，鞋底齿状，《释名》中解释了屐用于走泥路的功能作用："屐可以践泥也。此亦步泥而浣之，故谓之屐也。"故而，有齿的屐作为便于在户外的泥地中行走的雨鞋用。宋代诗人陆游曾作一首《买屐》，其中写道："一雨三日泥，泥乾雨还作。出门每有碍，使我惨不乐。百钱买木屐，日日绕村行。"然而木材具有怕水易腐的缺点，在雨天使用损耗很大，因此汉代木屐作漆以防水，也称"漆屐"。《后汉书》中记载这种漆屐已很普遍："延熹中，京都长者皆着木屐，妇女始嫁至，至作漆画五彩为系。"到了汉代，木屐不仅有漆且有装饰和款式的定制，最初女子的屐为圆头，男子为方头。《晋书·五行志》上载："初着屐者，妇人头圆，男人头方。圆者顺之义，所以别男女也。至太康初，妇人屐乃头方，与男无别。"明清时期，由于屐与"极"谐音，而有诛杀的意思，而改称"木套"。到了明清时期则用钉将鞋与木底固定，在《姑苏繁华图》和广州外销画中均可见钉屐行当（图6-1-4～图6-1-6）。

（四）草鞋：麻鞋、蒲鞋、芒鞋、芦花鞋

草鞋是便于劳作的鞋，泛指用草料编织而成的鞋，草鞋根据草料不同，可分为麻鞋、蒲鞋、芒鞋、芦花鞋等。苏轼《定风波·莫听穿林打叶声》一句"竹杖芒鞋轻胜马，谁怕？一蓑

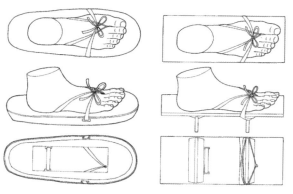

（a）方头木屐与圆头木屐
来源：《南京颜料坊出土东晋、南朝木屐考》

（b）三国　朱然墓木屐复原
上：马鞍山朱然墓博物馆藏
下：孙机　《中国古舆服论丛》

图6-1-4　汉唐时期的屐

（a）宋　传李公麟绘东
坡笠屐图　东京中央
拍卖发表

（b）清　孙温绘红楼梦
金澜契互剖金澜语
旅顺博物馆藏

（c）明　仇英绘清明上河图局部"木屐
雨伞"铺　台北故宫博物院藏

图6-1-5　古画中的屐

（a）清　绣花小脚木屐　来源：殇深之渊

（b）清　外销画"钉屐"图　英国维多
利亚与艾尔伯特博物馆藏

图6-1-6　清　屐和钉屐匠

烟雨任平生"。这首诗是苏轼在乌台诗案的次年所作，生动描绘了苏轼在宦海中浮沉放逐的一生，亦诠释了芒鞋的使用场景，芒鞋也称为"芒鞲"，主要是指用芒茎外皮编织成的鞋。从鞋样式上来看，用芒茎外皮编织成草鞋有完整的鞋底，通常来说一般的草鞋没有鞋帮，主要采用系绳的方式。

新疆则出土了唐代麻鞋实物，鞋长约25cm，鞋底用搓成股的麻缠绕编成，鞋帮用细麻线织成，口沿有细绳贯穿，可以束紧系结。整双鞋柔软轻便，穿起来舒适美观。据文献记载，唐玄宗开元期间妇女为轻便舒适，皆时兴穿线鞋。在历代帝王图中抬着隋文帝的男侍从们所穿的鞋与国家博物馆藏麻鞋颇为相似（图6-1-7）。

（a）唐　阎立本绘　历代帝王图之隋文帝杨坚　波士顿美术馆藏　　　（b）唐　麻鞋　国家博物馆藏

图6-1-7　绘画中的麻鞋与实物

芦花鞋也是草鞋的一种，原料采用芦苇花和稻草，制作芦花鞋的成本较低，制作场地工具简单。北京服装学院民族服饰博物馆藏的孩童芦花鞋，造型小巧别致，在鞋头和鞋面有彩色布条编织的装饰，鞋面芦絮如绒毛，更显可爱与别致。

芦花一般要在农历八月采摘，制作芦花鞋，多选用白芦花。采回来的芦花通常先要打软，然后捆起来备用。为了鞋子穿在脚上更加柔软且不戳脚，需要把稻草和芦花用木槌放在石凳上反复敲打至软，而为了便于编织和保证鞋子韧性，还需将晒干打软的芦花稍微加湿。制作芦花鞋要先把稻草通过缠、绕、搓、捻做成麻绳，再将麻绳一头固定在木桩上，一头拴在腰上，通过腰力拉动，使麻绳在木桩上快速打结编织，先用稻草做鞋底，做到鞋面时才开始用芦花，鞋底采用稻草可以起到透气的效果。鞋子做好后拿出去晒干、晒暖便可以穿用（图6-1-8）。

（五）锦绣鞋：锦鞋、绣鞋、绣花鞋、宫样鞋

汉代以锦鞋最具代表，鞋的面料所用的汉锦是以彩色丝线织出斜纹重经组织的高级提花织物，根据织线配色主要有二色锦、三色锦和多色锦。据文献记载汉代的锦曾远销罗马，因此锦鞋应当是内地织造并出口欧洲的高贵服饰。西汉时，锦的最主要的产地在今天河南省睢县一带，到东汉后期蜀锦开始出名。受气候影响，汉代服饰多出土于新疆等气候干

图6-1-8　近现代　芦编童鞋　北京服装学院民族服饰博物馆藏

燥的地区。汉唐锦鞋在新疆的出土，为当时存在的沟通欧亚大陆的丝绸之路提供了具体物证（图6-1-9、图6-1-10）。

图6-1-9　东汉　锦鞋　新疆维吾尔自治区楼兰遗址出土　　图6-1-10　唐　云头履　新疆维吾尔自治区博物馆藏

黑龙江阿城金齐国王墓，出土了南宋金国的影金绣碧罗鞋，鞋长约225mm，鞋面罗纹为芝麻罗，形制为两层鞋帮相接式棉鞋，绫作衬里。鞋子原来为湖绿色鞋面，香色鞋帮面，上下两层均用影金法，即金花在下、上压绣线，绣萱草纹，鞋底用麻线编成（图6-1-11、图6-1-12）。

图6-1-11　金　齐国王墓影金绣碧罗鞋　阿城金上京历史博物馆藏　　图6-1-12　明　花卉纹翘头鞋　泰州森森村明墓出土泰州市博物馆藏

鞋上绣花在中国有着悠久的历史，一般为女鞋，作为女子出嫁时的陪嫁物件，体现为在鞋面绣花纹饰的艺术特征。江南地区的绣花鞋根据鞋头样式不同，主要有"船形"和"猪拱"两

种，鞋面一般由左片和右片合成，鞋头处有缝合线，用花线锁结、锁梁。鞋后跟一般带有一块方形的面料作为鞋拔。鞋面色彩以黑色、藏青色、蓝色居多，鞋面绣花则多为红、绿、蓝等色彩（图6-1-13）。

图6-1-13　锦绣童鞋　上海纺织服饰博物馆藏

侗族翘头绣花鞋也称"勾鞋"，"云勾花鞋"，鞋尖既像船头的尖角，又像牛角，既象征着侗族祖先们乘坐的葫芦船，也象征着先民们对动物的崇拜。中国许多民族的鞋子两只是相同的，不分左脚、右脚，这样做除了制作比较简便外，还能在左右互换穿着的过程中减少固定磨损。这双勾鞋的手工纳千层布底配绣花鞋帮，鞋子前端造型高高翘起，据说与方便登山有关，具有保护脚趾、防磕碰的功能。有学者研究指出，中国自古便有"行必履正"的说法，鞋子正前方的鞋梁有着时时提醒穿鞋人要走正路的文化内涵。侗族最典型的刺绣是马尾绣，其刺绣工艺复杂，绣片效果精致立体，美观的同时兼具耐磨的功效，做在鞋子上非常实用（图6-1-14）。

在南方地区是传统服饰的典型代表之一，许多少数民族也喜欢在鞋面绣花纹装饰。侗族翘头绣花鞋也称"勾鞋""云勾花鞋"，鞋尖既像船头的尖角，又像牛角，既象征着侗族祖先们乘坐的葫芦船，也象征着先民们对动物的崇拜。鞋帮前部的挽针绣与鞋后跟的贴补绣，以及双梁之间都绣有卷曲的蕨荙纹是侗族和彝族都喜爱使用的植物图案。侗族新娘出嫁时亦穿云钩花鞋，但不能提起拉起鞋跟，而是将鞋跟踩住踏平，变成类似于拖鞋的无跟鞋（图6-1-15）。

图6-1-14　侗族马尾绣翘头绣花鞋　北京服装学院民族服饰博物馆藏

图6-1-15　侗族挽针绣翘头绣花鞋　北京服装学院民族服饰博物馆藏

云云鞋，是羌族人在喜庆日子里穿着的一种绣花布鞋，鞋尖微翘，状似小船，鞋底较厚，鞋帮上绣有彩色云卷图案和杜鹃花图案。云云鞋在羌族民间习俗里象征着爱情，相传一个生活在湖泊中的鲤鱼仙子用天上的云朵和湖畔的杜鹃花绣出一双漂亮的云鞋赠予一位赤脚牧羊少年。它将"云云鞋"送给少年时也将爱情绣在了上面,他们因而成为一对幸福美满的夫妻。[2]此件藏品造型饱满,色彩艳丽,鞋底分四层,用麻线纳制,每层用布包边,鞋头部装饰有云卷图案,鞋根部装饰有色彩艳丽的杜鹃花纹样。整个鞋子给人带来淳朴、喜庆的气氛(图6-1-16、图6-1-17)。

图6-1-16 四川茂汶羌族花鞋 北京服装学院民族服饰博物馆藏

图6-1-17 四川茂汶羌族缝线绣鞋垫 北京服装学院民族服饰博物馆藏

(六)弓鞋:金莲、香钩、小脚鞋

古代女子缠足的风气已见于五代南唐宫嫔,据说宵娘为李后主献舞时"以帛缠足,屈上作新月状"此时缠足多为舞蹈表演所用,在北宋也有"舞才着弓鞋,平时不着也"的记载。而女性缠足弓鞋的现象,到南宋已不局限于舞者,在大众中颇为普遍。宋代的缠足与明清时期的三寸金莲不同,可见福建、浙江和湖北等地宋墓所出土的女鞋,长度较长,而脚面十分纤直,且鞋头均有翘起,这种脚形又称"马上快",宋代弓鞋实物见浙江兰溪高氏墓和福州黄昇墓中均有出土,形制均为鞋头尖翘,缀有丝带并挽成蝴蝶结,鞋底粗麻布,鞋帮印有金梅,此时出土所见的弓鞋尺寸为13~14cm(图6-1-18、图6-1-19)。

 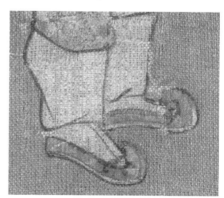

图6-1-18 南宋 浙江兰溪墓出土翘头绣花女鞋 来源:陈旭山《理学背景下缠足对宋代女子履舄的影响》

图6-1-19 南宋 杂剧打花鼓图 局部 故宫博物院藏

元代，缠足风尚进一步发酵，元代杂剧《西厢记》中莺莺出场时描述道："世间有这等女子，岂非天姿国色乎？休说那模样儿，只那一对小脚儿，价值百镒之金"可见元代已将小脚视为理想化女性形象的标准之一。明清时期，以缠足小脚为特征的弓鞋已十分普遍，鞋则有平底和高底两种，缠足是封建社会下的一种陋习，通过趾骨变形达到抑制足部正常生长的目的，这种缠足行为通常在高门闺秀中盛行，在少数民族和平民女子中少有缠足（图6-1-20～图6-1-22）。

图6-1-20　清　弓鞋（左：中国丝绸博物馆藏，右：美国大都会艺术博物馆藏）

图6-1-21　晚清缠足夫人像　华芳照相馆　　图6-1-22　晚清缠足夫人像局部　华芳照相馆

（七）旗鞋：靰鞡、皂鞋、夹鞋、元宝底鞋、花盆底鞋

满族入关前生活在如今的东北一带，最初满族女性穿着的鞋为"靰鞡"，是一种用兽皮制作的平底鞋，《鸡林旧闻录》中描述："用履方尺牛皮，屈曲成之，不加缘缀，覆及足背。"为了御寒，通常还在靰鞡鞋里垫上柔软的乌拉草御寒。清代满人入关，八旗满族女子有一套独特的服饰风俗，她们穿着的鞋被统称为旗鞋。旗鞋样式繁多，多有高底，据明清文人论述，高底鞋在明末清初的汉女中已经颇为流行，以便一些缠足效果不够理想的妇女遮掩大足的缺点，以木胎为鞋底，鞋底外通常包裹着白布或涂上白漆。清代满人入关后这种样式也被旗女所效仿，

从旗鞋底的演变来看，清代早期的旗鞋主要有尖底鞋和皂鞋两种，中后期鞋底越加高，出现了更高的鞋底，主要为元宝底、花盆底和马蹄底。根据相关研究也有"龙鱼底""四闪底"等。据民国《旗族旧俗志》记载："而是时汉派妇人亦有穿特厚之花盆底子者，唯其花盆底子之形体，较旗家所穿者为瘦小，以形论之，仅可称之为厚底，或系仿旗家之风别出一格者，亦未可知也。"可见这类女士高底鞋生动反映了满汉融合下的服饰文化（图6-1-23）。

（a）清　靸鞋　温州市红蜻蜓鞋文化博物馆藏　　（b）清康熙　石青色缎串米珠尖底鞋　故宫博物院藏　　（c）清乾隆　杏黄色缎堆绫花蝶纹皂鞋　故宫博物院藏

（d）清光绪　湖色缎绣人物纹元宝底女夹鞋　故宫博物院藏　　（e）清道光　红色缎绣花卉纹高底鞋　故宫博物院藏　　（f）清光绪　雪灰色缎绣墨竹纹花盆底夹鞋　故宫博物院藏

图6-1-23　旗鞋

（八）靴：络鞮、皮靴、皂靴

先秦时期，靴属于北方少数民族服饰，被称为胡服。战国时期赵武灵王为增强军力，推行效仿北方少数民族的服饰作战，史称"胡服骑射"。这段靴的历史可见东汉刘熙《释名》："靴，跨也，两足各以一跨骑也。本胡服，赵武灵王服之。"而赵武灵王胡服骑射的关键特点就是裤褶配靴，因此中原最初使用靴，也与骑射有着密切关系（图6-1-24）。

另外，还有一种名为"鞮"的鞋，《说文解字》解释为："鞮，革履也，胡人履连胫，谓之络鞮。"可见鞮属于一种高筒靴，有一种样式是到大腿根部的，或许就是传世元世祖出猎图中的样式（图6-1-25）。

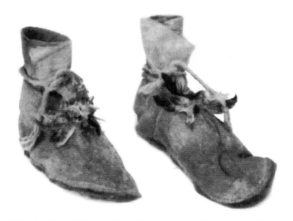

图6-1-24　西汉　皮靴　湖南长沙马王堆一号西汉墓出土

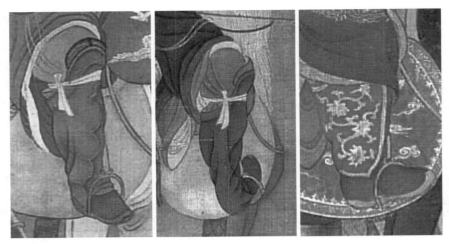

图6-1-25　元　刘贯道绘　元世祖出猎图中的三种靴　台北故宫博物院藏

辽金时期，由于少数民族政权的强大，着靴频繁见于史料，民间百姓也广泛使用。靴的款式特征表现为有鞋筒，筒高过脚踝，多见石青色面料，靴筒边缘有缘饰，平底。金代的女真族穿常服盘领衣时，下配乌皮靴，夹袜为齐头，袜筒后开口，开口处有附袜带，缝在脚面后侧，袜底无缝（图6-1-26、图6-1-27）。

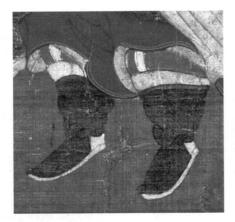

图6-1-26　元　陈仲仁绘　百祥图轴　台北故宫博物院藏

图6-1-27　元　任仁发绘　三骏图　美国克利夫兰艺术博物馆藏

清代满族男子多穿靴，这是为了适应北方严寒的气候及游猎骑射之需。图6-1-28所示是清入关前皇太极穿用过的靴子，以乌皮制成，厚底、高勒、方头。其形制简单，装饰质朴，但十分坚硬结实，具有很强的实用性。靴上系黄条，墨书："太宗文皇帝撒林皮皂靴一双"，表明是皇太极所用之靴。[3]此靴年代久远，纪年明确，是故宫博物院藏品中极为稀少的清入关之前的服饰实物之一，对研究清入关前的服饰制度和习俗具有重要价值，弥足珍贵。

清康熙黄云缎勾藤米珠靴为厚底高勒尖头式。靴帮以石青色素缎做成，靴勒以黄色如意云纹缎为之，靴口镶石青色勾莲纹织金缎边，全靴以小米珠和红珊瑚钉缀成勾藤纹装饰图案。此靴以丝缎为面，使用了大量金线、米珠和珊瑚等材料作装饰花纹，其舒适性和装饰性都较清入关前之靴大为提高。靴的配色对比强烈，工艺繁复精巧，面料用明黄色更显示出穿用者身份至高无上。根据此靴的面料、形式及装饰纹样等因素的时代特征，可断定它是康熙帝所穿之靴。据徐珂《清稗类钞·服饰》："靴之材，春夏秋以缎为之，冬则以建绒"，此靴穿用于春秋之季（图6-1-29）。

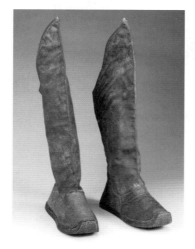 

图6-1-28 清顺治 皇太极皂靴 故宫博物院藏

图6-1-29 清康熙 黄云缎勾藤米珠靴 故宫博物院藏

藏靴的种类繁多，名目不一，大致可分为全牛皮靴、条绒藏靴和毛棉花氆氇靴三种。藏靴无男女之分，只有长靿、短靿以及单棉之别。全牛皮靴适宜在牧区穿用，特点是不用擦靴油，牧民们用吃完手抓羊肉或酥油的油手往靴子上摸擦，即可使皮面越穿越柔软，闪亮发光，既防水又牢固。此靴靴筒主体面料由红黑两色氆氇拼接而成，柔软保暖，鞋面则采用黑色皮革缝制，结实耐用，整体色彩对比强烈，与藏族服饰特点一气呵成（图6-1-30、图6-1-31）。

图6-1-30 藏族红黑毛呢绣花长靴 北京服装学院民族服饰博物馆藏

图6-1-31 藏族织金锦氆氇男长靴 北京服装学院民族服饰博物馆藏

（九）袜：锦袜、棉袜

东汉时期袜的实物中当属"延年益寿大宜子孙"锦袜最为精美，袜子的提花为经锦中织法最复杂，织物经线、纬线循环交错，提花综片繁多，由具有提花设备的织机织成，这样的提花机在当时世界上是最先进的（图6-1-32、图6-1-33）。

图6-1-32　东汉　新疆尼雅出土"延年益寿大宜子孙"锦袜　中国国家博物馆藏

图6-1-33　唐　红罗宝相花织锦绣袜　青海都兰吐蕃墓

清代的高袗式绵袜，使用时穿于高靿靴之内，清入关前满族妇女为适应骑射之需也与男子一样穿靴。故宫收藏的女式高袗袜的年代在清早期，反映出清初满族妇女穿靴的遗风。后来满族妇女盛行穿高底鞋，这种与靴相配穿的高袗袜在清代女服中便渐渐少见了。高袗袜帮用白色暗花绫做成，袜筒以浅绿色绸为面料，袜口镶石青色勾莲云纹织金缎边，袜内絮丝绵。袜筒部位用五彩丝线和金线刺绣飞翔于云海之间的凤纹图案，这种凤纹图案只有身份至尊的皇后才可享用。清宫便服里袜则较为质朴，多为绸料素面（图6-1-34、图6-1-35）。

图6-1-34　清康熙　浅绿绸绣凤头绵袜　故宫博物院藏

图6-1-35　清光绪　湖色绸皮里袜　故宫博物院藏

二、世界其他国家鞋靴概述

（一）埃及凉鞋

埃及气候炎热，多穿着凉鞋，有草编、皮革、金属等材质，平民不穿鞋。古埃及在作战时，以没收战败方的鞋作为战利品。古埃及鞋尖为适应不同场景，有平底和上翘两种，鞋跟多是平底和带低跟。古埃及鞋匠还会用硬牛皮做凉鞋或短靴，用厚牛皮做鞋底，当时的人们已经掌握了皮子染色技术。法老和贵族们多穿着黄金鞋以示尊贵，有的鞋面上还有复杂的人物图案，十分奢华。在古埃及文化中，当时的人们认为黄金构成了神的身体，并且金色和黄色是太阳和阳光的颜色，所以黄金视为如同太阳一样的不朽（图6-1-36）。

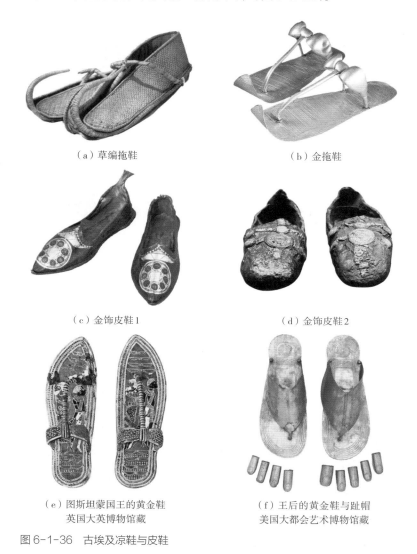

（a）草编拖鞋 　　　　　　　　　　　　　　（b）金拖鞋

（c）金饰皮鞋1 　　　　　　　　　　　　　（d）金饰皮鞋2

（e）图斯坦蒙国王的黄金鞋 　　　　　　　　　（f）王后的黄金鞋与趾帽
　　 英国大英博物馆藏 　　　　　　　　　　　　 美国大都会艺术博物馆藏

图6-1-36 古埃及凉鞋与皮鞋

（二）古罗马鞋

古罗马时期最具代表性的鞋是行军靴（Caligae），Caligae的特点是工艺精湛，有一个中底和一个镂空的鞋面，都是由一块高质量的牛皮巧妙地切割而成。为了提供额外的舒适性，鞋垫被用来覆盖紧固钉的后端。与大多数罗马鞋类一样，卡里盖有一个平底，通过系在脚的中心和脚踝的顶部来固定它们。Caligae主要由低级别的罗马骑兵、步兵，甚至可能是一些百夫长穿着，Caligae意思是"有脚的人"。1世纪末，罗马军队逐渐转向改为穿着Calcei，一种封闭式靴子。与Caligae相比，Calcei提供了更好的保护和温暖（图6-1-37）。

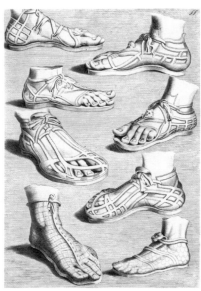

（b）2世纪　古罗马凉鞋1
英格兰　诺森伯兰郡文多兰达堡展出

（a）17世纪绘　各式古罗马凉鞋手稿
德国阿希姆·冯·桑德拉特绘

（c）2世纪　古罗马凉鞋2
英格兰　诺森伯兰郡文多兰达堡展出

图6-1-37　古罗马凉鞋

（三）中世纪：尖头鞋、木拖鞋

14—15世纪是欧洲中世纪尾端，此时流行着一种男士尖头鞋Poulaines，也称为波兰那鞋，这种鞋源自波兰首都华沙。波兰那鞋的特征是尖的鞋头，穿着者身份越高鞋尖则越长，甚至达到脚长的2.5倍，后来还将鞋尖系绳与小腿固定，在户外，波兰那鞋有时还会套木拖鞋（Pattens）作为保护，通过钉子将二者固定（图6-1-38）。

（a）宗教题材绘画
19世纪　弗里德里希·莱顿作品

（b）尖头鞋（上图：约14世纪　伦敦，
下图：14—15世纪　法兰西）

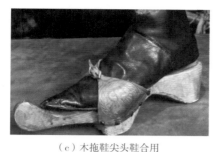
（c）木拖鞋尖头鞋合用

（d）木拖鞋

图 6-1-38　中世纪的尖头鞋与木拖鞋

（四）17—19世纪：带跟平底鞋、带扣皮鞋（Slap Sole Shoes）

Slap Sole Shoes 是17—19世纪流行着的一种平底带跟鞋，最大的特点是在鞋底还固定有一块板（Patten），用来增加脚和地面的接触面积，方便高跟鞋在道路不平的泥地中行走（图6-1-39、图6-1-40）。

图 6-1-39　Slap Sole Shoes　　　图 6-1-40　绘画中的 Slap Sole Shoes

除了鞋底通过加板保护外，鞋身也有可替换的保护层，纽约大都会艺术博物馆藏的这双鞋采用精致的花朵刺绣和纤薄的皮质红色鞋跟，鞋身由精致织物制成鞋子表面的装饰花纹，它系在鞋面上或扣在鞋面上以保护鞋子免受泥土的损害（图6-1-41）。

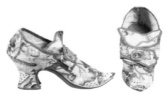

（a）17世纪　法国　丝绸带跟鞋　　　（b）18世纪　英国　丝绸带跟鞋

图 6-1-41　17—19世纪　女鞋

因为与女装相比，男性风格的持久性和男性服装较重功能，导致了男性服饰实物通常损耗较大且装饰性不高。这些简洁的带扣皮鞋代表了17—19世纪男鞋的典型，红跟鞋是一种流行的贵族风格，以17世纪的法国宫廷风格为基础，到17世纪70年代开始广泛使用。带扣皮鞋的广泛使用，使得鞋扣也成为男士时尚的一件重要单品，在18世纪晚期，镶嵌着浆砌石的扣子通常被放在专用的鞋扣盒中，穿着时系上。鞋子上的布扣是通过搭扣拉出来的，以保持鞋子在脚背上的紧密性，所以虽然它们起到了功能性的作用，后来逐渐衍生出了装饰性（图6-1-42）。

（a）西班牙18—19世纪　阿尔塔米拉伯爵像　戈　　（b）18世纪　英国带扣皮鞋　　　（c）18世纪晚期　鞋扣
雅作品

图6-1-42　男士带扣皮鞋

第二节　鞋靴的类别

鞋靴设计不仅是一门艺术，也是一种科学，它融合了美学、工程学、人体工程学和材料科学。设计师在创作过程中需充分考虑脚部的形态和特定需求，如不同脚型的适应性、行走的舒适度和足部支持。同时，他们还需在款式造型与实用功能之间寻求平衡，创造既具有美丽外观又能满足日常穿着需求的鞋靴。这涉及对材料的选择、工艺的创新以及对最新趋势的理解和应用。设计师通过这样的综合考量，确保鞋靴既能展现个性化的风格，又能提供必要的功能性，满足不同场合和穿着者的需求。

一、以原材料分类

鞋靴分类和设计方法
教学视频

（一）皮革鞋

使用各种动物皮革制作，如牛皮、羊皮、猪皮等。皮革鞋具有良好的透气性和耐用性，常用于正式场合。

（二）合成材料鞋

使用人造材料如聚氨酯（PU）、聚氯乙烯（PVC）等。这些材料制成的鞋子一般价格较低，款式多变。

（三）布鞋

使用棉布、麻布等天然纤维或合成纤维布料制作。布鞋轻便舒适，适合日常休闲穿着。

（四）橡胶鞋

使用橡胶或橡胶合成材料制作。这类鞋子通常用于户外活动或雨天，具有很好的防水性能。

（五）织物鞋

使用编织材料如尼龙线、麻线等。[4]这种鞋通常具有良好的透气性和轻便性。

（六）塑料鞋

使用各种塑料材料制作，如乙烯－醋酸乙烯共聚物（EVA）。塑料鞋一般价格低廉，颜色多样。[5]

二、以季节特征分类

（一）单鞋

单鞋是一种适用于春秋季节的鞋款，通常具有适中的保护和透气性能。包括平底鞋、低跟鞋、帆布鞋等，适合温和的天气和日常穿着（图6-2-1）。

图6-2-1　女单鞋

（二）凉鞋

凉鞋主要在夏季穿着，设计上强调透气和舒适。凉鞋种类繁多，包括拖鞋、沙滩鞋、露趾鞋等，适合炎热天气和休闲场合穿着（图6-2-2）。

（三）棉鞋

棉鞋是冬季常见的鞋款，以其保暖性能而闻名。这类鞋通常有内衬，使用棉质或其他保暖材料，适合寒冷天气（图6-2-3）。

图 6-2-2　女凉鞋　　　　　　　　　　图 6-2-3　女棉鞋

三、以穿着功能分类

（一）休闲鞋

设计用于日常穿着，注重舒适性和时尚感。包括帆布鞋、休闲皮鞋、运动风格鞋等（图 6-2-4）。

（二）正装鞋

适用于正式场合或商务场合。包括皮鞋（如牛津鞋、德比鞋），以及高跟鞋、礼服鞋等（图 6-2-5）。

图 6-2-4　休闲鞋　　　　　　　　　　图 6-2-5　正装鞋

（三）运动鞋

为各种体育活动设计，如跑步、打篮球、踢足球等。运动鞋通常有特定的技术和材料，以提供支持、缓冲和适当的抓地力（图 6-2-6）。

（四）户外鞋

包括徒步鞋、登山鞋、越野跑鞋等，特别适合户外活动。这类鞋具有耐磨、防水和提供良好抓地力的特点（图 6-2-7）。

图 6-2-6　运动鞋

图 6-2-7　户外鞋

（五）工作鞋、安全鞋

用于特殊工作环境，如建筑、制造业等。这些鞋具有防护性能，如防滑、防穿刺、防静电以及保护趾头等。

（六）特殊用途鞋

包括医疗用鞋、护士鞋、舞蹈鞋等，为特定职业或活动设计，满足特定的功能性需求。

四、以造型特点分类

（一）平底鞋

这类鞋款通常没有或只有很低的鞋跟，以舒适为主，适合长时间行走。

（二）高跟鞋

鞋跟显著高于鞋底，分为细高跟、块跟等多种样式，常用于正式场合。

（三）厚底鞋

鞋底厚实，有时配有增高效果，适合休闲或时尚穿搭。

（四）坡跟鞋

鞋底呈斜坡状，舒适度高于普通高跟鞋，适合日常穿着。

（五）尖头鞋

鞋头尖锐，视觉上显脚瘦长，适合正式或时尚场合。

（六）圆头鞋

鞋头圆润，给脚趾较大空间，适合休闲或日常穿着。

（七）方头鞋

鞋头为方形，空间较大，设计多变。

五、以款式分类

鞋子根据款式可以分为多种类型，每种款式都具有独特的特点和适用场合。

（一）三节头鞋

鞋头设计分为三部分，通常具有独特的装饰性和风格特征，常见于时尚鞋款。

（二）围盖式鞋

这种鞋子的设计特点是鞋面围绕并覆盖整个脚背，提供良好的支持和保护，适用于运动鞋和户外鞋。

（三）耳式鞋

鞋面设计呈现为耳状，可分为内耳式和外耳式，内耳式提供更紧密的包裹感，而外耳式则更注重开放和通风。

（四）凉鞋

适合夏季穿着的开放式鞋款，提供良好的透气性和舒适度。

（五）浅口鞋

鞋口较浅，露出脚背，适合正式和休闲场合，提供优雅的外观。

（六）高腰鞋

鞋面高度超过脚踝，可提供更好的支持和保护，常见于靴子和某些运动鞋。

第三节　鞋靴的搭配艺术

选择鞋子应考虑个人风格、所处环境、穿衣习惯，以及腿型和脚型等因素。

一、风格搭配原则

在鞋子风格方面，无须过于细分，关键在于恰当把握成熟度和冷暖感。判断鞋子风格的简易方法是依据款式，从运动鞋至高跟鞋，成熟度逐渐提升，冷感亦随之增强（图6-3-1）。

在服饰搭配中，如何使鞋子和服装协调一致，有两种常见的策略。首先，可以选择整体风格一致的搭配，如运动鞋搭配T恤和牛仔裤，整体呈现出年轻、休闲的气息。其次，可以尝试在鞋子与服装之间实现风格的相互中和，此举更容易产生时尚感，但需适度，避免鞋子与服装的搭配过于割裂。例如，运动鞋配搭西装裤，可展现出整洁且随性的气质。

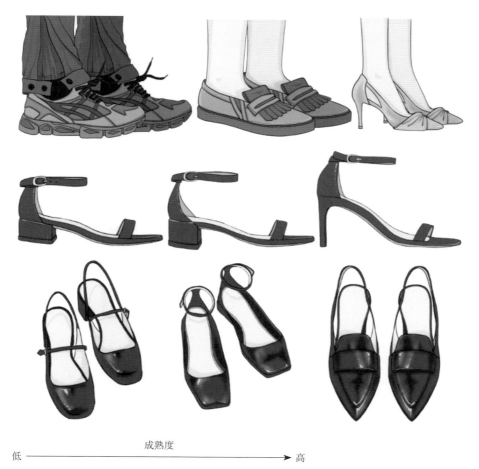

图6-3-1　鞋子展示的成熟度

二、量感搭配原则

从身材角度匹配进行搭配。身材娇小或者很纤细的女生，避免量感太大的鞋子，容易显得笨重，可以选浅口的、鞋底没那么夸张的。相反，如果身形比较大、或者小腿偏肉的话，要谨慎尝试细跟、平薄底的款式，选量感适中的会与身材更协调。我们也可以从衣服量感的角度来搭配，尤其是下装。穿大量感的鞋子比如老爹鞋，服装最好也是比较松弛有度的款式，夸张相呼应，这样视觉上更美观平衡。

哪些因素影响了鞋子的量感呢？一是鞋底厚度、鞋跟粗度，鞋底越厚、鞋跟越粗，量感就越大。二是材质，通常情况下，轻薄的布面量感小于皮质，但如果是丝绒、麂皮这类有毛感有厚度的布面，量感比皮质还要大。三是鞋子的形状，如鞋头的形状、鞋面的高度、带子的粗细。可以简单理解为，鞋子的"面积"越小，设计越秀气，存在感越弱（图6-3-2）。

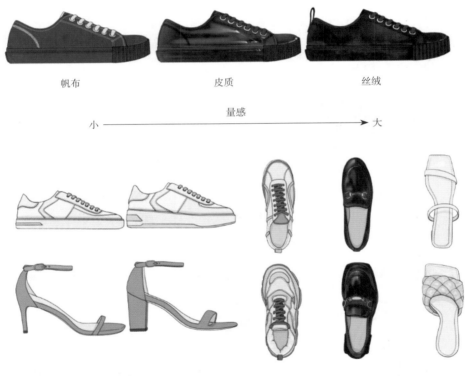

帆布　　　　　　　　　　皮质　　　　　　　　　　丝绒

量感

小 ——————————————→ 大

图6-3-2　鞋子展示的量感

左图鞋跟越厚量感越大，右图上排都是比较秀气的鞋形，下排的量感明显更大了。

三、色彩搭配原则

根据鞋子的颜色探索穿衣灵感。色彩亦为评判标准之一。清新柔和之彩色及浅色呈现青春活力，而中性色调与深色则展示成熟稳重的气质（图6-3-3）。

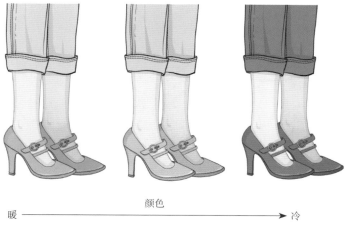

图6-3-3　鞋子的冷暖色

　　基础色包括黑色、白色、米色、灰色、卡其色，以及以下这种基础色组合的款式。原则上，这类色系的鞋子搭配彩色服装具有极高的兼容性。然而，相较于黑色为主的鞋子，厚实、色彩鲜艳、高饱和度的衣物更为适宜。春夏时节，衣物轻薄，色彩活泼，此时黑色鞋子可能显得较为沉闷，而白色、米色系鞋子则更为契合。彩色鞋子的搭配难度略高，但亦能带来更多亮点。

　　若想实现抢眼的效果，可以选择与衣物同色系的搭配，或尝试撞色搭配，使整体造型富有浓郁的色彩感。彩色鞋子亦适用于搭配基础色衣物，让鞋子成为小面积的亮点，简约优雅。例如，红色鞋子搭配白色衬衫、黑色裙子堪称经典。倘若鞋子具有多种颜色，还可根据鞋子的配色来搭配衣物及饰品，实现细腻的呼应，彰显独特匠心与时尚品位。

第四节　鞋靴品牌作品赏析

第五节　鞋靴结构与工艺

第四节　鞋靴品牌
作品赏析

　　鞋靴的结构与工艺是其品质和舒适度的关键所在。鞋靴主要由鞋面、鞋底、鞋跟、内衬和鞋垫构成。鞋面材料如皮革、织物影响外观与耐用性，鞋底材料如橡胶、PU的耐磨性和防滑性。传统手工缝制在高端鞋靴中依然重要，保障耐用性和美感。现代生产则采用机械化，提高效率和设计多样性。鞋跟设计影响稳定性和美学，内衬和鞋垫则直接关联舒适度。这一领域的技术和材料选择反映了对功能性、舒适性和美观性的平衡追求，展现了深厚的技术和艺术底蕴。

一、鞋靴结构（图6-5-1）

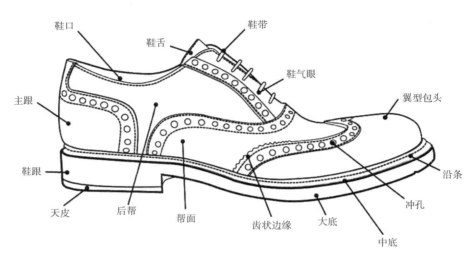

图6-5-1　鞋子结构

二、鞋靴工艺

鞋靴制作工艺是指将各种材料和组件制成鞋的过程。它融合了设计、材料科学和工艺技术，可以分为以下主要步骤。

（1）设计：设计师根据时尚趋势、功能需求和目标市场制订鞋款设计方案。设计过程中会制作出鞋子的草图和详细图纸，并决定所需材料。

（2）开发楦型：楦型是鞋子的内部形状模型，根据不同的鞋款设计制作，它决定了鞋子的舒适度和样式。

（3）选材：根据设计要求选择合适的材料，包括皮革、织物、合成材料、橡胶等。材料需要根据用途进行处理，如染色、涂层、软化等。

（4）裁剪：将材料按照鞋面和其他部件的形状裁剪出来。裁剪需要精确无误，以确保最终产品的质量。

（5）缝制和组装：将裁剪好的部件缝合在一起，形成鞋面。缝制工序可能涉及手工缝制或使用缝纫机。

（6）底部制作：鞋底的制作可能包括多个部分，如内底、中底和外底。鞋底的制作方法有胶粘、缝合、注塑等多种技术。

（7）定型：将鞋面套在楦型上，并与鞋底结合。定型过程中可能会使用热压或冷藏技术来形成鞋子的最终形状。

（8）整饰：对鞋子进行打磨、清洗、上色和抛光，提升外观。可能还会加入装饰性的元素，如扣子、拉链等。

（9）质量检查：每一步骤完成后都会进行质量检查，确保鞋子符合标准。检查项目包括尺寸、黏接强度、颜色一致性等。

（10）包装和仓储：完成的鞋子经过最终检查、清洁和包装，然后存放于仓库中。

（11）销售和分销：包装好的鞋子被送往零售商或直接向消费者销售。

这一过程中，技术的进步使得许多步骤可以自动化，但高端鞋靴制作仍然依赖于手工艺人的技巧和经验。制鞋工艺的每一步都要求极高的精确度和对细节的关注，以确保生产出既美观又耐用的高质量鞋靴。

第六节　鞋靴制作实例

一、固特异手工皮鞋制作实例

固特异手工皮鞋是一种采用固特异沿条工艺制作的高品质鞋履，具有耐磨、透气、舒适、贴合脚型等优点。固特异沿条工艺是一种世界顶级的手工制鞋技术，由19世纪美国发明家查尔斯·固特异（Charles Goodytar）爵士发明，距今已有近200年的历史。固特异手工皮鞋在制作环节需要经过制楦、裁料、缝帮、缝底、配鞋跟、修饰等360多道流程，每一道工序都需要富有经验和技能的鞋匠们的精心制作。[8]固特异手工皮鞋有多种经典款式，如牛津鞋、德比鞋、莫克鞋、便士平跟船鞋等，都是展现男士尊贵品位和优雅风格的必备之选（图6-6-1）。

固特异手工鞋制作的流程是一门精湛的技艺，需要经过多个步骤才能完成一双高品质的皮鞋。以下是固特异手工鞋制作的大致流程（图6-6-2）：

（1）量脚。量脚的目的是测量顾客的脚部尺寸和形状，以便制作出合适和舒适的鞋楦。量脚时要注意脚长、脚宽、脚背高、足弓高等细节，测量的精度要求很高，因为稍有差错就会影响鞋子的贴合度和穿着感。

（2）制楦。制楦是根据量脚的数据，用木头或塑料等材料制作出一个与顾客脚部相似的模型，

图6-6-1　固特异手工皮鞋

用来代替真人的脚来完成后续的制鞋过程。制楦时要注意楦头、楦身、楦跟等部分的比例和曲线，以及楦面和楦底的平整度和光滑度。

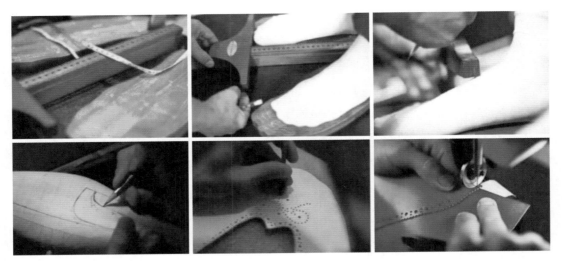

图 6-6-2　固特异手工鞋制作流程 1（铭匠坊——九鼎鳄）

（3）鞋款设计。鞋款设计是根据顾客的喜好和需求，由设计师或顾客自己来决定鞋子的外观和风格。设计鞋款时要考虑鞋面、鞋帮、鞋头、鞋跟、鞋底等部分的形状、颜色、纹路、装饰等细节，以及与楦型和皮料的搭配。设计好鞋款后，要在纸上画出草图，并在楦上画出立体效果。

（4）皮革制造。皮革制造是对原始的动物皮料进行加工处理，使其具有适合制鞋的特性和品质。制造皮革需要经过去脂、鞣制、打磨、上色、压纹、抛光等复杂的工艺流程，最终做成需要的颜色和纹路。制造皮革时要注意皮料的厚度、弹性、柔软度、耐磨度、透气性等因素。

（5）裁剪皮料和制作花型。裁剪皮料是根据设计师的草图和纸样，用剪刀或刀片等工具对皮革进行裁切，得到需要的各个部分。裁剪皮料时要注意利用好皮料的特点和纹理，避免浪费和瑕疵。制作花型是在皮革上做出各种花纹和图案，增加鞋子的美观和个性。制作花型时要用冲子或雕刻刀等工具在皮革上打孔或刻画。

（6）缝帮。将鞋面、鞋帮、鞋舌等部分用机器或手工缝合在一起，形成完整的鞋帮。在缝合的过程中，要注意对接、对孔和对线，保证缝线的整齐和牢固。

（7）缝底：将沿条缝合在中底上，然后将中底贴在楦上，并用钉子固定。然后将鞋帮套在楦上，并用钳子或钉子将其与沿条连接，这样就形成了一个沿条结构，将鞋面和中底紧密结合在一起。

（8）配鞋跟：根据客户的需求，选择合适的材料和高度，将若干层牛皮或橡胶叠加在一起，形成鞋跟。然后将鞋跟贴在外底上，并用钉子或胶水固定。

（9）修饰：将外底贴在沿条上，并用机器或手工缝合在一起。然后用刀或砂纸修整外底和沿条的边缘，使之平整和美观。最后对鞋子进行打磨、上色、打蜡等处理，[9]提升光泽和质感（图 6-6-3）。

图 6-6-3　固特异手工鞋制作流程 2（铭匠坊——九鼎鳄）

　　固特异手工鞋是一种兼具文化价值和创新意义的制鞋工艺。它既保留了欧洲传统手工艺的精髓，又能满足当代人多样化和个性化的需求。它既是一种实用的日常用品，又是一种富有艺术感和情感的精品。

二、运动鞋主题设计制作实例

　　（1）设计理念：以北极燕鸥为灵感来源，它们渴望自由、追寻光明，一年度过两个夏季。它们是探险精神、坚韧不拔精神的象征。本设计作品以北极燕鸥的三种经典颜色来代表不同的阶段，灰色是黑与白的过渡，灰色代表着未知阶段。黑色是代表考验、黑暗，处于危险地带的阶段。白是代表光明，雨后天晴的意境这样一个阶段。

　　（2）手稿设计：以羽毛的外在轮廓、形状，捕网这些元素作为系列的连接点，进行多层面的叠加，织带设计突出主题。鞋底侧墙排列形状参考骨骼元素，采用不规则的排序，凹槽设计是便于鞋带的穿插（图6-6-4）。

　　（3）电脑3D效果图制作（图6-6-5）。

　　（4）电脑开板（图6-6-6）。

　　（5）实物制作：制作一双鞋子往往需要上百道工序，从选购材料、制楦到打板，再是下裁皮料，进行面部制作，处理边缘，折边后车缝。面部制作完成后到成型步骤，成型首先是打磨、上处理水、胶水，烘干粘底。再是高温或低温定型。之后是清理鞋子上的水痕、胶水痕迹，最后打包完成（图6-6-7）。

（6）成品展示（图6-6-8）。

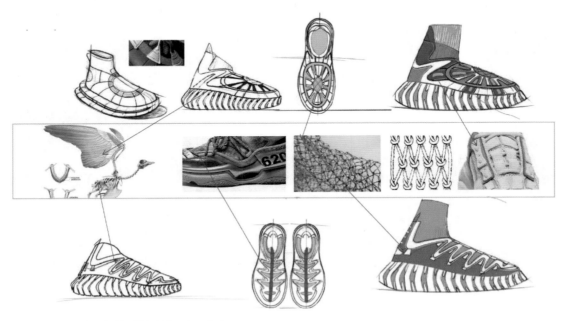

图 6-6-4　手稿设计（温州大学李丽红习作）

图 6-6-5　电脑效果图（温州大学李丽红习作）

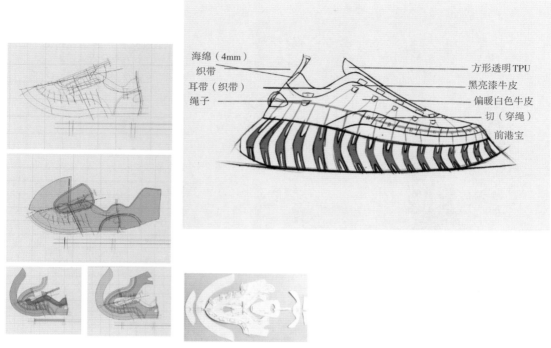

海绵（4mm）
织带
耳带（织带）
绳子

方形透明TPU
黑亮漆牛皮
偏暖白色牛皮
切（穿绳）
前港宝

图 6-6-6　Mind 软件电脑开板（温州大学李丽红习作）

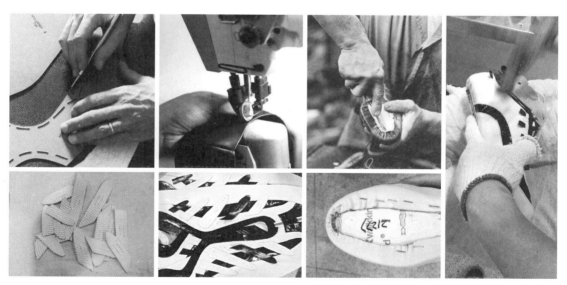

图 6-6-7　实物制作（温州大学李丽红习作）

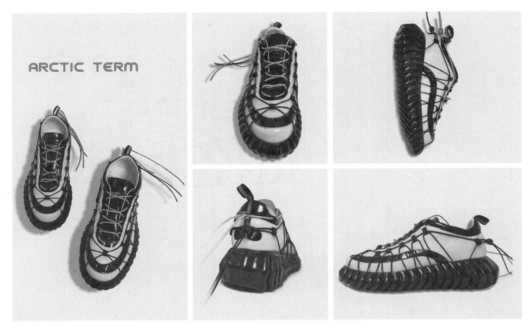

图6-6-8 成品展示（温州大学李丽红习作）

课后思考与练习

1. 对中西鞋靴发展变化、分类、搭配、品牌、结构与工艺等以上任何一个章节内容进行归纳总结，制作精华笔记。

2. 收集20款鞋靴造型，对其设计构思进行分析。

3. 以中国非遗为灵感设计并完成5款创意设计，并注明设计理念、主要制作工艺、材料等。

4. 选择一种制作工艺，比如花朵装饰或人工时尚珠宝造型的时装女鞋设计效果图。

参考文献

[1]杨懿."五时朝服""绛朝服"与晋宋齐官服制度——《唐六典》校勘记补正一则[J].中国典籍与文化，2014（3）：148-154.

[2]陈实.浅析《云南印象》演出市场运营模式[J].商情，2012（4）：2.

[3]施天放.清入关前后帝、后服饰研究[D].长春：长春师范大学，2010.

[4]任光辉.纺织材料与纤维艺术设计应用研究[D].苏州：苏州大学，2008.

[5]丁金造，王星坤.中国EVA塑料制品业的现状与发展[J].国外塑料，2010，28（3）：34-48.

[6]孔淑玉.我国体育用品公司国际化程度与绩效的关系研究[D].北京：北京服装学院，2021.

[7]陈彬.安踏并购芬兰亚玛芬集团的动因及绩效研究[D].广州：广东财经大学，2021.

[8]不详.保莱世家|最稀缺一种坚持 最难得一份匠心[J].中华手工，2018（3）：30-32.

[9]邢燕.高跟鞋舒适性影响因素研究[D].天津：天津工业大学，2021.

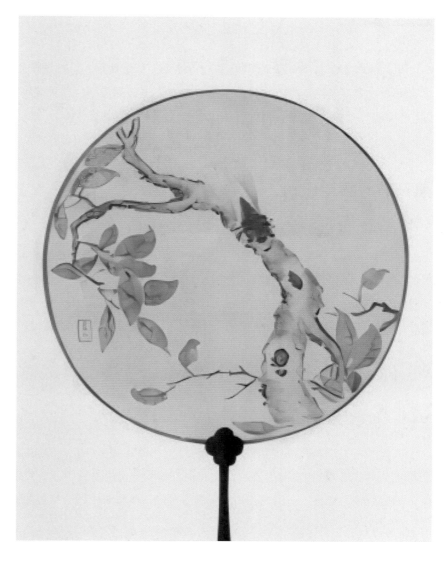

第七章　翠绕珠围——其他配饰设计艺术

教学目标： 通过对不同门类配饰的简介，拓展学生的眼界。尤其是使学生了解皮带、围巾、领带、扇子和眼镜等服饰品在当今服饰潮流中的重要性，通过了解这些服饰品历史和发展为学生举一反三进行设计提供更多的思路。

教学内容： 1. 腰带设计

2. 领带、领结及围巾设计

3. 扇子设计

4. 眼镜设计

教学学时： 2 学时

教学重点： 1. 让学生了解皮带、领带与围巾的产生和沿革

2. 让学生了解扇子和眼镜的历史和发展。

课前准备： 1. 预习本章内容，查看有关服饰史书籍

2. 收集与课程内容相关的服饰品历史图片

元·曾瑞《哨遍·麈腰》套曲："金妆锦砌，翠绕珠围，卧铺绣褥酿春光。"在古代，官宦之家的妇女大多装饰华丽，在日常生活中也有许多饰品点缀。这种装饰艺术延传至今，如今的围巾、腰带、眼镜、扇子日常配饰中也有许多珠光宝气的影子。

第一节　腰带设计

腰带是一种束于腰部，起固定、提携衣服和美化作用的服饰品。它与服装一同有着古老而悠久的历史，并在服装中起到重要的作用，兼具实用性和装饰性，其还有特殊的象征意义。腰带包括很多装饰形式，如缠于胸前的束带，还有臀带等。在服装史中，腰带更有多种形式和名称，在各个历史时期的着装中发挥着不同的作用。[1]下面分别对中西方的腰带发展史做简单的介绍。

一、中国腰带的历史演变

（一）良渚文化

人类的祖先用藤葛纤维和兽筋皮条将兽皮、树叶绑于身上，形成原始的衣着装扮，原始的腰带也初具雏形。[2]1972年，在良渚文化浙江桐乡金星村遗址中就曾发现佩戴在腰间的玉带钩。腰饰的造型较为规整，一侧为孔，另一侧为弯钩，佩戴时用绳子穿过两端即可（图7-1-1）。

图 7-1-1　良渚文化玉带钩　桐乡市博物馆藏

（二）商周

中国古代的衣服一般没有扣襻，而是依靠各种形式的带子将衣裤固定于身上。在社会中，等级制度的形成与腰带制度的多样化并行，因此不可随意佩戴。腰带与冠、服、色共同构成了一套完善的中国冠服制度。商周时期，带已有革带和大带之分，革带以皮带制成，宽约二寸，用于系鞶，后面系绶。大带则是天子和诸侯的专属，大带四边加以缘辟。在《诗经·曹风·鸤鸠》中也有关于腰带的诗句，"淑人君子，其带伊丝。"郑笺："谓素丝大带，有杂色饰者。"大带又名绅带，《礼记·玉藻》说绅带的长度"士三尺，有司二尺有五"。[3]绅即丝带束紧腰部后下垂的部分。此外，女子的腰带也有其特色，下垂部分被称为襳褵。女子的长腰带名绸缪，打成环状结易于解开的叫纽，打紧死结不好解开的叫缔。因在绅带上不好勾挂佩饰，所以又束革带。赵武灵王时期，胡人的腰带具有特色，附加了很多小环，便于携带小物品。当时的腰带使用带钩加以束缚，这种带式对后来腰带的演变产生了重要影响。

西周晚期至春秋早期，人们采用铜带钩来固定革带的端部。这种带钩只需勾住革带另一端的环或孔眼，即可轻松地将革带固定住，既方便又美观。因此，人们开始将革带直接束于外部。随着时间的推移，革带的制作工艺也日益精湛，不仅带鞓被漆上各种颜色，还镶嵌了金玉等装饰品。考古资料显示，早在西周晚期至春秋早期的山东蓬莱村里集墓中，就出土了方形素面铜带钩（图7-1-2、图7-1-3）。[4]

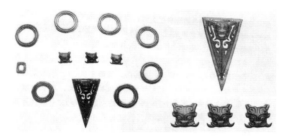 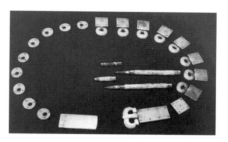

图 7-1-2　河南三门峡上村岭西周虢国公墓地　　　图 7-1-3　北周九环白玉蹀躞带

（三）春秋战国

春秋时期，白玉是所有玉中档次最高的，帝王佩戴的腰饰多为玄色丝绳串联的白玉。这一时期的玉佩大致可分为两种，一种是样式简单大方的"环佩"，通常由环与瑗组成。春秋中期的铜带钩在河南洛阳中州路西段、淅川下寺，湖南湘乡韶山灌区，陕西宝鸡茹家庄，北京怀柔等地墓葬均有出土。山东临淄郎家庄1号春秋墓和陕西凤翔高庄10号春秋墓曾出土金带钩。河南固始侯古堆春秋大墓有玉带钩、铜环与玉瑗、玉璜和回形玉饰组成的佩饰同出[5]。到了战国时期，人们尚玉，玉成为"天下莫不贵者"，上到相玉、下到治玉都有明确的规范体系，玉材质的腰饰大行其道。上海博物馆藏有一块镂雕行龙纹白玉残带具，是带扣对面与带扣花纹对称的饰牌，背面有"白玉衮带鲜卑头"字样铭文，和《楚辞·大招》王逸注："鲜卑，衮带头也"的说法相合，应是战国秦汉带鐍的发展（图7-1-4）。

图 7-1-4　战国　嵌金玉龙纹铁带钩　出土于河南信阳长台关一号墓

（四）秦汉、三国、晋朝

自东汉晚期始，为便于佩挂实用小器具，人们开始在腰带上增设铸与环，并在其上悬挂带有小带钩的小带子，称为鞢。此鞢带，其头端装配金属带扣，带扣多镂刻动物纹并设穿带尾用的穿孔，穿孔上另设活动短扣针。尾端则装有金属带，带身窄而尖，可穿入带扣上的穿孔，再以扣针紧固。这种鞢带，源自西北少数民族，自南北朝流行后，对中国服饰文化产生了深远影响。唐代时期，无论贵贱皆通用之，并传播至东方邻国。

江苏宜兴周处墓发现1对对称的镂雕动物纹带扣（其中一个附有扣针），长方悬蹄形带銙、悬心形带銙、悬圆角方形带銙及尾，带銙和尾均镂雕纹饰，是一套完整而华贵的晋代带具，与1965年日本《考古学杂志》第五十卷四号刊载京都某氏收藏的一套带具形式基本相同。类似的带扣在广州大刀山东晋太宁二年（324年）墓、辽宁朝阳袁台子东晋墓中都有出土，日本新山古坟中也有出土。

（五）魏晋南北朝

到了魏晋南北朝时期，由于政权交替频繁，各民族的文化以及风俗习惯交融在一起，腰带的款式与配饰得到了进一步的发展。河北定县北魏太和五年（481年）石函中发现了银制马蹄形有活动扣针的带扣，方形有鼻钩住小环的银銙，舌形长条银尾，均素面无文，是已知最早的南北朝带具。这一时期的腰带，前后同宽，如想在腰间佩戴坠饰，便在皮带上钉挂一个小环，再用皮条将腰饰拴紧，这便是所谓的"鞢鞢带"了。到了北朝时，鞢鞢带在此基础上还发展出了九环与十三环带饰，前者用于贵族、近臣，后者主要用于帝王。

在南北朝时期，妇女始终腰间加饰束带，区别于革带之处在于它柔软且较长。绕腰一两圈后再打结，并能系出漂亮的结式，还附有飘逸的带尾，行走时婀娜多姿。而到了唐代官服中，革带被沿袭使用，如唐高祖赐李靖的革带名为玉带，有十三銙并附带环。革带的带尾名为铊尾，向下斜插。妇女在命服中腰间所束带子也随男服用革带，常佩鞢鞢带，但普通妇女常服中则以束带为主，以柔软绵长、缠绕花结为美。

（六）隋唐五代

唐代的腰带以其华丽的工艺和精致的设计，成为唐代服饰的一大亮点。这些腰带通常由丝绸制成，上面镶嵌着各种宝石和珍珠，极具奢华感。同时，唐代腰带的款式也非常多样化，既有简单的束带，也有复杂的组合式腰带。其中，最为特别的是一种名为"玉带"的腰带，它以玉为主体，配以金、银等贵金属，制作工艺极为精湛。盛唐时期，从皇室宫廷到普通达官显贵，均以佩用玉带为荣。玉带的底色还能体现出官阶。在隋唐时期，鞢鞢象征权势、地位、等级尤为明显。不同的官职和地位有不同的腰带，这些腰带的材质、颜色、纹饰等都有严格的规定。鞢鞢带的带板也由多种材料制作而成，如玉、犀、金、银、鍮石、铜、铁等，除了实用、装饰外，还有一个最重要的作用，就是区分官位的不同等级。鞢鞢上的装饰品质地越好，官位等级越高，玉石为最优，其次是金、银、矿石、铜铁等；装饰品颜色越深、数量越多，官位等级越高。除了官场上的运用，少数民族地区常佩戴一种叫作"钩络带"的腰带，腰带上除了装饰有金属搭扣外，有时还坠有雕刻镂空纹样的金属饰牌，男女皆可佩戴（图7-1-5）。

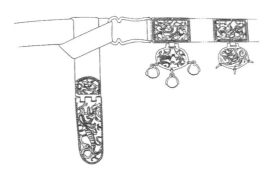

图7-1-5　钩络带

自五代以后，革带已不流行悬挂鞶带，鞶带也演变成双銙式，这样，带鞓束在腰部之后，前后均可加装銙牌，成为衣服的突出装饰。1972年8月在陕西省扶风县柳家村宋代窖藏出土革带银质大銙1副，由9块方形浮雕戏婴纹银銙组成。戏婴是宋代工艺装饰中非常流行的题材。

（七）宋、辽、元

至宋代，革带在官服中的功能已不仅是一种装饰，还是身份和地位的象征。不同品级的官员佩戴的绶带有严格的规定，不得随意混用。这一规定不仅体现了宋代官场等级制度的严格，也反映了当时社会对于礼仪和规矩的重视。在宋代，革带的质地、颜色、纹样等都有明确的规定。例如，只有皇帝才能佩戴玉质绶带，而其他官员则只能佩戴铜质或铁质的绶带。此外，不同品级的官员佩戴的绶带颜色和纹样也各有差异，使得人们可以轻易地区分官员的品级和地位。这一规定使得宋代官服具有较高的辨识度。同时，革带的规定也反映了宋代社会对于礼仪和规矩的重视，这种重视在一定程度上也促进了社会的和谐与稳定。宋朝崇尚金质，男子常佩戴装饰有各色纹样的金质腰带，而女子则佩戴一种叫做玉环带的配饰。宋朝时期，经济繁荣，手工业发达，此时的蹀躞带已经制作精美，制作工艺十分成熟，达官显贵常常佩戴。

当时宋朝的邻国——辽国也十分盛行蹀躞带，《辽史仪卫志》载："文官佩手巾、算袋、刀子、砺石、金鱼袋；武官鞊鞢七事：佩刀、刀子、磨石、契芯真、哆厥、针筒、火石袋。"[6]详细记载了文官、武官佩戴蹀躞带所悬挂物件的不同。

到了元代，前朝时期就已出现的金质和玉质的腰带在蒙古贵族间都十分流行。在这一时期，人们十分重视带头的装饰，除了金质、玉质外，各种镶嵌宝石的带头也很多（图7-1-6）。

（八）明清

在明代的服饰中，腰带是非常重要的配饰之一。明代男子所束腰带多用丝帛编成彩色的带子，也有用麻布制成的。带子有宽有窄，根据个人的喜好和身份、地位选择。在腰带上，男子常常挂玉佩、荷包等物件，作

图7-1-6　元　"文王访贤"金带头　江苏苏州虎丘区吕师孟夫妇合葬墓出土

为装饰和身份的象征。装饰有成套銙具的腰带，可以采用任何珍贵材料，比如金、蓝宝石、玛瑙，等等。明代的腰带不仅具有实用功能，更是明代男子服饰的重要组成部分。通过腰带的颜色、材质和配饰，人们可以判断出一个人的社会地位和身份。同时，腰带也承载着明代男子的审美观念和文化内涵。在明代，腰带的款式和颜色都非常丰富。从宫廷到民间，从文人墨客到商贾百姓，不同阶层的人们都有自己独特的腰带款式和颜色搭配。比如，皇帝的腰带通常用金丝编织，配以玉佩和宝石，尽显皇家的尊贵和奢华。而普通百姓则多用布带或麻绳，简单实用。除了实用性之外，明代腰带还承载着文化意义。在明代文学作品中，经常可以看到腰带的象征意义。比如，腰带上挂着的荷包常常用来表示对爱情的寄托或对亲人的思念。而腰带的颜色和材质，也可以传递出主人的人生理念和审美观念。

清朝时，随着服饰简化，腰间的配饰开始向小而精的方向发展，各种造型精美、工艺精湛，雕刻有吉祥纹样的玉佩成为主流。清代官服中，腰带有朝带、吉服带、常服带、行带等，皇帝的朝服是明黄色，上饰红、蓝宝石和绿松石、珍珠等。按规定，亲王朝带之色，宗室用黄色，觉罗用红色，其余人用石青、蓝色或油绿织金。在带上绣有"忠""孝"两字，因而也称为忠孝带。一般男子腰带用湖色、白色或浅色束带，其长结束后下垂至袍底，腰带上悬挂荷包等配套用品，被固定成礼仪的一部分，旗人男性也会把日常所需用品都悬挂于腰带之上。但那会儿的蹀躞带的制作材质已经发生了改变，由之前的皮革变为丝绸腰带。

（九）近代

进入近代以后，随着官服制度的解体，以及纽扣和拉链的广泛运用，传统腰带的实用性相对减少，但其审美价值仍然重要，如今的腰带款式多样，造型新颖独特，是服装整体中不可或缺的组成部分。

二、外国腰带的历史演变

腰带在外国的服装历史中非常重要。尤其是在18世纪之前，它不仅应用广泛，在许多情况下还作为地位、权力和财富的象征。

在遥远的古埃及王国，数千年前，用于固定服装的腰带已展现出其精巧、细致的特点，极有可能是手工拼接或编织而成。而在当时，农夫和渔人所使用的束带，则是由布料剪裁成条形制成，主要用于固定臀部遮盖物；部分束带呈三角形或菱形，主要用于围绕腰腹部位。

到了古埃及王国中期，腰带的样式已经成为彰显社会地位的重要标志，其重要性可与服装款式相提并论。这一时期的腰带细长、装饰华丽，有时在身后打结或形成方形扣结，而腰带两端则自由下垂。在节日盛装中，这种腰带尤为醒目。这些腰带通常由金银珠宝装饰，上面刻有各种神秘的符号和图案，寓意着古埃及人的信仰和宇宙观。在古埃及社会，腰带的质地和装饰品常常能反映出一个人的社会地位和财富状况。

在帝国时期，服装款式更为丰富多样，腰带的款式也变得宽大而笨拙。有的腰带如同早期的胯裙，绕腰部一周后在腹部打结，下垂部分形成很大的扇形；也有的腰带非常长，绕身两周后打结，带尾部分甚至可以垂至脚踝[7]（图7-1-7）。

在古希腊，腰带不仅是衣物的基本配件，用于展现个人身份的标志，还具备了重要的装饰功能。多利安式衣裙采用特有的深陷皱褶和上衣长度至臀部的设计，其系腰带的位置并非传统的腰部，而是选择在胯部，目的在于保持上衣皱褶的美观。此外，还有将多利安式上衣叠加在爱奥尼亚式上衣外的方式，与之相配的是双层装饰腰带，更增添了服饰的层次感和丰富度。到了海伦时期，腰带的样式和系法更为多样化，包括辫状的系带、双层系带等。同时，腰带的位置也有所变动，从胯部逐渐上移至接近腋窝的胸部，甚至有的系在乳房上，使整体服装显得更加平衡与协调（图7-1-8）。

图7-1-7 古埃及服饰及腰带　　　图7-1-8 古希腊腰带

古罗马人的服饰，与古希腊追求时髦的贵妇服饰很相像，基本上保持了多利安式与爱奥尼亚式风格，但根据罗马人的喜好有所变化。腰带以细长饰带为主，系带的位置在乳房之下或腰部上方。罗马妇女所穿的紧身内衣非常短小，叫作斯特罗费姆内衣，而腰间所系的是一条很宽的腰带，主要为束腰之用。

12世纪的贵族妇女服装风格华丽昂贵，充分体现了这一时期的特点。腰带的细节也得到了很好的展示，形态细长，一般在3.7米左右，缠绕在腰间偏下的部位。在背后中央处交叉后，再由臀部上方折回至身前，并牢固地系紧。腰带的两端则以多股丝线编织成穗状，一直垂落于地面。这种造型与装饰手法都带有明显的东方风格，为这一时期的服装增添了一份独特的韵味。

在中世纪男式服装中，有一种系在胯部的腰带。此腰带极为贵重并饰有珠宝，有时人们为了能够拥有或佩戴这样的腰带，必须花大笔的钱才能得到。

在15世纪的德国，男性的服装以系带长衣为主流，这种长衣在腰间配有装饰品，例如铜铃和短剑。腰带设计独特，通常不紧贴身体，而是宽宽松松地挂在腰部。有的腰带还镶嵌了金属装饰，使整体外观更为精致。在女性的服装中，腰带的装饰性同样重要，通常华丽多彩，并配有金质镶片。与其他国家相比，德国女性的腰带略显宽大。一位贵妇人的腰带镶满了珍珠宝石，中央悬挂了一枚长长的垂饰物，将搜集的金银珠宝等饰品挂在上面，这枚垂饰物的珍贵程度可见一斑（图7-1-9）。

15世纪男式的腰带仍与前代佩剑之带相似，以后佩剑带逐渐被绶带所代替。这种绶带又宽又长，上面通常绣有图案，披挂在右肩上，用以携带左臂下的剑。腰带的造型也比以往复杂、多层次，并有数对扣带，可以将马裤挂于扣带之上。

在很长一段时间内，女性服饰中的腰饰主要采用裁剪工艺制成，外部所用的腰带显著减少。尽管丝带式的腰带或装饰带在各时期仍有出现，但其主要功能仍是装饰。男性腰带则多在衣内佩戴，以实用性为主，外衣通常宽松并不系带，因此腰带的价值已不如往日。

在17世纪的欧洲，女装界掀起了一股复古之风，这使束腰带重新受到人们的青睐。当时，腰带的束高方式有两种，一种是束得比较高，另一种则是束在正常腰围的高度。自此以后，将腰带系在腰际位置逐渐成了一种固定的流行格式，并持续流行了数个世纪之久（图7-1-10）。

图 7-1-9　15世纪文艺复兴时期服饰　　图 7-1-10　17世纪服饰

在19世纪末，随着社会的变革和时尚的演变，服装开始呈现出更为简洁、实用的风格。这种趋势促使女式腰带逐渐摆脱了烦琐的装饰和过度的设计，转而追求更为简洁、实用的款式。这种男性化的风格不仅在女式腰带上有所体现，也在其他服装配饰上得到了广泛的应用。

三、腰带的分类

根据功能材质、制作方法等可将腰带分为不同的类别。按功能分，有束腰带、臀带、胸带、胯带等；按材料分，有皮带、布腰带、塑料、草编腰带、金属带等；按制作方法分，有压模带、编结带、缝制带、链状带、雕花带、拼条带等。

（一）按功能分类

1. 实用型腰带

这种类型的腰带以实用为主，材质多为帆布、尼龙等耐用材料，常常用于户外活动或者特殊工作场合。它们设计简洁，以舒适度和功能性为首要考虑因素。

2. 时尚型腰带

以装饰为主，材质多为皮革、金属等具有质感的材料。它们的设计注重时尚元素的应用，常常配有闪亮的装饰品或者具有特色的扣环。这类腰带主要用于搭配服饰，提升穿着者的时尚感。

3. 运动型腰带

专为运动设计，材质多为透气性好、柔软舒适的布料。它们的设计会考虑运动的需要，比如束紧衣物、提供支撑等，以确保在运动中既舒适又实用。

4. 特殊用途腰带

这类腰带通常具有特定的使用目的，如消防员使用的防火腰带，潜水员使用的防水腰带等。这些腰带的材质和设计都以满足特殊需求为主。

（二）按材料分类

1. 纺织品腰带

作为一种常见的服饰配件，通常由服装面料制成，与服装存在紧密的联系。当腰带与服装采用相同面料时，能够确保整体风格的统一性。然而，为了创造出更具层次感与对比的效果，有时候也可以选择与服装材质互补的腰带。通过互补，服装与腰带形成了一种既对立又融合的关系，从而让整个造型更加协调与完整，呈现出更加完美的视觉效果。

2. 皮革制品腰带

皮革制品的腰带以其广泛的适用性和独特的美感备受青睐。皮革作为腰带的常用材料，具有与各种面料服装相匹配的特性。随着技术的进步和设计的创新，皮革腰带的制作手法也日益丰富。例如，镂空皮革形成图案，或通过层叠皮革、雕花皮革等方式，打造出独具特色的腰带。这些经过特殊处理的皮革腰带，能够与各类服装风格相得益彰，增添着装者的时尚感和个性魅力。

3. 塑胶制品腰带

塑胶制品腰带轻盈的质感和光滑的表面特性，使其在搭配柔软、滑爽面料的服装时，展现出简洁大方的风格。而当它与有一定硬度、闪光的服装面料结合时，则能给人一种充满个性的帅气和酷感。此外，制作得相当夸张的塑胶腰带，也以其笨拙、可爱的特质，充分展现着装者的活泼天性。

（三）按系法分类

1. 多环缠绕设计

是一种常见的系扎腰带的方法，通常使用窄腰带紧密缠绕在服装上。这种缠绕式的结系方式可以有效束缚蓬松的服装，与其他部位的松弛形成鲜明对比，从而突出女性的曲线美。同时，随意的缠绕方式具有设计感，而富有节奏的缠绕则增加了服装的紧张感。[8]

2. 蝴蝶结系扎

将不同宽度和质地的丝带作为腰带，与服装主体缠绕后系扎成蝴蝶结的形状，以增强服装的美观效果。这种系扎方式不仅具有强烈的装饰性，还为服装增添了生动活泼的气息，使其更加符合女性的审美需求。同时，蝴蝶结系扎的设计还可以根据不同的款式和风格灵活运用，以展现出不同的个性特色。

3. 围裹系绑设计

是一种类似围巾的系扎方式，通常应用于柔软的纺织面料制作的腰带。这种设计常与宽松休闲的服装相搭配，腰带可以轻松地围裹在腰间，营造出一种随意、自然的感觉。

4. 混合系绑设计

随着服装与腰带的多元化发展，腰带的结系方式亦呈现出多样化态势。传统的单一结系方式已无法满足当前需求，因此，在结合服装特点的基础上，衍生出多种并存的混合系绑法。这种设计方式旨在满足不同风格、不同场合的着装需求，为时尚界注入新的活力。

（四）按装饰部位和材料特征分类

1. 胸腰带

胸带是由一连串链圈或绳带组成的装饰性带子，具有一定的结构性和装饰性，绕于上身，用钩子连接腰部（图7-1-11）。

2. 链状腰带

通常由多个链条组成，链条之间相互连接，形成一个完整的腰带。链状腰带有多种款式，其中最常见的是金属链条腰带和皮制链条腰带（图7-1-12）。

3. 宽腰带

一种紧身宽带，一般由金属、皮革、松紧带等材料制成，其宽大的设计能够完美地衬托出腰部曲线，它不仅能够凸显身材优势，

图7-1-11　华伦天奴（Valentino）2016 春夏高级定制

还能在视觉上拉长腿部线条，使着装者显得更加高挑迷人（图7-1-13）。

4. 金属扣腰带

金属扣腰带通常由金属扣和腰带身组成，这种腰带质地坚固、耐用，并且具有强烈的时尚感（图7-1-14）。

图 7-1-12　D 二次方（Dsquared 2）
2023 春装

图 7-1-13　Taoray
Wang 2020 春夏

图 7-1-14　1997 拉夫·劳伦（Ralph
Lauren）

5. 流苏花边腰带

流苏腰带是指在腰带的末端挂有一排流苏，这种腰带质地轻盈、飘逸，给人一种轻松、自由的感觉（图 7-1-15）。

6. 双条皮带

双条皮带指以两条及以上的皮带装饰的形式，以皮革和布料等制成，有的皮带中间留有缝隙，多为装饰之用（图 7-1-16）。

图 7-1-15　普拉达（Prada）
2024 春夏成衣

图 7-1-16　Rokh 2022 秋冬

7. 金属腰链

以单层或多层链条组成，多为金属制作，在链状结构中可悬垂流苏及珠饰，用于新潮时装及舞台，装饰性很强（图 7-1-17）。

8. 臀围腰带

臀围腰带是束于臀围线上而不是腰部，有宽有窄，上加装饰物，多用于迷你短款上衣，衬托朝气和活力（图 7-1-18）。

（五）按设计风格分类

1. 简约风格

往往采用素色或简单的线条设计，不张扬、不浮夸，却能在细节处彰显品位。这种腰带

图 7-1-17 Dsquared 2 2013 春夏成衣　　图 7-1-18 缪缪（Miu Miu）2022 秋冬系列

适合搭配休闲装和简约风的服装，既不会抢了主角的风头，又能为整体造型增添一抹亮色（图 7-1-19）。

2. 运动休闲风格

材质多为透气性好、柔软舒适的布料。材质多为帆布、尼龙等耐用材料，常用于户外活动或者特殊工作场合。它们设计简洁，以舒适度和功能性为首要考虑因素，它们的设计会考虑运动的需要，比如束紧衣物、提供支撑等，以确保在运动中既舒适又实用（图 7-1-20）。

3. 华丽风格

常常采用金银、宝石等贵重材料制作，设计上也是极尽奢华之能事。这种腰带适合搭配礼服或高档时装，能将着装者的气质和地位展现得淋漓尽致（图 7-1-21）。

4. 复古风格

是对过去流行风格的怀旧和致敬。它常常采用旧时的图案、颜色和材料，让人仿佛穿越时空，回到那个优雅的时代。这种腰带适合搭配古典风格的服装，为穿着者增添一抹优雅的历史韵味（图 7-1-22）。

图 7-1-19 弗朗切斯科·伊洛里尼·莫（Francesco Ilorini Mo）2020 春夏秀场　　图 7-1-20 芬迪彪马（Fenty Puma）2018 春夏　　图 7-1-21 香奈儿（Chanel）1992 秋冬高定　　图 7-1-22 蔻依（Chloé）2020 秋冬

5. 前卫风格

常常颠覆传统，采用创新的设计理念和材料。这种腰带不拘一格，有时甚至有点夸张和出格，但正是这种敢于突破的精神，让它成为时尚界的宠儿（图7-1-23）。

　　6.民族风格

　　在当今时尚界，民族风格的设计越来越受到人们的喜爱。这种设计风格汲取了世界各地不同民族的传统元素，如印度的泰姬陵、非洲的部落图腾、中国的京剧脸谱等，都被巧妙地融入腰带设计中。这些独特的图案和色彩，使得腰带在视觉上极具冲击力，为服饰增添了一抹独特的民族风情（图7-1-24、图7-1-25）。

图7-1-23　马丁·马吉拉（Maison Margiela）2016秋季　　图7-1-24　拉夫·劳伦（Ralph Lauren）2011　图7-1-25　程小琪（CHENGXIAOQI）

　　无论是简约、华丽、复古，还是前卫，每一种风格的腰带都有其独特的魅力和用途。选择一条适合自己风格和场合的腰带，不仅能提升整体造型的时尚感，更能彰显个人的品位和气质。

四、腰带设计

　　在腰带设计中，材料和辅料的选择是至关重要的环节。[9]首先，需要考虑腰带的主体材料。常见的腰带主体材料包括皮革、织物和金属等。皮革腰带通常给人一种高贵、典雅的感觉，而织物腰带则更加舒适、透气，适合日常穿着。金属腰带则具有强烈的时尚感和质感，是很多时尚达人的选择。

　　除了主体材料，辅料的选择同样重要。常见的腰带辅料包括扣子、铆钉、缝线和染色剂等。扣子是腰带的重点，其质量直接影响到腰带的整体质感。选择一个合适的扣子，可以为腰带增添不少亮点。铆钉可以增加腰带的层次感和设计感，而缝线则决定了腰带的牢固程度。最后，染色剂的选择则能够影响到腰带的整体色调和风格。

　　在材料与辅料的选择上，需要注重细节和搭配。只有仔细挑选，才能打造出一条既美观又实用的腰带。归纳起来，腰带材料有如下几大类。

　　皮革制品：动物皮革、人造皮革、合成皮革、配皮等。

　　纺织品：棉布、帆布、丝绸、化纤织物、毛呢、麻布等。

塑胶制品：硬塑料、软塑料、橡胶类。

金属制品：金、银、铜、铁、铝、不锈钢合金等。

绳线编结制品：毛线、棉线、麻线、塑胶线、草类纤维等。

辅料：金属扣、夹、钩、饰纽、襻、打结、槽缝搭扣、鸽眼扣等。

饰品：珠子、金属片、塑料片、垂挂饰物、首饰、花朵、绳结等。

五、腰带设计范例

（一）拼色腰带

这种腰带通常由两种或多种颜色的材料拼接而成，形成鲜明的色彩对比，给人一种活泼、时尚的感觉（图7-1-26）。

（二）印花腰带

印花腰带是指在腰带上印有各种图案或花纹，常见的有动物图案、抽象图案、花卉图案等。这种腰带可以增加穿着者的个性魅力，使其更加独特（图7-1-27）。

（三）编织腰带

编织腰带通常由各种不同的材料编织而成，如棉线、麻线、丝线等，这种腰带质地柔软、舒适，同时也有一种独特的自然美感（图7-1-28）。

图 7-1-26　莲娜丽姿（Nina Ricci）1990 春夏　　图 7-1-27　阿玛尼(Armani) 2015 春夏高定　　图 7-1-28　蔻依（Chloe）2019 春夏系列

（四）拉链腰带

拉链腰带是指在腰带上装有拉链，方便穿戴和脱卸。这种腰带的实用性很强，也很适合用于运动或户外活动。

（五）珠饰腰带

顾名思义，是由各种珍珠或珠饰亮片制成的装饰品。如今，珠饰腰带的制作工艺也得到了不断发展和创新。由珠编缀而成。珠饰按颜色或形状排列出花纹图案，多为装饰所用（图7-1-29）。

（六）刺绣腰带

以其精美的刺绣工艺和时尚的设计而受到人们的喜爱。刺绣是一种传统的工艺，通过绣制各种图案和纹理，让原本普通的腰带变得具有艺术气息（图7-1-30）。

（七）革编腰带

由皮革编织而成，具有独特的纹理和质感。这种腰带通常具有宽大的设计和简单的扣环，可以轻松地系在各种裤子上，为整体造型增添时尚感（图7-1-31）。

图 7-1-29　Philosophy Di Lorenzo 2020 春夏　　图 7-1-30　郭培 2016 年春夏高定　　图 7-1-31　2024 年伊夫·圣·罗兰（YSL）春夏大秀

（八）压模腰带

通常由金属或塑料等硬质材料制成，表面有各种图案或纹理，非常精致。压模腰带的制作过程相对复杂。首先，设计师需要设计出独特的图案或纹理，然后将其输入模具中。其次，将材料放入模具中进行热压或冷压，使其成型。最后，将成型后的腰带进行打磨和抛光，使其表面光滑并呈现出完美的质感（图7-1-32）。

除了材质上有所差异和变化外，腰带的系束方式也随着服装的发展而有所不同。其中包括纽扣系束和带具系束两种。至今，腰带已经发展成为一种常见的配饰，

图 7-1-32　迪赛（Diesel）腰带

不仅具有如固定裤子和裙子等实用功能，还是时尚潮流中的重要元素。更重要的是，在社会科技高度发展的今天，"腰带+科技"的结合为腰带赋予了新的定义和使用方式。例如，当腰带和按摩结合时，可以帮助人体快速按摩腰部；当腰带和温热技术结合时，出现了如舒畅、温润、护腰等具有温控功能的家居用品。

第二节 领带、领结及围巾设计

领带、领结和围巾，是服饰中不可或缺的配件。它们不仅能够为整体造型增添亮点，还能够展现出个人的品位和风格。本节将探讨如何设计领带、领结和围巾，以打造出完美的服饰搭配。

一、领带和领结

（一）历史沿革

领带和领结作为男装中的重要配件，其历史可以追溯到几个世纪前的欧洲。最初，领带和领结只是简单的布条，用来遮盖领口，以防止灰尘和杂物进入衣服。随着时间的推移，领带和领结逐渐演变成了一种时尚配件，成为男性着装中不可或缺的一部分。在古罗马时期，衣领的样式和形状也因个人的社会地位而异。贵族和公职人员通常穿着高领的衣服，这种衣服的领子可以高达两英尺（约61cm）以上。这种衣领显示了佩戴者的社会地位和权力，而普通人则穿着较低的领子，衣领的形状和大小也因个人的职业而异。士兵的衣领通常比较简单，方便战斗，而商人则穿着更简单的领子，以显示他们的职业身份和经济地位。古罗马时期的衣领形状和风格在中世纪和文艺复兴时期得到了广泛的应用，并对欧洲服饰的发展产生了深远的影响（图7-2-1）。

最早的领饰出现于文艺复兴时期。16世纪80年代，欧洲男子服装追求华丽的装饰，衣领部分奇特的装饰令人称奇。如由金属框架支撑的大褶领及扇形花边，大褶领下由缎带结成一个下垂的花结，即为领结的最早雏形。此后，渐渐出现了各种领结。17世纪，领前的垂饰更为精致漂亮。领带的形式是否自此演变而来值得考证。

领带的另一种说法，即受到克罗地亚士兵领带的影响，该领带由一条亚麻制成，末端镶有花边。18世纪，领带开始被视

图7-2-1 中世纪拉夫领

为时尚配件，并逐渐成为男性着装中不可或缺的一部分。

与此同时，领结也开始在欧洲的宫廷中出现。与领带不同，领结通常是由丝绸或天鹅绒制成的，形状更加复杂。19世纪，领结成为男性时尚的重要配件，被广泛用于各种场合，如舞会、婚礼和葬礼等。

在现代社会，领带和领结在男性时尚中具有举足轻重的地位，其款式和设计也在不断推陈出新。如今，它们已经成为男性着装中不可或缺的元素，广泛应用于各种场合，如商务洽谈、休闲聚会以及正式宴会等。

领带作为男士服饰的核心配件之一，能够为整体造型增添独特的魅力。在设计和选择领带时，需综合考虑多个方面。首先，色彩是关键因素之一，领带的颜色应与衬衫和西装协调搭配，同时需结合具体场合和个人品位。其次，材质也是重要的考虑因素，常见的领带材质包括丝质、麻质、棉质等，其中，丝质领带最为常见且品质上乘。最后，领带的款式也需根据不同场合进行选择，如平结、温莎结、普瑞特结等，以满足不同的着装需求（图7-2-2）。

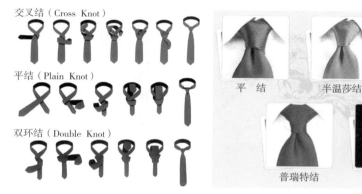

图 7-2-2　平结、温莎结、普瑞特结等

领结在现代服饰中越来越受到欢迎。与领带不同，领结通常适用于一些较为正式的场合，如晚宴、舞会等。在设计领结时，需要考虑其形状、材质和颜色等方面。一般来说，领结的形状应该简洁大方，不宜过于复杂。在材质方面，常见的领结材质有丝质、纱质等，其中丝质领结最为高档。在颜色方面，可以根据不同的场合和穿着者的需求选择不同的领结颜色。

（二）制作领带打板工艺流程

领带制作一般分为设计、打板、裁剪、缝制等几个阶段。打板是制作领带的第二个关键步骤，因为它直接关系到领带的质量和外观效果。下面以一条红色印花领带为例，详细介绍制作领带打板的工艺流程。

1. 设计

领带制作的第一步是设计，需要根据领带的用途和目标客户的需求确定颜色、图案、长度、宽度等要素。在本案例中，该领带为男士商务领带，采用了经典的红色印花图案，长度为

148cm，宽度为9.5cm。

2. 打板

领带的打板是在设计师的指导下进行的。首先需要量身定制打板尺寸，确定领带的长度、宽度和箭头的大小，然后根据设计图案进行细分。在进行打板时，需要使用计算机辅助设计（CAD）软件进行数字化绘制，然后制作和调整样品，确定最终效果（图7-2-3）。

3. 裁剪

领带裁剪需要根据打板的尺寸精确计算，将原料定制成符合要求的形状和尺寸。由于领带一般采用的是斜纹和半斜纹（45度切），因此需要将原材料沿斜线切割，并按照领带的长度和宽度进行剪裁（图7-2-4）。

4. 缝制

领带的缝制需要使用缝纫机，拼接领带前后两半，然后进行反包、熨平和细节处理等工序，最终完成领带的制作。在制作过程中，需要准确掌握领带的长度、形状和角度，否则会影响领带的外观效果和舒适度（图7-2-5）。

图 7-2-3 领带打板　　　　图 7-2-4 领带裁剪　　　　图 7-2-5 领带缝制

二、围巾设计

（一）历史沿革

围巾，这个看似简单的配饰，其实有着深厚的历史底蕴。围巾的起源，可以回溯到远古时期。当时，围巾主要用于保暖和保护颈部。随着时间的推移，逐渐演变为时尚配饰，成为人们展示个性与品位的标志。在中国，围巾的历史更是丰富多彩。早在新石器时代，人们便已开始使用围巾来保暖。随着纺织技术的进步，围巾的材质、图案和颜色也日益丰富多样。到了明清时期，围巾更是成为文人墨客表达情感和思想的重要载体。如今，围巾已经超越了其实用功能，成为时尚界的宠儿。从经典款式到创意设计，围巾在不断地演变中见证了时代的变迁和人们审美观念的更新。

据史料记载，披帛历史悠久，最早可追溯至汉代。当时，披帛是一种轻薄的丝织品，通常被女性用来披在肩上或系在腰间，既可保暖，又可作为一种装饰。随着时间的推移，披帛逐渐演变为一种礼仪性的服饰，成为宫廷和士大夫阶层的象征。到了唐代，披帛成为女性的一种时尚配饰，其材质、颜色和图案都十分丰富多样。披帛的材质有丝绸、麻布等，颜色有红、黄、蓝、绿等多种选择，图案有花卉、鸟兽、山水等，给人以美感和华丽感。除了保暖和装饰的作用，披帛还被赋予了文化内涵和象征意义。在古代，披帛常常被用来表示身份地位、礼仪规矩和社会等级。不同阶层的人所穿的披帛有着不同的样式和规格，代表着不同的身份和社会地位。在重要的场合和仪式上，人们通常会穿着与自己身份地位相符的披帛以示尊重和庄重。同时，披帛也是一种艺术的载体。在唐代，妇女将绘画、刺绣等技艺融入披帛制作中，使披帛成为一种艺术品。这些精美的披帛不仅展现了古代女性的审美情趣和文化修养，也为人们了解古代文化和艺术提供了宝贵的资料。辛亥革命是中国近代史上的一次重要革命，它推翻了清朝统治，结束了长达两千多年的封建制度，为中国的现代化进程奠定了基础。在辛亥革命期间，许多革命者都曾佩戴一条特殊的围巾，这围巾代表着他们的信仰和决心。

（二）现代围巾的装饰方法

1.流苏装饰

在围巾的一端或两端添加流苏，可以使围巾看起来更加时尚和富有动感。流苏可以用不同颜色、不同长度的线或珠子制成，也可以用毛线编织而成（图7-2-6）。

2.刺绣装饰

在围巾上刺绣是一种非常精细和独特的装饰方法。可以在围巾上刺绣出各种图案，如花朵、动物、字母等。刺绣可以使用不同的线和针脚，以创造出不同的纹理和效果（图7-2-7）。

3.贴布绣装饰

贴布绣是一种将一块布料粘贴在另一块布料上，然后将其修剪成所需的形状和图案的方法。在围巾上使用贴布绣可以创造出非常有趣和独特的装饰效果。

4.钩针编织装饰

钩针编织是一种非常流行的手工装饰方法。使用不同大小的钩针和不同材质的线，可以编织出各种图案和纹理。在围巾上添加钩针编织装饰，可以使围巾更加独特和个性化（图7-2-8）。

图 7-2-6 ADER ERROR 2022 秋冬　　图 7-2-7 嫵（WOO）东方之美 2021 春夏　　图 7-2-8 Holzweiler 2022 秋冬系列

5. 珠片装饰

在围巾上添加珠片是一种非常闪亮和华丽的装饰方法。珠片可以用各种颜色和形状的珠子制成，也可以使用人造珠片。在围巾上适当添加一些珠片，可以使围巾更加时尚和高档。

（三）搭配设计

围巾的造型、面料、色彩确实非常丰富，围巾的用途也很广泛。

首先，围巾可以作为保暖用品。在寒冷的季节或地区，围巾可以保护颈部免受寒风的侵袭，提供温暖。此外，围巾还可以作为头巾、面巾等，为头部和脸部保暖。

其次，围巾可以作为装饰品。围巾的造型和面料可以展现出不同的风格和特点，可以搭配不同的服装和场合，增添时尚感和个性魅力。此外，围巾还可以作为礼物赠送亲友，表达关爱和祝福。

最后，围巾还有其他的用途。例如，在户外活动中，围巾可以作为防晒用品、防尘用品等，保护面部和颈部不受阳光和灰尘的侵害。总之，围巾是一种多功能的配饰，不仅具有温暖和装饰的作用，还有其他的用途。正是因为这些特点，围巾成为人们日常生活中不可或缺的物品之一。

以下是一些常见的围巾佩戴方法。

1. 颈间缠绕法

将围巾在颈间缠绕一圈，调整长度和位置，让围巾自然垂在胸前。这种佩戴方法简单大方，适合日常穿着（图7-2-9）。

2. 领结法

将围巾在颈间打结，形成领结的形状。这种佩戴方法可以增添一些优雅和正式感，适合搭配正装或半正式着装（图7-2-10）。

3. 围巾裹头发

将围巾裹在头上，两端自然垂落。这种佩戴方法不仅保暖，还能为整体造型增添一些创意和个性（图7-2-11）。

图 7-2-9 颈间缠绕法

图 7-2-10 领结法

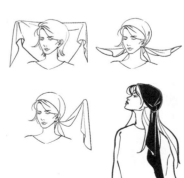

图 7-2-11 裹头法

4.披肩法

将围巾披在肩上，一端垂在胸前，另一端自然垂在背后。这种佩戴方法适合搭配宽松的毛衣或衬衫，营造出随性慵懒的感觉（图7-2-12）。

5.交叉缠绕法

将围巾在颈间交叉缠绕一圈，调整长度和位置，让围巾自然垂在胸前。这种佩戴方法既保暖又时尚，适合搭配各种款式的服装（图7-2-13）。

图 7-2-12　披肩法　　　　　　图 7-2-13　交叉缠绕法

围巾的佩戴方法多种多样，可以根据自己的喜好和穿着风格选择适合自己的佩戴方法。无论哪种方法，都要注意保持围巾的整洁和平整，才能更好地展现出时尚感和保暖效果。

围巾也是服饰中常见的配件之一。一条好的围巾不仅能够为整体造型增添亮点，还能够起到保暖的作用。在设计围巾时，需要考虑其长度、材质和颜色等方面。一般来说，围巾的长度应该适中，不宜过长或过短。在材质方面，常见的围巾材质有羊毛、棉质、麻质等，其中羊毛围巾最为保暖。在颜色方面，可以根据不同的场合和穿着者的需求选择不同的围巾颜色。

第三节　扇子设计

一、中国扇子历史沿革

远古时期，扇子的材质可以是植物的叶子，还可以是鸟类的羽毛，人们通过选材、编织、加工制作出灵巧好用的扇子。古代的扇子也称作"障日"，既可以引来清风趋避暑气，也可以遮挡毒辣的阳光来纳凉。

扇子最初是用来驱赶蚊虫、调节体温，后来逐渐发展成为一种礼仪和装饰用品。在中国古代，扇子更是被赋予了深厚的文化内涵，成为文人墨客的必备之物。

在盈尺大小的扇子上，不仅凝聚着匠师的聪明才智，而且还蕴涵着人们丰富的思想情感，承载着深厚的、富有鲜明民族特色的文化积淀。扇子的发展经历了许多形制各异，功能、审美不尽相同的演变。在古代，扇子不仅是纳凉工具，更是一种文化符号。文人墨客常常在扇面上题诗作画，抒发情感，留下了许多珍贵的文化遗产。同时，扇子在宫廷和民间都具有广泛应用，成为社交礼仪、节令习俗中不可或缺的一部分。

据西晋崔豹的《古今注》记载，扇子最早出现于商代，是以野鸡的尾羽编织的，也叫"羽扇"。用木材制作的称作"扉"，用苇子编织的称作"扇"，"扉""扇"由最初的生活用品，逐步演变为权力的象征物，出现了"仪仗扇""宫扇"。它们并不是用来拂凉驱暑的，而是用来遮阳挡风的，插在车上也是一种仪仗（图7-3-1）。

图7-3-1 明代 仇英画作中仪仗扇 弗利尔美术馆藏

随着时间的推移，扇子的材质、工艺和装饰都不断得到改进和创新。从汉代的竹扇、唐代的团扇，到宋代的折扇，扇子的形态和功能逐渐丰富。

秦汉时期，"仪仗扇"多为帝王在宫廷中使用，其面料又出现了丝织品的绢素，形状有方形、圆形、六角形，等等。汉代出现了团扇，因为是用绢制成的，故又称为罗扇、纨扇，团扇形如圆月，暗合中国人团圆如月、合欢吉祥之意，故又称为合欢扇。在汉代，扇子已经成为人们生活中不可或缺的物品。

魏晋南北朝时期，扇子开始在士大夫阶层流行开来。这一时期的扇子多为丝织品制成，轻盈柔软，既可以用来遮挡阳光，也可以作为装饰品。扇子的流行也与当时的文化氛围有关。士大夫崇尚自然之美，追求高雅的品位，而扇子则成为他们表达自我和追求风雅的一种方式。

此外，扇子在魏晋南北朝时期也成了文学作品的重要题材。许多文人墨客通过描写扇子的美丽和轻盈，表达了对自然之美的追求和对生活的热爱。如诗人班婕妤的《团扇歌》中写道："新裂齐纨素，皎洁如霜雪。裁为合欢扇，团团似明月。"[10]这首诗用优美的语言描写了扇子的美丽和纯洁，表达了作者对生活的感慨和追求美好的心境。

总之，魏晋南北朝时期扇子历史是丰富多彩的。这一时期的扇子不仅是实用的物品，更是文化的重要载体和人们表达自我、追求美好生活的象征。

羽扇是南北朝时期人们常用的扇子，它以鸟类羽毛制成，轻盈柔软，能够有效地驱散热量，使人们感到凉爽舒适。羽扇的形状各异，有的呈圆形，有的呈椭圆形，还有的呈长方形。[11]在扇面上，人们常常绣上各种美丽的图案，以增加其观赏价值。除了羽扇外，南北朝时期的人们还常用团扇、芭蕉扇等其他类型的扇子。这些扇子各有特点，但都能够满足人们日常生活中的需求（图7-3-2）。

在汉代的文学作品中，扇子也常常被用作比喻和象征。例如，古人常用扇子的开合来比喻人的离合悲欢，用扇子的轻盈飘逸来比喻人的风度翩翩。

唐代，扇子终于从宫廷等上流社会传入民间，由最初的皇家仪仗用品、贵族用品，变成了寻常百姓家消暑纳凉的普通生活用品。扇子的材质也更加丰富，有竹、苇、蒲、绢、纸等材质的扇面，扇骨有牛角、玳瑁、檀香木、兽骨、象牙等。扇面的面积虽然有限，但也给书画家开辟了一块题诗作画的小天地。唐代画家周昉的名画《簪花仕女图》中也画有一位手执绘有牡丹花的团扇（图7-3-3）。

到了宋代，扇子更是融入了人们的生活。除了传统的羽扇、竹扇，还出现了各种材质和工艺的扇子，如丝织扇、团扇等。这些扇子不仅有实用价值，更有艺术价值和收藏价值。当时的文人雅士经常在扇子上题诗作画，以展示自己的才华和品味。这些扇子也成了社交场合中的珍贵礼品，传递着友谊和敬意。在团扇上绘画作书到宋代达到顶峰，至今仍有不少宋代的绢本团扇扇面被保存下来。

明代折扇广泛流行，近年来在明代藩王墓里也时有折扇出土，可以与之相互印证。明代制扇作坊遍布各地，其中最有名的有杭扇、吴扇、川扇、歙扇、青阳扇、溧阳歌扇、武陵夹纱扇、金陵柳氏扇等。扇骨、扇面制作精良，各有名家。扇面书画广泛流行，深受文人墨客喜爱。还衍生出扇袋、扇坠、扇盒等附属扇子的工艺品。故宫博物院藏有一把明代第五个皇帝朱瞻基画的折扇，共有15根扇骨，扇骨外露的部分全以湘妃竹皮包镶，扇面为纸本设色人物画（图7-3-4）。

明清时期，文人雅士喜欢折扇，称为"怀袖雅物"。一把折扇在手，清风缕缕吹来，显示出文人不同凡俗的优雅。不仅男性使用折扇，还有专供女性使用的秋扇，仕女喜欢"团扇"。"宝扇持来入禁宫，本教花下动香风。"仕女香腮半掩，表现出古典女性特有的韵致。

图7-3-2 汉宫春晓图中的羽扇

图7-3-3 《簪花仕女图》中的牡丹花的团扇

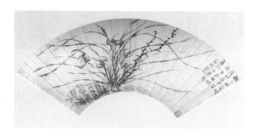

图7-3-4 明代 文征明 《兰花图》扇

二、外国扇子历史沿革

扇子在外国历史上也有着悠久的发展历程。早在古希腊和罗马时期，人们就开始使用扇子，不过那时的扇子多由羽毛制成，主要用于王公贵族的宴会和社交场合，象征着地位和身份。

很久以前，大概是在公元前4世纪，古希腊人民就已经开始使用扇子，他们把它叫作"rhipis"。在信奉基督教的欧洲，扇子的历史可以追溯到公元4世纪（另一说是6世纪）。最早的扇子是"圣扇"（Flabellum），或者叫"礼仪扇"（Ceremonial fan）。

"圣扇"是一种用金属、皮革、丝绸、羊皮或羽毛支撑的扇子，在天主教礼仪中使用，用来驱走昆虫，防止神圣的面包（圣体）和酒（圣血）被侵扰。这种"圣扇礼仪"历史悠久，甚至可以追溯到古埃及。

后来的一段时间里，扇子似乎在欧洲消失了。直到13、14世纪时，手执扇（Hand fan）才被"十字军"从中东带到欧洲。在15世纪的时候，欧洲就已经出现拿着折扇"显摆"的"时尚先锋"了。16世纪初，葡萄牙商人和传教士从中国带回了一批折扇——这批扇子以现代人所熟悉的模样在欧洲"闪亮登场"，一经上市，便风靡欧洲，引领时尚潮流。它们迎合了欧洲人对东方文化的热爱与想象，因此深受喜爱。

在17世纪时，从中国和日本进口的扇子特别受欢迎。欧洲许多城市也开始自主生产扇子。英国女王伊丽莎白一世有时会同时带着浮夸的折扇和旧式的团扇两把扇子，通常还装饰有羽毛和珠宝。彼时，女士的裙子上经常挂着团扇。相比之下，有异国情调的扇子更容易得到女性的垂青。

图7-3-5　Léon Maître 女士肖像中的折扇

渐渐地，垂在裙上的团扇"失宠"了。折扇占据了主导地位，成为时髦女郎心目中的最佳单品。她们手中的折扇都有着画得很好的扇面，青睐的主题通常是古典或者宗教作品。接下来的几个世纪，折扇几乎成了女装的一部分，是各年龄段的女士的出门必备单品（图7-3-5）。法国17世纪路易十四执政期间，制扇业极其发达，甚至还成立了折扇工匠行会联盟。

大量法国人移民到了周围的新教国家（如英国和西班牙），其中有很多扇子工匠。结果就是，之后这些国家出产的折扇质量有了明显的提高。在英格兰地区，扇子的制作工艺是在1685年以后由欧洲大陆移民传入。到了1709年左右，伦敦地区已经拥有足够的工匠可以支持相当多的作坊生产扇子，工厂里的作业分工颇细，包括扇骨工、绘工等。

从博物馆的藏品分析可以得知，英国人的品位受到欧洲大陆风格的扇子工艺影响颇深，喜欢以蕾丝、丝织与织锦等高价材料制作扇子，但因为英国关税颇重，许多来自外国的蕾丝、丝织与织锦可能就以走私方式偷渡进入英国。在这一时期，各式的技术与材质争相输入，逐渐孕育了英国独特的制扇风格。

自18世纪开始，英国的扇子工艺已经相当成熟且别具英式品味，扇子的艺术性达到了相当的高度，整个欧洲的折扇都是由专门的工匠制作的，不论是扇页还是扇骨。折扇的扇面由艺术家精心绘画和装饰，不少著名的画家也参与了扇面的创作。当时，英国东印度公司也从中国进口折扇。

渐渐地，折扇的流行风潮从宫廷传至民间，皇家贵族手中的稀罕物件成了新兴阶层和中产阶级女士的爱用物。她们喜欢从中国进口的、带有东方特色的折扇。

18世纪末期，新古典主义的风潮渐渐席卷整个欧洲，新的审美观念带动了崭新的扇子风格的诞生，风尚的改变也相当明显地反映在服装与配件上。

在这一时期，来自中国以雕刻华丽细致著称的象牙与雕漆的扇子特别受到欢迎，而北京与广东更有许多作坊是以生产特殊扇子著名，譬如有一类的扇子暗藏玄机，当扇子以正常方式开启（从左往右），显示的是华丽的风景，但是若是从相反方向开启（从右往左），异国风情的图像便会呈现在眼前。欧洲的扇子制造商追随中国折扇的"热点"，心慕手追地制作出了带有"中国风"纹饰的扇子，又从中国进口大量工艺精湛的扇骨，最后加工成折扇成品出售（图7-3-6）。

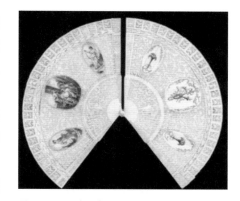

图7-3-6 广州象牙雕刻折扇

扇商从各种角度模仿"中国风"，扇面的"中国画""中国人物"，扇骨的"中式纹饰"，都是他们努力学习的元素。

19世纪，维多利亚时代的英国经济繁荣、社会稳定，人民自信、乐观。欧洲的时尚发展导致了扇子的装饰有所变化——华丽风卷土重来。

这一时期的折扇风格大多富丽奢华，羽毛、丝绸和薄纱都被选作扇面的材料，而镀金、珍珠镶嵌等工艺也可以在扇骨的装饰中见到。

在19世纪20年代，浓丽的色彩与繁杂的装饰爱好再度展现在服装风尚里，扇子的装饰风又重新受到关注。社会上弥漫着乡愁的思绪，使得昔日传统富丽的装饰手法重现于扇子，以迎合此时维多利亚时代的繁华品味；譬如蕾丝风格的扇子，在当时被视为非常适合搭配蕾丝剪裁的晚礼服，甚至珍珠与玳瑁外壳也被广泛应用到扇骨与扇背的装饰，因为它们可以被雕琢与镂空来作为装饰。

到了19世纪中叶，许多历史事件被印制在扇面上。而在扇子的设计上，法国的工艺师开风气之先，在形制与设计上，将许多新颖的想法、材料与新的技术应用在扇子工艺中；材料如羽毛、丝绸与薄纱等，使扇子装饰趋向高贵、繁丽的风格。价格平实，主要在于仿制技术的提升与机器的运用，取代了耗工费时的人力；譬如运用新科技仿制玳瑁和由机器大量生产的蕾丝，取代了原本纯粹手工的扇子工艺。

随着扇子的国际化，许多材质与工艺技术被大量且被大胆地应用，使扇子工艺品的风格迅速多样化。而文化与贸易交流的结果，造成了扇子工艺的国际化，譬如扇骨可能在中国制作，而扇页的材料可能生产于中东，上面的彩绘还可能是英国工艺师的杰作，如此一来，扇子原本的生产地很难被辨识出来。

19世纪中期以后，扇子的风潮使得扇子的尺寸有增大的趋势，一般大扇子用在宫廷的场合，尤其喜欢白色羽毛作为装饰的扇子，而丝绸的扇面为彩绘工艺提供了绝佳的表现空间。

同时，由于价格低廉，扇子也开始被拿来作为广告之用，尤其是在20世纪20年代，许多公司、商号、餐厅与旅馆业者喜欢以印有宣传图样或文字的扇子送给客户当作纪念品，其手法就与现代的营销如出一辙，以便宜实用的日用品，如火柴、面纸与日历等作为赠品，达到宣传目的，招徕顾客。

19世纪和20世纪初，扇子在西班牙的应用已相当普遍，并成为女性不可或缺的贴身携物。她们灵巧、娴熟地摇动它，借以向心上人传递自己的心意。每逢淑女们由母亲或侍女陪伴去参加舞会，对她们来说自由的空间显然十分有限，那就必须创造一种不为旁人知道的沟通方式来与意中人沟通情感。此时，手中的扇子便成为传情的媒介；它的舒展和折叠、左右上下的移动构成了一门神奇的运动艺术，传输着一种特殊语言——情人间的默契（图7-3-7）。

图7-3-7　维多利亚时期扇子

随着时间的推移，以及现代社会的来临，扇子的实用功能逐渐被空调等现代设备所取代。然而，扇子作为文化和历史的象征，依然在许多场合中发挥着重要的作用。无论是婚礼、舞会，还是正式的商务场合，扇子都成为人们表达自己个性和品味的方式之一。

扇子在造型上以折扇、团扇、羽毛扇及蒲团扇为多；材料上有丝绢、纸、羽毛、竹编、草编、檀香木、象牙骨、金属等多种；集艺术性、工艺性于一身，创造了更多的花色。雕刻、绘画、书法、刺绣、编结、蓝染等工艺方法使扇饰更为精致突出。可以说，外国历史上的扇子不仅是一件用品，更是一种文化的传承和表达。它见证了时代的变迁，也记录了人们生活方式和审美观念的演变。

三、扇子的分类和四大名扇

我国的扇子名目繁多，千姿百态，有竹扇、麦扇、槟榔扇、蒲葵扇、丝绸扇、羽扇、木雕扇、玉雕扇、牙雕扇、檀香木扇、折扇、团扇、纨扇、绢扇、茧扇、火画扇、竹丝扇、印花纸扇、塑料扇等。都以造型优美、工艺精湛，驰名中外，成为不可多得的工艺美术品。

中国扇子的品种主要有折扇、羽扇、绢扇、葵扇、篾丝扇、麦秸编织扇、竹板扇、笋壳扇等。

（1）折扇古称折叠扇、聚头扇、撒扇，品种有纸折扇、象牙扇、贝壳扇、檀香扇、孔雀翠羽扇等，其中纸折扇最普及。纸折扇以细长竹片制成扇骨，叠起后下端固定，上裱糊纸作扇面，可题诗作画。扇骨以棕竹、湘妃竹、乌木为佳，每把少则7支，多达40支。40支扇骨的折扇风格秀丽，专为妇女所执。象牙扇、贝壳扇、檀香扇以象牙、贝壳、檀香木制成扇骨，以丝线缀连为扇面，并在扇面上镂雕或彩绘图案（图7-3-8）。檀香扇的扇面饰以烙画或彩绘，风格艳丽，深受妇女喜爱。苏州折扇以水磨竹扇骨著名，打磨后上蜡，滋润细腻如白玉。

图7-3-8 清乾隆时期花鸟纹象牙折扇

（2）羽扇是由鸟禽类羽毛编织而成的扇子，通常由3~4支鹅羽编织成桃形。扇面中央常有五色绫缎或彩色丝线绣成的图案。扇柄有木柄和翎管柄两种。羽扇质轻，出风柔和，既可用于纳凉、装饰、舞蹈，也是中国古代宫廷礼仪的陈列品。孔雀翠羽扇则以象牙为扇骨，色彩富丽，常作为舞蹈道具（图7-3-9）。

（3）绢扇以竹篾、铅丝为骨架，以素绢等丝绸为扇面。古代形似满月，又名团扇。20世纪初，铅丝骨架和名人书画扇面开始出现。扇柄多为名贵竹材制成，也有髹漆柄和象牙柄。此外，还有蝉翼扇，以黑色薄纱为扇面，上以白粉画无数细竹，轻凉入手。绢扇的扇面有满月、正六角形等式样，彩绘仕女、山水、花鸟等图案，有的还用五彩丝线绣制（图7-3-10）。

图7-3-9 台北故宫藏 《十八学士图》节选

（4）葵扇，也称蒲扇，由蒲葵叶和柄制成，质轻价廉，是中国应用最广泛的扇子。广东新会的葵扇工艺复杂，品种繁多。制作工艺包括选叶、晒干、剪圆、装饰边缘和制作扇柄。葵扇有多种品种，如玻璃白葵扇、漂白编织葵扇、烙画葵扇等。葵扇的扇面可刺绣、烙画，或用漆画和细针刺成图案。扇面边缘常手工缠绕和缝制金银线、绢、彩色丝线、篾丝或细长条藤皮等材料。葵扇的扇柄多用原葵叶的柄，有时会缠绕细长条藤皮或套上染色的竹管，高级的扇柄则用名贵竹材或象牙、玳瑁等制成（图7-3-11）。

（5）篾丝扇，又称竹编扇，以细如毫发的篾丝编织成扇面，产于四川、浙江、湖南等地，其中以四川最为著名。在明代，四川篾丝扇已经颇有名气。光绪年间，四川自贡匠师龚爵伍编织的龚扇最为人称道，其篾丝细薄透明，编织出的扇面光滑如绫绢。扇柄多为牛骨制成，下坠流苏。龚爵伍之子龚玉璋继承父业，编织仕女、山水、花鸟等复杂画面，清晰美观。如今，龚扇已传至第三代，由龚玉璋之子龚长荣、龚玉文兄弟继承。他们编织的篾丝扇曾在美国、日本展出（图7-3-12）。

  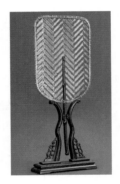

图7-3-10　白绢地绣孔雀漆柄团扇　　　图7-3-11　吴嘉猷　上海博物馆藏　仕女册　　　图7-3-12　小竹扇　湖南博物院藏

在众多的扇子中，又以四大名扇较具代表性。

（一）江苏檀香扇

檀香扇由坚硬的檀香木制成，有天然的香味。轻轻摇动，香气四溢，且长时间保存后仍能保持幽香。除了作为纳凉的工具，檀香扇还有防虫防蛀的妙用。制作过程包括锯片、组装、镂拉、裱画、绘画和上流苏等多道工序。因其独特的技艺和风格，檀香扇一直深受人们喜爱（图7-3-13）。

图7-3-13　豫园扇文化节　檀香扇

（二）广东火画扇

"火画扇"始创于清代同治末年，后来工艺逐步发展。制作时选薄玻璃扇两柄，合成一柄双面扇，然后用一种特制的火笔作画而成，清秀典丽，永不褪色，是欣赏收藏的精品（图7-3-14）。

图7-3-14　广东火画扇

（三）四川竹丝扇

竹丝扇俗称"龚扇"，有灿若云锦、薄如蝉翼的美评。扇面多是桃形，形似纨扇，是用细如绢丝的竹丝精心编织而成的。它颜色嫩黄，薄而透光，绵软细腻，恍若织锦。图案或山水人物，或花鸟虫鱼，无不惟妙惟肖，加上象牙或者牛骨做的扇柄、丝质扇坠，简直玲珑剔透，精美绝伦，被誉为巧夺天工的国宝（图7-3-15）。

图7-3-15 四川竹丝扇

（四）浙江绫绢扇

绫绢在折扇出现之前就已广泛用来制作纨扇扇面，如今也用来作折扇的扇面，凡是用绫绢作扇面的扇子都可以称为绫绢扇。绫绢扇扇面轻如蝉翼、薄如晨雾、色泽光亮，给人以温文尔雅之感（图7-3-16）。

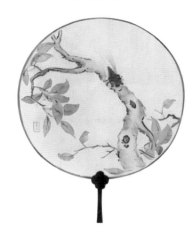

图7-3-16 浙江绫绢扇

第四节 眼镜设计

眼镜设计是一项需要高超专业技能和艺术感的任务。近几十年，眼镜在时尚界也具有装饰作用，有时甚至被作为服饰的一部分贯穿服装整体设计。

一、中国眼镜历史沿革

有关中国的眼镜历史，有着很多说法，经初步考证，有关透镜和眼镜的历史，我国早在战国时期（2300年前）墨子15卷中已载有墨子很多有关光和对平面镜、凸面镜、凹面镜的论述。东汉初年，张衡发现了月亮的盈亏及月、日食的初步原因，也是借助于透镜。世界上出土的古老的眼镜来自我国东汉末年（距今已有1800余年历史），从外观上看，镜片多由天然水晶、透明玛瑙打磨制成，其后经历了原始传说、单片单柄、双片无腿、双片单腿、双片屈腿5个阶段发展。到了南宋和元代的时候，眼镜的镜框做工变得尤其精美，材料有铜框、牛角、象牙，甚至玳瑁框的，连眼镜盒都是蛇皮制作的。

1270年（中国元代），马可·波罗在中国除了记载中国的风土人情、经济科技等，也将眼镜的制作、使用方法带回了西方。由此，在西方世界，眼镜的发明普遍被认为是在1268—1289年间，当时主要佩戴者是僧侣和学者，由于当时的眼镜没有办法做到像现在这么精准，所以只能架在鼻子上手动调节距离。

唐朝时期，一些达官贵人开始使用一种叫作"叆叇"的器具来改善视力。叆叇是一种用透明水晶或石英制成的凸透镜，可以用来矫正视力。虽然这种器具并不是现代意义上的眼镜，但它已经具备了眼镜的基本功能。

到了宋朝时期，眼镜的制作技术得到了进一步的发展。据史书记载，宋朝时期已经有了专门制作眼镜的工匠。眼镜的制作材料主要是水晶和石英，也有一些用铜、银等金属制成的眼镜。眼镜的镜片通常是凸透镜，可以用来矫正近视、远视等。

明朝时期，随着印刷术的普及和文化的繁荣，眼镜的需求量逐渐增加。明朝时期，眼镜的制作技术已经非常成熟，制作材料也更加多样化。除了传统的水晶和石英外，还出现了用玻璃制作的眼镜。此外，明朝时期还出现了专门制作眼镜的商业机构，这些机构通过制作和销售眼镜来获取利润（图7-4-1）。

到了清朝时期，眼镜已经成为一种普遍的生活用品。清朝时期的眼镜制作技术已经非常先进，不仅有凸透镜，还有凹透镜和渐进多焦点镜片。此外，清朝时期的眼镜款式也更加多样化，有木框、金属框和塑料框等多种材质的镜框可供选择（图7-4-2）。

总的来说，中国古代眼镜的发展历程是一个渐进的过程。从最初的"叆叇"到宋朝时期的凸透镜眼镜，再到明朝时期的商业化和多样化发展，最后到清朝时期的普及和多样化款式，眼镜在不断进步和完善。尽管中国古代眼镜与现代眼镜在设计和材料上存在差异，但它们的基本原理是相同的。古代眼镜的出现和发展为中国古代文化的传承和发展做出了重要的贡献。

图7-4-1　明代　仇英　《南都繁会景物图卷》中戴眼镜的人

图7-4-2　1793年英国使团画家笔下的乾隆盛世——中国人的服饰和习俗图鉴

二、西方眼镜历史

西方的眼镜历史可以追溯到很久以前，阿拉伯学者和天文学家Ibn al-Heitam（公元约965—1040年）是第一个提出平滑的镜片可能对视力障碍有帮助的人。然而，这种将玻璃球部件用于光学放大的想法在多年以后才用于实践。他的《光学之书》于1240年被翻译成拉丁文，修道院中的许多僧侣成为该书的忠实读者。正是在这里，Ibn al-Heitam 的想法变成了现实。但直到12世纪末，意大利人才开始对其进行系统的研究和改进。最初，眼镜是由透明水晶或宝石制成的，主要用于放大物体，帮助人们更好地阅读和写作。后来，随着技术的进步，眼镜的制作材料逐渐演变为玻璃，并且有了更广泛的应用。

在13世纪，意大利僧侣开发出了一种由水晶和石英制成的半球面镜片，当把镜片放在文字上时，可以将这些字母放大。这种"阅读石"是镜片的雏形。在此期间，德语中也出现了眼镜（Brille）一词。这个术语来源于 beryl，这是一种能磨成镜片的水晶的名称。在13世纪，意大利的眼镜制造逐渐成了一项重要的产业。随着需求的增加，眼镜的款式和功能也变得更加多样化。德国也制造出了铆钉眼镜，最古老的一副眼镜是在德国北部的维恩豪森修道院中发现的。随着时间的流逝，玻璃工匠用拱形物和铅制造的木制镜架取代了铆钉眼镜的轴。这也标志着助视器演变的另一个重要阶段：带有镜腿的眼镜与我们现今所了解的眼镜十分相似。材料也有了越来越多的种类。从16世纪开始，皮革、龟甲、角、鲸骨、铁、银和青铜等材料被用于加工，而这些都是当时只有富人才能买得起的材料。16世纪开始才出现架在鼻梁上的双片镜，在镜架两端系上线挂在耳朵上。以后眼镜架的生产不断改进，逐渐由繁而简，由粗糙到精巧。镜框有纸圈、漆皮、牛角、玳瑁、铜圈等。

意大利生产了第一副可戴式眼镜。1351—1352年，托马索·达·摩德纳（Tommaso da Modena）所画的历史上第一张有戴着眼镜的人出现的绘画作品（图7-4-3）。到了17世纪，眼镜成为人们日常生活中的必备品，无论是阅读、写作，还是观看远处物体，都需要用到眼镜。

图 7-4-3　托马索·达·摩德纳（Tommaso da Modena）所画眼镜插图

随着科技的不断进步，眼镜的制作材料和工艺也在不断改进。如今，眼镜已经不再只是简单的视力矫正工具，更是一种时尚和文化的象征。人们可以根据自己的喜好和需求选择不同款式、颜色和功能的眼镜，同时也能够更好地保护眼睛健康。各种形状和尺寸的助视器都是在阅读石之后开发的。例如，从1727年开始，单片眼镜是德国和英国富裕阶层男女中最受欢迎的配饰。之后在1780年出现了长柄眼镜，它是一种可放于眼前且有手握式长柄的助视器。纽伦堡镶边眼镜也是在这个时期出现的，人们给它起了个不怎么讨人喜欢的名称，叫作"压鼻器"，这种类型的眼镜线条流畅，由长长的单片金属丝包裹在镜片周围。虽然是由相对简单的材料制作而成，但它在19世纪非常流行。之后，时尚发生了转变，人们开始喜欢夹鼻眼镜。这颗"新星"的特征是两个镜片与高高架在佩戴者鼻根处的嵌在圆形环的金属丝相连。

总之，眼镜的历史是一部充满创新和变革的历史。从最初的小众工具，到如今的必备品，眼镜的发展历程见证了人类文明的进步和科技的创新。在未来，随着科技的不断发展，眼镜也将会继续演进，为人们带来更多的便利和惊喜（图7-4-4）。

图7-4-4　詹姆士·艾斯库（James Ayscough）制作的第一副太阳眼镜

三、眼镜设计要点

它不仅涉及光学原理，还需要考虑人体工程学、材料科学和美学等多个方面。以下是一些关于眼镜设计的要点。

（1）光学性能：眼镜的最主要功能是改善视力，因此，设计师必须了解镜片的光学性能，包括球面和柱面镜片的曲率、折射率、透光率等。这些因素将直接影响镜片的清晰度和舒适度。

（2）人体工程学：眼镜需要适应人脸的尺寸和形状，符合人的生理特点和习惯。例如，设计师需要了解鼻梁的高度和形状、耳朵的位置以及头部的大小和重量分布等，以确保眼镜的稳定性和舒适性。

（3）材料选择：眼镜的材料也会影响其设计和性能。从镜框材料来看，有金属、塑料、天然材料等，每种材料都有其特性和优缺点。此外，镜片材料也需要考虑，包括光学玻璃、树脂等。

（4）美学设计：眼镜不仅是一种功能性产品，也是一种时尚配饰。因此，设计师需要考虑眼镜的美观性，以满足不同消费者的需求。这包括镜框的形状、颜色、材质以及细节处理等方面。

（5）制造工艺：完成设计后，还需要考虑如何制造出符合设计要求的眼镜。这涉及镜框和镜片的加工工艺、装配流程等。设计师需要与制造商密切合作，以确保设计能够被准确实现。

综上所述，眼镜设计是一项综合性任务，需要设计师具备丰富的专业知识和技能。同时，也需要考虑到消费者需求和市场趋势等因素，以确保最终的产品能够满足市场需求。

四、眼镜发展趋势

现代流行者强调，眼镜要有与人的面部妆容及服饰相和谐，是社会阶层高超、学问、高雅、时尚等的象征。眼镜的发展趋势可以从多个方面来探讨。首先，随着科技的不断进步，眼镜的功能已经不再局限于单纯的视力矫正。智能眼镜已经成为一种新的发展趋势，它们具备更多的功能，如增强现实（AR）、虚拟现实（VR）、语音识别等，为人们的生活和工作带来了更多的便利。

其次，环保和可持续发展已经成为当今社会的重要议题，这也对眼镜行业产生了影响。越来越多的品牌开始关注环保材料和可持续生产方式，推出了许多环保眼镜系列。这不仅有助于减少环境污染，也有助于增强消费者的环保意识。

最后，人们对于个性和独特性的追求越来越高，这也反映在了眼镜的选择上。从镜框的形状、颜色到镜片的材质、功能，消费者可以根据自己的喜好和需求进行选择，打造出真正属于自己的个性化眼镜（图7-4-5~图7-4-7）。

图7-4-5　古驰（Gucci）秀场眼镜　　图7-4-6　纪梵希（Givenchy）2023 秀场眼镜　　图7-4-7　夏帕瑞丽（Schiaparelli）2020 秀场眼镜

综上所述，眼镜的发展趋势是多方面的，包括智能化、环保化、个性化和高端化等。这些趋势不仅反映了社会的变化和消费者的需求，也为眼镜行业的发展提供了新的机遇和挑战。

课后思考与练习

1. 设计与制作创意风格的围巾5款并附设计说明。

2. 收集扇面5款，设计效果图并附设计说明，注明主要制作工艺、材料等。

参考文献

[1] 高芝琳. 中国盛唐时期宫廷女装腰带的研究 [D]. 西安：西安工程大学，2018.

[2] 郭海燕. 从腰带的变迁看时尚变化 [J]. 青年文学家，2011(03)：173-174.

[3] 魏思玲.《诗经》与周代服饰文化 [J]. 史学月刊，2001(05)：139-140.

[4] 于洋. 孔子服饰风貌剖析 [D]. 东华大学，2004.

[5] 李峰. 略论中国古代服饰中的系束用具 [D]. 天津工业大学，2008.

[6] 马志华. 中古时期中原革带的发展演变及文化意义 [D]. 中山大学，2010.

[7] 许星. 服饰配件艺术 [M]. 北京：中国纺织出版社有限公司，2022.

[8] 夏梅珍. 论腰带设计在现代服装中的装饰作用 [J]. 艺术与设计理论，2009.

[9] 付丽娜. 浅析腰饰的发展及其现代设计 [J]. 辽宁丝绸，2009(03)：21-23.

[10] 赵原. 设计符号学视角下宋代团扇花鸟绘画构图形式及其设计应用 [J]. 泰山学院学报，2020，42(04)：123-128.

[11] 郑艳娥. 战国秦汉墓葬及汉代砖石画像所见古扇 [J]. 南方文物，2000(02)：70-83.

第八章　出类拔萃——作品展示艺术

教学目标： 通过案例分析使学生掌握服饰品作品集的设计构思与作品
摄影表达技法。

教学学时： 4学时

教学重点： 1. 服饰品作品集的设计构思
2. 掌握作品摄影表达技法

《孟子·公孙丑上》："出于其类，拔乎其萃，自生民以来，未有盛于孔子也。"作品册是一种有效的展示平台，作品册不仅是一个展示个人才华和风格的平台，也是提升市场竞争力和品牌形象的工具，同时也是展现创意思维和艺术品位的媒介。通过精雕细琢，汇成好的作品册。[1]

第一节　作品集的设计与构思步骤

好的作品册有以下要素。第一，展示艺术风格和技巧。第二，增强市场竞争力，学生作品也要通过广泛传播作品可提高自己的市场竞争力，增加作品的受欢迎程度和市场价值。第三，展示创意思维和艺术品位，给人更好的理解作品。第四，教育和学术价值，对于学生申请学校，导师或展示自己的创造能力和设计水平非常重要，同时也有助于学生在学术和职业发展中的成功。

一、优秀作品集标准

国际化标准的优秀作品集要表现设计师个人能力的设计、技术，以及动手制作技能；反映设计师的思维、来源，以及制作、设计的过程；作品集还是个人的视觉设计，需要整体调性的包装，认真研究每一个细节。从细节的方面来说，提交的作品聚焦于珠宝设计作品，需要展示设计师的课题以及整体设计的全过程。教学形式与方法如下。

（一）教学步骤

通过理论—赏析—定方案—演示—辅导—拍作品—考核等步骤进行评分。

（二）途径

从基础理论入手，通过分析讲解各种风格案例，要求学生模拟现实进行演示，并赏析精彩的国际知名品牌服饰品广告创意以及优秀学生作品。让学生全面、系统地掌握服饰品广告摄影表达知识。

二、作品集的设计与构思步骤

归纳起来可分为主题背景、实验步骤、制作过程、参考文献、作品呈现。主要经历确定主题—调研—灵感收集—筛选—构思拓展—设计过程—实验—说明—概念优化—作品呈现十个步骤（图8-1-1）。

主题背景：研究某种事物的社会背景、前人做过的研究及现状都是它的背景，需要详细地解释通过研究来达到怎样的目标，会分哪几步来完成。之后就要展现观念研究，包括思维导图、素描、速写，或一些由图片产生的灵感。

实验步骤：通过拍照记录，获取相关实验样本。例如，在对纹理进行探究的过程中，可以呈现具有多种纹理的样本，并最终构建模型，这些均为项目研究的过程组成部分。此外，还可设计调查问卷，或撰写观察报告，以收集其他艺术家的作品及理论，从而丰富并完善研究过程。

制作过程：拍摄成品照片，除了产品单独的拍摄之外，还需要模特的佩戴图，可以用一个近距离的图和远距离的图进行展现，在产品展示完之后，还要对整个项目进行反思和总结。

参考文献：在作品制作的过程中，引用了他人的图片和理论等资料，都要明确地标注出来，在最后把来源写清楚，因为国外院校对于版权问题是非常看重的，所以我们需要严谨地把用到他人资料的地方都要标注清楚。作品集里的图片需要有注释，解释图片的含义，放这张图片的缘由，并标明图片的来源（如拍摄者拍摄的时间和地点）。如果是自己的作品，需要标注它的材料。

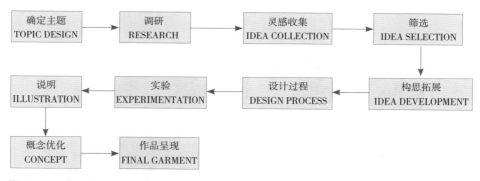

图 8-1-1　作品集设计步骤（中英文）

以下有四个优秀的作品册，可以作为学生的主题练习（图8-1-2）。第一个主题灵感是水——一种特殊的液态物质，但是它也有着固态和气态多种形态，它无色无味、变幻多端，如果对其观察可表现出非一般的动态感和设计感。第二个主题考察学生综合设计能力——初醒世界，主题本身难度不大，但是想要通过一个主题考虑设计的形状、形态、质地、色彩、五官感受、情感、功能、材料与加工方法。同时，在设计基础训练中引导学生从具象的事物或者现象中提取和发现抽象因素。第三个主题是坚韧不拔。人类有坚韧不拔的品质；动物水熊虫可以在低温、高温、放射线等恶劣的环境下生存；竹子也是人类一直以来称颂的坚韧代表。第四个主题灵感是建筑，曲线建筑是人类文明与艺术交融的产物，是一代代人努力的结晶。

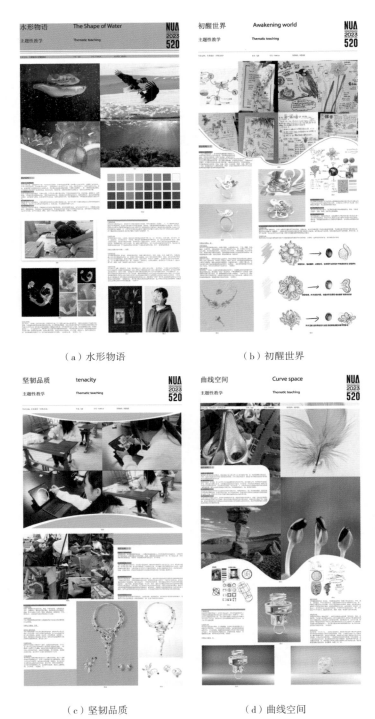

（a）水形物语　　　　　　　　（b）初醒世界

（c）坚韧品质　　　　　　　　（d）曲线空间

图 8-1-2　优秀作品册（作者：包涵，指导教师：郑静，南京艺术学院设计学院）

三、优秀的服饰品设计作品集赏析

（一）花漾作品

1.确定主题

此作品的设计灵感源自迪奥鲜花秀场，花漾少女如绚烂多彩的花朵一般令人瞩目。在设计过程中，融入蝴蝶花造型的元素，既呈现出花卉的优美，又展现了蝴蝶的翩翩舞姿（图8-1-3）。

图 8-1-3　灵感来源

2.市场调研

在材料的搜集和调研基础上，绘制出效果图（图8-1-4）。

图 8-1-4　绘制效果图

3.制作过程

首先利用印度丝描绘花朵的轮廓，接着以缎面绣充实花瓣，长短针的交织使得层次感变得丰富。在此基础上，加入了串珠绣的工艺，运用丰富多彩的颜色进行点缀，花蕊部分由珍珠和彩珠组成，形成活泼且生动的造型（图8-1-5）。

4. 成品展示（图8-1-6）

图8-1-5　制作过程

图8-1-6　花漾（作者：黄小茹，指导教师：金晨怡，温州大学）

（二）gold作品集

1. 确定主题

灵感来源：黄金价格一涨再涨导致人们对黄金的高度追求，而黄金作为一种贵重材料，第一是因为它的稀缺性，第二在于人们对于物质的追求，越来越多的镀金产品出现，人们越来越在乎感知价值，而忽略了内在价值。设计师的灵感是，在中国的商业珠宝市场，爆款的大量生产和镀银铜的普遍呈现，也被称为珠宝界的同质化现象。比如在商场里有很多镀金的产品，但商家却包装成有黄金元素的产物。设计师曾尝试制作"金"首饰，将廉价、不美观的黄铜打磨成"金"，作为一种美化手段，达到黄铜变黄金的效果。黄铜的颜色与黄金并没有明显差别，人们无法通过肉眼判断什么是真黄金。黄铜经过打磨和设计，可能会更美观，从而更有内在价值，设计师想讽刺人们对黄金的追求，表达人们只在乎与感官上接收到的价值，却忽视了其内在价值，通过人赋予其的情感和故事，黄铜也可以变成黄金（图8-1-7）。

构思路径图（MINDMAP）

图8-1-7　主题确定

2. 调研（图 8-1-8）

中国古代黄金技术（Ancient Chinese Gold Technology）

图 8-1-8　市场调研

3. 灵感收集（图 8-1-9）

因为水象征着生命和延续，所以我提取了水的波纹线进行设计。同时水也具有净化和重生的作用。

图 8-1-9　灵感收集

4. 设计过程

工艺 1：3D 建模及 3D 打印蜡模。

3D 建模可以使设计师更直观地展现个人想法。3D 打印可以快速地将设计图变为实物，节约时间。如果用蜡雕可能会耗时很多，并且在技术层面上必须仔细推敲，耗费大量精力，然而，3D 打印可以轻松地解决复杂结构的问题，更便于文件快速传输和储存，有利于批量生产。

工艺 2：打磨抛光。

铸造后，使用打磨材料进行打磨（吊磨机器），从最粗糙的砂纸棒打磨到越来越细腻的砂纸棒。然后用羊毛磨头或者橡胶磨头继续打磨，最后使用抛光膏（图 8-1-10）。

设计过程（Design Process）

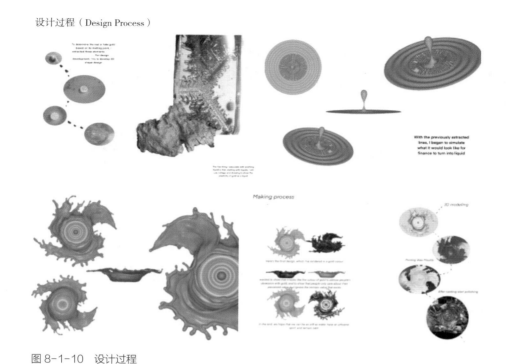

图 8-1-10　设计过程

5. 成品展示（图 8-1-11）

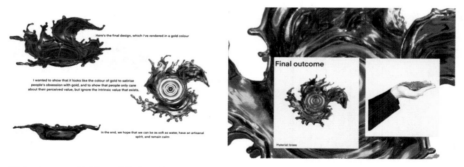

图 8-1-11　成品展示（作者：李承睿，英国伯明翰大学珠宝专业）

（三）刺绣创新箱包

1. 主题和设计说明

通过对京绣元素在新中式箱包设计中的应用研究，可以得出传统京绣作为非物质文化遗产，具有丰富的文化内涵、情感价值，以及悠久的历史和艺术价值，其工艺和纹样设计是新中式箱包设计的理想元素，能够为新中式箱包的设计提供独特的情感意义和文化传承意义，开拓新中式箱包更深层次的设计研究方向。

通过将京绣与潮流文化的形式感创新结合，可以为传统的京绣注入新的活力和时尚感，吸引更多的年轻消费者，同时也为京绣工艺的传承和发展开辟了新的道路。这种融合创新不仅丰富了京绣的表现形式，还促进了文化的传承和交流，使京绣这种非遗手工艺的发展与时俱进。

2. 制作步骤和要点

（1）造型设计：经过调研，根据京绣的图案、色彩、针法特点，提取代表性元素，发散思维，绘制创意草图，绘制局部效果图，创新设计刺绣部分工艺（图8-1-12）。

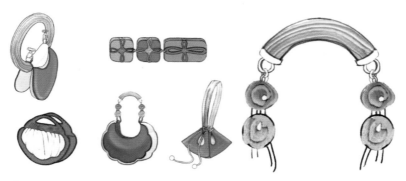

图 8-1-12　造型设计

（2）刺绣部分的结构分解：分别进行展开平面的刺绣设计、配色设计，挑选合适纹样并能达到表象效果的底材和绣线进行试样，以实现最佳效果；按照箱包对应的部件，将准备好的绣片制作成箱包部件；注意辅助配件的使用，一方面达到保护绣片的作用，另一方面实现箱包关键部件之间的连接、功能辅助（图8-1-13）。

 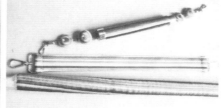 

图 8-1-13　刺绣设计

（3）将刺绣部件与箱包其他部件最终组合在一起，形成一个整体（图8-1-14）。

图 8-1-14　组合

（4）拍摄系列作品照片（图8-1-15）。

图 8-1-15　成品展示（作者：李紫岚，指导教师：蒋熙，北京服装学院）

（四）互动性首饰设计的研究与应用——以情绪感知为例

1. 确定主题

跨领域、重人文、多元化是当代首饰发展的原则，探索融合不同领域方向，帮助艺术家探索首饰在未来的可能性。在当代社会快速发展的环境下，人们的情绪健康成为大众社会的热点，引起青年一代乃至更多群众的关注。互动性首饰的形态表现、材质运用以及互动体验感，是当代首饰创新特色，而这三者也是互动首饰艺术的本质。

2．调研及灵感收集（表8-1-1）

表8-1-1　调研及灵感收集

作品	作品展示	理念设计	表现形式	材料
作品一	 《虫态》 作者：苏扬	生物对自然的感知引入智能可穿戴设计中，从而增强人对环境的感知，提升人类接收信息的丰富程度	以体验者对于情感的理解对首饰进行裁剪互动，动态互动	3D打印材质，银，交互模块，电线等
作品二	 《temple·缓解压力》	源于模仿自然发生的模式或形状，能够引导体验者感受到自然与生物的气息，缓解压力	面料佩戴，体感互动	生物材料，面料材料等

3．设计实验过程（表8-1-2）

（1）模型设计与绘制：将首饰装饰外形与模块嵌入外形充分考虑，展开设计与建模绘制。

（2）打印与制作：运用不同材质，包括半透明树脂，白色光敏固化树脂，以及电镀工艺，喷漆涂装工艺进行效果实验，选择最优效果进行最终制作。

（3）再加工处理：对打印完毕的样品进行打磨，抛光处理，去除打印纹路，使模型表面更加细致；对部分材质进行电镀处理。

表8-1-2　实验归纳

序号	实验展示图	材质	制作技术	优点	缺点
实验一：3D打印材料可行性实验		半透明光敏树脂，喷漆涂料	3D打印技术＋喷涂技术	一体成型，能够完整表现装饰形态	1.需要细致打磨处理，不易打磨 2.喷涂需要遮挡布进行部分遮盖
		半透明光敏树脂，电镀材料，白色树脂	3D打印技术，电镀工艺，喷砂工艺	呈现最优效果，表面光滑，形态可调整	需要建模拆件处理，后进行组装

续表

序号	实验展示图	材质	制作技术	优点	缺点
实验二：金属打印铸造材料可行性实验		银金属	Jewel CAD 软件首饰设计+3D 成型技术	银金属质感较好，易加工且较符合效果	易氧化
		铜金属	Jewel CAD 软件首饰设计+3D 成型技术	精细度准确	易氧化，材质硬度较大
实验三：亚克力材料可行性实验	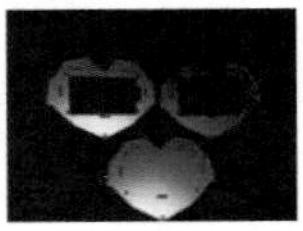	亚克力材质	Cad 图纸绘制+激光切割	精度准确，一体成型，无须后续加工	需要精准测量绘制模型数据

（4）在设计作品中，对于首饰外观的设计从选题理念中提取核心元素进行延伸和链接，提取抽象元素"心"型象征包含各种情绪的内心，结合内部模块构造进行可穿戴形式设计，对于不同部位的结构构造进行几何构建和组合设计（图8-1-16）。

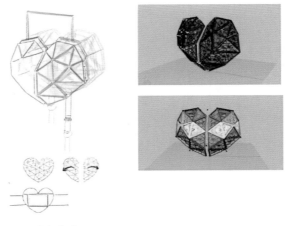

8-1-16　几何构建

4. 成品展示

将三个作品分别佩戴与相应位置后，打开开关，互动体验开始（图8-1-17）。

（1）互动体验开始提示音播放后，音乐素材随之播放；与此同时，皮肤温感传感器与心率模块传感器进行实时记录，将实时数据显示于胸饰内嵌的屏幕中。

（2）在佩戴者体验音乐素材完成后会提示体验结束，随之胸饰播放模块会播放情绪感知体验结果与建议，同时屏幕会播放相应的结果和建议。

互动性首饰设计制作
过程　教学视频

图 8-1-17　成品展示（作者：戴瑶菡，指导教师：张莉君，南京艺术学院设计学院）

（五）古琴指法的交互首饰

1. 确定主题

随着数字时代的到来，人们的生活越加便捷，越来越多的人开始追求更高效、更实用的产品。"有用"且"有效"的首饰才能满足新时代追求这一态度的群体。本次选题主要围绕古琴来进行，该艺术活动涉及范围较广，特选其右手指法的"劈""挑""勾""摘"四种，从古琴指法的资料研究入手，探索交互设计与首饰艺术的可能性，并基于首饰的研究实现虚拟弹古琴的体验，探讨传统与现代迸发在首饰设计中的无限可能。

2. 调研及灵感收集（图8-1-18）

Leap Motion是一款先进的手部信息收集设备，具有极高的精确度和帧率，可以有效地收集和分析人类的手部动作。通过使用 Leap Motion 传感器，可以收集到人类的手掌的三维空间坐标，并将其转换为指尖的坐标和方向向量，以便建立准确的人类手势识别模型，并生成相应的人类手势特征数据（图8-1-19）。

   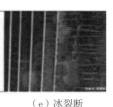

（a）梅花断	（b）蛇腹断	（c）牛毛断	（d）流水断	（e）冰裂断
形状圆而攒簇如梅花圈瓣。古琴通常没有通体梅花断者，只要琴身某些部位有，就算是梅花断琴。	相距一寸或寸许之长条形横纹，节节相似几乎平行，横截琴面如蛇腹下纹。	纹路细密有如牛毛发丝，多见于琴体两侧。其纹多呈横向，且近岳山处较少见。	与蛇腹断相似但裂纹不相平行，形似流动的水波，多见于面板三至七徽间。	形如冰面开裂，横竖交织之纹路。

8-1-18　古琴断纹资料

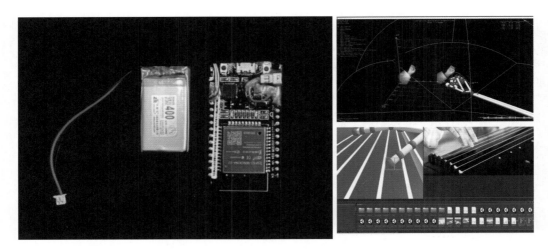

图 8-1-19　传感器

3. 设计实验过程

古琴断纹的设计灵感：在提炼断纹元素后，制作之初，切割蜡块并用电烙铁连接，使之做出相应贴合弧度。其次，雕蜡切割加工后使用银质包镶。在最后成品中的左盖子中，放置带有连接虚拟古琴的电路模块，这也是交互首饰的开关所在，拨动左凹槽左下角的开关装置即可进入虚拟弹古琴的页面（图 8-1-20）。

4. 成品展示

佩戴《琴生》首饰时，通过打开开关即可进入虚拟古琴页面。设定右手"劈""挑""勾""摘"四种指法，当指法正确时即可见到对应指法的名称，屏幕中显示已知四种指法及其对应的手势（图 8-1-21）。

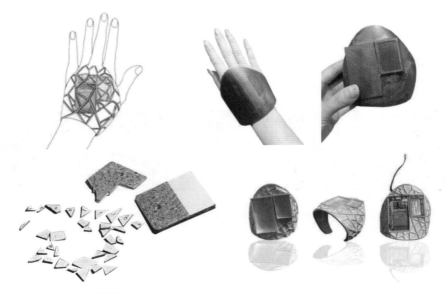

图 8-1-20　设计实验过程

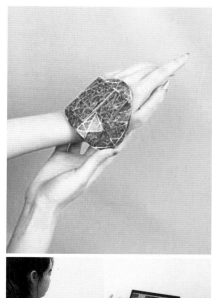

《琴生》设计制作过程
教学视频

图 8-1-21　成品展示（作者：段一鸣，指导教师：张莉君，南京艺术学院设计学院）

第二节　作品摄影表达技法与案例分析

第二节　作品摄影表
达技法与案例分析

服饰品作品册的设计与
构思步骤　教学视频

第三节　手机拍大片

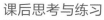
第三节　手机拍大片

课后思考与练习

1. 对自己作品进行摄影。

2. 制作高质量作品册（包括调研、灵感、草图、效果图、设计过程、工艺、制作过程等）。

参考文献

[1] 王翔."创意修复"逼迫面料企业提升服务水平 [J].江苏纺织,2011(11):2-5.

[2] 沈辉.解析 Ins 风情感纪实拍摄 [J].人像摄影,2019(11):163-165.

[3] 连维建.图像·摆脱平淡追求卓越——图像的视觉语言表现 [J].天津美术学院学报,2013(3):21-27.

[4] 杨琴.在装饰图案设计教学中启发学生的艺术表现力 [J].山西青年管理干部学院学报,2008(9):29-30.

[5] 刘国顺.浅谈摄影广告表现手法 [J].中国广告,1989(2):87-89.

[6] 赵剑波.广告摄影中的超现实表现手法 [J].青年与社会(下),2014(6):102-105.

[7] 柯文坚.明代套色木刻的四种"空间意识"形态 [J].文艺生活·文艺理论,2015(5):62-63.

[8] 田丰.裸眼立体显示及数据获取的研究与实现 [D].上海:华东师范大学,2010.

[9] 李翔.试论新闻摄影构图中主体与陪体的关系 [J].无线互联科技,2011(3):71-72.